常用电机控制及调速技术

（第3版）

主编　翟雄翔　王世敏

北京理工大学出版社
BEIJING INSTITUTE OF TECHNOLOGY PRESS

图书在版编目（ＣＩＰ）数据

常用电机控制及调速技术／翟雄翔，王世敏主编
. —3 版 . —北京：北京理工大学出版社，2022.1
ISBN 978-7-5763-1002-3

Ⅰ. ①常…　Ⅱ. ①翟…②王…　Ⅲ. ①电机-控制系
统-高等学校-教材②电机-调速-高等学校-教材
Ⅳ. ①TM301.2

中国版本图书馆 CIP 数据核字（2022）第 028992 号

出版发行／北京理工大学出版社有限责任公司
社　　　址／北京市海淀区中关村南大街 5 号
邮　　　编／100081
电　　　话／（010）68914775（总编室）
　　　　　　（010）82562903（教材售后服务热线）
　　　　　　（010）68944723（其他图书服务热线）
网　　　址／http://www.bitpress.com.cn
经　　　销／全国各地新华书店
印　　　刷／唐山富达印务有限公司
开　　　本／787 毫米×1092 毫米　1/16
印　　　张／19.25　　　　　　　　　　　　责任编辑／孟雯雯
字　　　数／437 千字　　　　　　　　　　　文案编辑／孟雯雯
版　　　次／2022 年 1 月第 3 版　2022 年 1 月第 1 次印刷　　责任校对／周瑞红
定　　　价／82.00 元　　　　　　　　　　　责任印制／李志强

江苏联合职业技术学院
机电类院本教材编审委员会

主任委员

夏成满　　晏仲超

委　　员

常松南　　陶向东　　徐　伟　　王稼伟　　刘维俭　　曹振平

倪依纯　　郭明康　　朱学明　　孟华锋　　朱余清　　赵太平

孙　杰　　王　琳　　陆晓东　　缪朝东　　杨永年　　强晏红

赵　杰　　吴晓进　　曹　峰　　刘爱武　　何世伟　　丁金荣

前　言

本书在第 2 版的基础上做了部分修改，增加了同步电动机项目，在每项目最后增加拓展内容和多媒体链接内容。全书共包括 9 个项目，分别为：三相交流异步电动机的常用控制技术，三相交流异步电动机的常用调速技术，同步电动机的控制与调速技术，单相交流电动机的控制与调速技术，直流电动机的控制与调速技术，伺服电动机的控制与调速技术，步进电动机的控制与调速技术，滑差电动机的控制与调速技术，其他电机的控制与调速技术。每个项目由若干任务组成，每个任务包含任务目标、任务内容、必备知识、任务实施、任务考核、复习思考等栏目，充分体现了任务驱动式的编写理念，突出了职业教育的类型特色。

本书项目 1 和项目 3 由徐州生物工程职业技术学院王世敏编写；项目 2、项目 8 和项目 9 由扬州高等职业技术学校翟雄翔编写；项目 4 由扬州梅岭学校翟原编写；项目 5 和各项目拓展内容和多媒体链接内容由扬州高等职业技术学校秦萌编写；项目 6 由扬州高等职业技术学校徐菊香编写；项目 7 由扬州高等职业技术学校乔茹编写。

本书由扬州高等职业技术学校翟雄翔、徐州生物工程职业技术学院王世敏主编。全书由翟雄翔统稿。

编　者

目　　录

项目 1

三相交流异步电动机的常用控制技术

【知识目标】

1. 理解三相异步电动机工作特性及工作原理。
2. 了解三相异步电动机的启动、制动及工作原理。
3. 掌握三相异步电动机控制电路的安装方法。
4. 掌握三相异步电动机典型故障的检测、判断及排除方法。

【技能目标】

1. 能够正确安装和调试三相异步电动机常用控制电路。
2. 能够使用相关仪表对三相异步电动机进行测试。
3. 能够检修和排除三相异步电动机常用控制电路的典型故障。

【素质目标】

1. 培养良好的职业道德意识，培树良好的敬业精神；
2. 端正学风，培养热爱科学、不断进取、实事求是的求知精神；
3. 增强质量意识、效益意识和新技术意识，培养积极服务社会的责任感。

任务导入

电动机是利用电磁感应原理把电能转换为机械能，输出机械转矩的动力机械。通常工业生产中应用较多的电动机是交流电动机，特别是三相异步电动机，它具有结构简单、坚固耐用、运行可靠、价格低廉、维护方便等优点，是目前机械设备的主要动力，广泛应用于各种生产设备的驱动中。

电动机的常用控制方式主要分为全压启动和降压启动两种。三相异步电动机的直接启动必须在电网或供电电压允许的情况下才能采用。全压启动主要包括点动控制、单向连续运转控制和正反转控制等。全压启动的优点是电气设备少、线路简单、维修量小。

在电动机启动电流过大、电源变压器容量不够、电动机功率较大的情况下，一般采用降压启动。鼠笼型异步电动机可以采用星形-三角形启动、定子绕组串电阻启动、自耦变压器启动等降压启动方法。绕线型异步电动机可以采用转子串电阻、转子串频敏变阻器的方法以减小启动电流。

所谓制动，就是给电动机一个与转动方向相反的转矩或通过限制其转速使其迅速停转。制动的方法一般有机械制动和电力制动。

本项目主要通过对三相异步电动机正反转控制、常用降压启动控制、常用制动控制等电路相关知识的学习、控制原理分析，完成控制电路电器元件的安装固定、电气控制线路的连接及故障排除，全面提高布线工艺及电气接线能力。

任务 1.1 三相异步电动机正反转控制电路的安装

1.1.1 任务目标

（1）熟练掌握三相异步电动机正反转控制电路的构成和工作原理。

（2）能够正确进行三相异步电动机正反转控制电路的安装和调试。

（3）学习、掌握并认真实施电气安装基本步骤及工艺规范。

1.1.2 任务内容

（1）学习三相异步电动机正反转控制的相关知识。

（2）认识倒顺开关控制、交流接触器控制三相异步电动机正反转控制电路图。

（3）设计三相异步电动机正反转控制的电气布置图。

（4）按照电气控制原理图完成三相异步电动机正反转控制线路的安装。

（5）完成三相异步电动机正反转控制线路故障的检测与排除。

1.1.3 必备知识

1.1.3.1 三相异步电动机的结构

三相异步电动机由两个基本部分组成：一个是固定不动的部分，称为定子；一个是旋转部分，称为转子。图 1-1 所示为三相异步电动机的外形和结构。

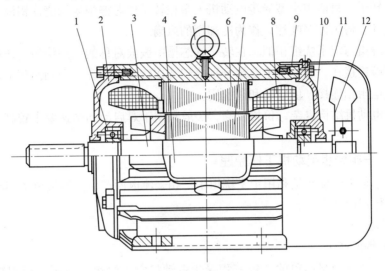

图 1-1 三相异步电动机的外形和结构

1—轴承；2—前端盖；3—转轴；4—接线盒；5—吊攀；6—定子铁芯；7—转子铁芯；
8—定子绕组；9—机座；10—后端盖；11—风罩；12—风扇

1. 定子

定子由机座、定子铁芯、定子绕组和端盖等组成。机座通常用铸铁制成，机座内装有由 0.5 mm 厚的硅钢片叠制而成的定子铁芯，铁芯内圆周上分布着定子槽，槽内嵌放三相定子绕组，定子绕组与铁芯间有良好的绝缘。

定子绕组是定子的电路部分，小型电动机的定子绕组一般由漆包线绕制而成，共分三相，分布在定子铁芯槽内，构成对称的三相绕组。三相绕组共有六个出线端，将其引出接在置于电动机外壳上的接线盒中，三个绕组的首端分别用 U1、V1、W1 表示，其对应的尾端分别用 U2、V2、W2 表示。通过对接线盒上六个端头进行不同连接，可将三相定子绕组接成星形连接或三角形连接，如图 1-2 所示。

2. 转子

转子由转子铁芯、转子绕组、转轴

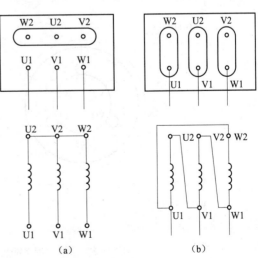

图 1-2 三相定子绕组的接法

（a）星形连接；（b）三角形连接

和风扇等组成。转子铁芯为圆柱形，通常是利用定子铁芯冲片冲下的内圆硅钢片，将其外圆周冲成均匀分布的槽后叠成，并压装在转轴上。转子铁芯与定子铁芯之间有很小的空气隙，它们共同组成电动机的磁路。转子铁芯外圆周上均匀分布的槽是用来安放转子绕组的。

转子绕组有笼型和绕线转子型两种结构。笼型转子绕组是由嵌在转子铁芯槽内的铜条或铝条组成的，两端分别与两个短接的端环相连。如果去掉铁芯，转子绕组外形像一个鼠笼，故也称鼠笼型转子。目前中小型异步电动机大多在转子铁芯槽中采用浇注铝液，铸成鼠笼型绕组，并在端环上铸出许多叶片，作为冷却用的风扇。

绕线转子绕组与定子绕组相似，在转子铁芯槽中嵌放对称的三相绕组，作星形连接，将三个绕组的尾端连接在一起，三个首端分别接到装在转轴上的三个铜制圆环上，通过电刷与外电路的可变电阻相连接，供启动和调速用。

绕线转子电动机结构复杂，价格较高，一般只用于对启动和调速要求较高的场合，如起重机等设备。

1.1.3.2 三相异步电动机工作原理

三相异步电动机的旋转是利用定子绕组中三相交流电所产生的旋转磁场与转子绕组内的感应电流相互作用而产生的。

1. 旋转磁场

1）旋转磁场的产生

图 1-3 所示为一个最简单的二极三相异步电动机定子绕组布置图。每相绕组由一个线圈组成，三个相同的绕组 U1U2、V1V2、W1W2 在定子铁芯槽内互成 120°放置，其尾端 U2、V2、W2 连成一点，作星形连接。当定子绕组的三个首端 U1、V1、W1 分别与三相交流电源 L1、L2、L3 接通时，在定子绕组中便有对称的三相交流电流 i_U、i_V、i_W 流过。若电源电压的相序为 L1→L2→L3，电流参考方向或规定正方向如图 1-3 所示，即从 U1、V1、W1 流入，从尾端 U2、V2、W2 流出，则三相电流 i_U、i_V、i_W 波形如图 1-4 所示，它们在相位上互差 120°电角度。

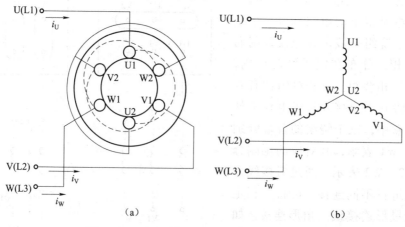

（a）　　　　　　　　　　　（b）

图 1-3　三相异步电动机三相定子绕组的布置

下面分析三相交流电流在铁芯内部空间产生的合成磁场。当 $\omega t = 0$ 时，i_U 为零，U1U2

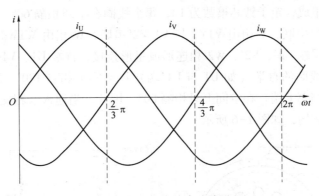

图 1-4 三相交流电流波形

绕组无电流；i_V 为负，电流的真实方向与参考方向相反，即从尾端 V2 流入，从首端 V1 流出；i_W 为正，电流真实方向与参考方向一致，即从首端 W1 流入，从尾端 W2 流出，如图 1-5（a）所示。将每相电流生产的磁感线相加，便得出三相电流共同产生的合成磁场，这个合成磁场此刻方向是自上而下，相当于一个 N 极在上、S 极在下的两极磁场。用同样的方法可画出 ωt 为 $\frac{2}{3}\pi$、$\frac{4}{3}\pi$、2π 时各相电流的流向及合成磁场的磁感线方向，如图 1-5（b）～图 1-5（d）所示，磁场沿 U1→V1→W1 的方向依次旋转了 120°，而 $\omega t = 2\pi$ 时的电流流向与 $\omega t = 0$ 时完全一样，合成磁场又回到了开始的位置，以后以此类推。若进一步分析其他瞬时的合成磁场可以发现，各瞬间的合成磁场的磁通大小和分布情况均相同，仅方向不同而已，但都向一个方向旋转。因此，每当正弦交流电变化一周时，合成磁场在空间正好旋转了一周。

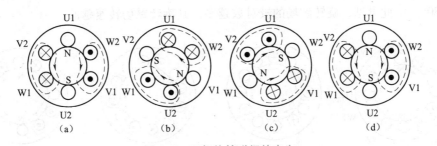

图 1-5 三相旋转磁场的产生

（a）$\omega t = 0$；（b）$\omega t = \frac{2}{3}\pi$；（c）$\omega t = \frac{4}{3}\pi$；（d）$\omega t = 2\pi$

因此，在定子铁芯中空间互差 120° 的三个线圈中分别通入相位互差 120° 的三相交流电时，所产生的合成磁场是一个旋转磁场，而且旋转磁场每秒的转数等于交流电每秒变化的周数（即频率 f），因此旋转磁场每分钟的旋转速度 $n = 60f$，一般交流电的频率为 50 Hz，所以形成的旋转磁场是 3 000 r/min。

上述电动机定子绕组每相只有一个线圈，三相定子绕组共有三个线圈，分别置于定子铁芯的 6 个槽中。当通入三相对称电流时，产生的旋转磁场相当于一对 N、S 磁极在旋转，称为二极旋转磁场。普遍使用的电动机定子绕组产生的旋转磁场一般为四极旋转磁场，每相绕组由两个线圈串联组成，定子铁芯槽数为12，每个线圈在空间相隔60°。如图1-6所示，U相由U1U2与U1′U2′串联，V相由V1V2与V1′V2′串联，W相由W1W2与W1′W2′串联组成，三相定子绕组尾端U2′、V2′、W2′相连形成星形连接，首端U1、V1、W1接三相电源，此时同一相中两个线圈的首端（如U1与U1′端）在空间上相隔180°，而各相绕组的首端（如U1与V1、V1与W1端）在空间上只相隔60°，因此，当通入三相交流电时，可产生具有两对磁极的旋转磁场，如图1-6所示。

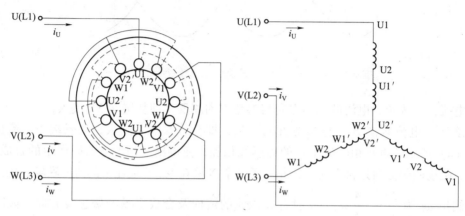

图1-6　四级电动机定子绕组结构和接线图

当$\omega t = 0$时，i_U为零，U相绕组无电流；i_V为负值，i_W为正值，V相与W相电流流向及合成磁场如图1-7（a）所示。当$\omega t = \dfrac{2}{3}\pi$、$\dfrac{4}{3}\pi$及$2\pi$时，$i_U$、$i_V$、$i_W$的流向及合成磁场情况如图1-7（b）～图1-7（d）所示。当正弦交流电变化一周时，合成磁场在空间上只旋转了180°。由此可见，旋转磁场的极对数越多，其旋转磁场转速越低。

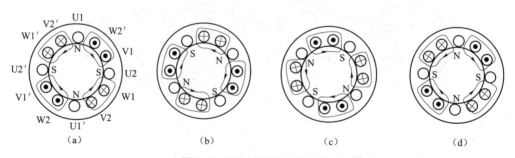

图1-7　四级电动机旋转磁场

（a）$\omega t = 0$；（b）$\omega t = \dfrac{2}{3}\pi$；（c）$\omega t = \dfrac{4}{3}\pi$；（d）$\omega t = 2\pi$

2）旋转磁场的转速

如上所述，有一对磁极的旋转磁场中，当电流变化一周时，旋转磁场在空间正好转过一周。对50 Hz的工频交流电来说，旋转磁场每秒将在空间旋转50周，其转速$n_1 = 60f_1 = 60 \times 50 = 3\,000$（r/min）；若旋转磁场有2对磁极，则电流变化一周，旋转磁场只转过0.5周，显然转速慢了一半，即$n_1 = 60f_1/2 = 1\,500$（r/min）；同理，在三对磁极的情况下，旋转磁场的

转速 $n_1 = 60 f_1 / 3 = 1\,000$（r/min）。以此类推，当旋转磁场具有 p 对磁极时，旋转磁场转速为

$$n_1 = \frac{60 f_1}{p} \tag{1-1}$$

式中，n_1——旋转磁场转速（r/min）；

$\quad\quad f_1$——交流电源频率（Hz）；

$\quad\quad p$——旋转磁场的极对数。

旋转磁场的转速 n_1 又称为同步转速。由式（1-1）可知，它决定于电源频率 f_1 和旋转磁场的极对数 p。当电源频率 $f_1 = 50$ Hz 时，三相异步电动机同步转速 n_1 与磁极对数 p 的关系如表 1-1 所示。

表 1-1　$f_1 = 50$ Hz 时的旋转磁场转速

磁极对数 p	1	2	3	4	5
同步转速 $n_1/(\text{r} \cdot \text{min}^{-1})$	3 000	1 500	1 000	750	600

3）旋转磁场的旋转方向

旋转磁场在空间的旋转方向是由电流相序决定的。由图 1-5 和图 1-7 中各瞬间磁场变化可以看出，当通入三相绕组中电流的相序为 $i_U \to i_V \to i_W$ 时，旋转磁场在空间上是沿绕组始端 U→V→W 方向旋转的，即按顺时针方向旋转。如果把通入三相绕组的电流相序任意调换其中两相，比如调换 V、W 两相，此时通入三相绕组电流的相序为 $i_U \to i_W \to i_V$，则旋转磁场按逆时针方向旋转。

2. 转子的转动

1）转子转动的原理

当定子绕组接通三相电源后绕组中流过三相交流电流，图 1-8 所示为某瞬间定子电流产生的磁场，如果它以同步转速 n_1 按顺时针方向旋转，则静止的转子与旋转磁场间就有了相对运动，这相当于磁场静止而转子按逆时针方向旋转，则转子导体切割磁感线，在转子导体中产生感应电动势 E_2，其方向可用右手定则来确定，转子上半部导体的感应电动势方向是出纸面的，下半部导体的感应电动势方向

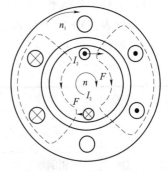

图 1-8　异步电动机转动原理

是进入纸面的。由于转子导体是闭合的，所以在转子感应电动势作用下，产生转子电流 I_2，若忽略 $\dot{I}_2$ 与 $\dot{E}_2$ 之间的相位差，则 I_2 的方向与转子感应电动势方向一致。通有转子电流 I_2 的转子导体处于定子磁场中，根据左手定则，便可确定转子导体受到的电磁力 F 的作用方向，如图 1-8 所示。由于转子导体是圆周均匀分布的，所以电磁力 F 对转轴形成电磁转矩 T 的方向与旋转磁场的旋转方向相同，于是转子就顺着定子旋转磁场旋转方向转动起来了。

2）转子的转速 n、转差率 s 与转动方向

由以上分析可知，异步电动机转子旋转方向与旋转磁场的旋转方向一致，但转速 n 不可能与旋转磁场的转速 n_1 相等。因为产生电磁转矩需要转子中存在感应电动势和感应电流，

如果转子转速与旋转磁场转速相等，两者之间就没有相对运动，转子导体将不切割磁感线，则转子感应电动势、转子电流及电磁转矩都不存在了，转子减速，不可能继续以 n_1 转动。只是，转子转速 n 与旋转磁场转速 n_1 之间必须有差别，且 $n<n_1$。这就是"异步"电动机名称的由来。另外，又因为产生转子电流的感应电动势是由电磁感应产生的，所以异步电动机也称为"感应"电动机。

同步转速 n_1 与转子转速 n 之差称为转速差，转速差与旋转磁场的转速（同步转速）的比值称为转差率，用 s 表示，即

$$s=\frac{n_1-n}{n_1}$$
(1-2)

转差率是分析异步电动机运行情况的一个重要参数。如启动瞬间 $n=0$，$s=1$，转差率最大；空载时 n 接近 n_1，s 很小，一般在 0.005 以下；若 $n=n_1$，则 $s=0$，此时称为理想空载状态，这在实际运行中是不存在的。异步电动机工作时，转差率在 $0\sim1$ 之间变化，当电动机在额定负载下工作时，其额定转差率 $s_N=0.01\sim0.07$。

异步电动机的转动方向总是与旋转磁场的转向一致。要改变三相异步电动机的旋转方向，只需把定子绕组与三相电源连接的三根导线中任意两根对调，改变旋转磁场的转向，即可实现电动机转向的改变。

1.1.4 任务实施

1.1.4.1 倒顺开关控制三相异步电动机正反转电路的安装

1. 任务实施准备

（1）工具：测试笔、螺钉旋具、斜口钳、尖嘴钳、剥线钳、电工刀等。

（2）仪表：MF47 万用表、5050 兆欧表。

（3）器材：见表 1-2。

表 1-2　倒顺开关控制三相异步电动机正反转电路安装器材

序号	符号	名称	型号	规　格	数量
1	M	三相异步电动机	Y-132S-4	7.5 kW，380 V，△接法，15.4 A，1 440 r/min	1
2	QS	三相倒顺开关	HY23-133	380 V，30 A	1
3	FU	熔断器	RL1-60/25	500 V，60 A，配熔体 25 A	3
4	XT	端子板	JX2-101	380 V，10 A，15 节	1
5		走线槽		18 mm×25 mm	若干
6		控制板		500 mm×400 mm×20 mm	1

2. 倒顺开关控制三相异步电动机正反转控制电气原理图

图 1-9 所示为采用倒顺开关控制的三相异步电动机正反转控制电路，其主电路主要由电源开关 QS、熔断器 FU、倒顺开关和电动机 M 构成。

倒顺开关是组合开关的一种，也称可逆转换开关，是专为控制小容量三相异步电动机的

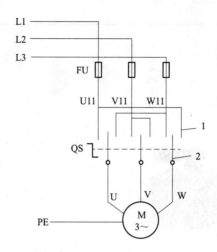

图1-9　倒顺开关控制三相异步电动机正反转电气原理图

1—动触头；2—静触头

正反转而设计生产的。开关的手柄有"正转""停""反转"三个位置，手柄只能从"停"的位置左转45°或右转45°。

采用倒顺开关控制的三相异步电动机正反转控制电路的控制过程如表1-3所示。

表1-3　采用倒顺开关控制正反转电路原理

手柄位置	QS状态	电路状态	电动机状态
停	QS的动、静触头不接触	电路不通	电动机不转
顺	QS的动触头和左边的静触头相接触	电路按 L1-U、L2-V、L3-W 接通	电动机正转
倒	QS的动触头和右边的静触头相接触	电路按 L1-W、L2-V、L3-U 接通	电动机反转

3. 任务实施内容与步骤

1）电器元件安装固定

（1）清点、检查器材元件。

（2）设计三相异步电动机正反转控制线路电器元件布置图，如图1-10所示。

（3）根据电气安装工艺规范安装固定电器元件。

2）电气控制电路连接

（1）设计三相异步电动机正反转控制线路电气接线图。

（2）按电气安装工艺规范实施电路布线连接，图1-11所示为参考接线图。

3）电气控制电路通电试验、调试排故

（1）安装完毕的控制线路板，必须按要求进行认真检查，确保无误后才允许通电试车。特别注意认清倒顺开关的结构和接线方式后方可接线。

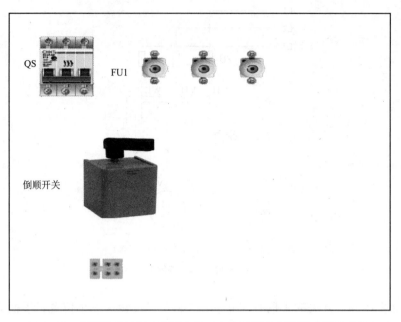

图1-10　倒顺开关控制三相异步电动机正反转控制线路电器布置图

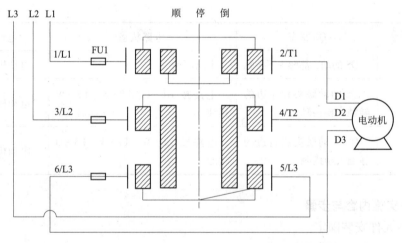

图1-11　倒顺开关控制三相异步电动机正反转控制线路电气接线图

（2）经指导教师复查认可，且在场监护的情况下进行通电校验。

（3）如若在校验过程中出现故障，学生应独立进行调试和排故。

（4）断开电源，等电动机停转后，先拆除三相电源线，再拆除电动机接线，然后整理训练场地，恢复原状。

4. 安装评价

安装评价按照表1-4进行。

表1-4 安装接线评分

项目内容	配分	评分标准	扣分	得分
安装接线	40分	1. 按照元件明细表配齐元件并检查质量，因元件质量问题影响通电，一次扣10分。 2. 不按电路图接线，每处扣10分。 3. 不按工艺要求接线，每处扣5分。 4. 接点不符合要求，每处扣2分。 5. 损坏元件，每个扣5分。 6. 损坏设备此项分全扣		
通电试车	40分	1. 通电一次不成功，扣10分。 2. 通电二次不成功，扣20分。 3. 通电三次不成功，扣40分		
安全文明操作	10分	视具体情况扣分		
操作时间	10分	规定时间为60 min，每超过5 min扣5分		
说明	除定额时间外，各项目的最高扣分不应超过配分数		成绩	
开始时间		结束时间		实际时间	

1.1.4.2 交流接触器控制的三相异步电动机正反转电路的安装

1. 任务实施准备

（1）工具：测试笔、螺钉旋具、斜口钳、尖嘴钳、剥线钳、电工刀等。

（2）仪表：MF47万用表、5050兆欧表。

（3）器材：电工试验板、导线、紧固件、线槽、号码套管等，其他见表1-5。

表1-5 接触器联锁的正反转控制电路器材

序号	符号	名称	型号	规 格	数量
1	M	三相异步电动机	Y-132S-4	7.5 kW，380 V，△接法，15.4 A，1 440 r/min	1
2	QS	组合开关	HZ10-25/3	三极，25 A	1
3	FU1	熔断器	RL1-60/25	500 V，60 A，配熔体25 A	3
4	FU2	熔断器	RL1-15/2	500 V，15 A，配熔体2 A	2
5	KM1-2	交流接触器	CJT1-20	20 A，线圈电压380 V	2
6	FR	热继电器	JR16-20/3	三极，20 A，整定电流15.4 A	1
7	SB1-3	按钮开关	LA10-3H	保护式，500 V，5 A，按钮数3	1
8	XT	端子板	LX2-1015	500 V，10 A，15节	1

2. 交流接触器控制的三相异步电动机正反转控制电路图

图1-12所示为采用交流接触器控制的三相异步电动机正反转控制电路。为了使三相异步电动机能够正转和反转，可通过两个接触器KM1、KM2换接电动机三相电源的电流相序来实

现。但是需要注意的是，这两个控制正反转的接触器不能同时吸合，如果同时吸合将造成电源短路事故。为了防止这种事故发生，我们采用按钮和接触器双重互锁的电动机正反转控制电路。

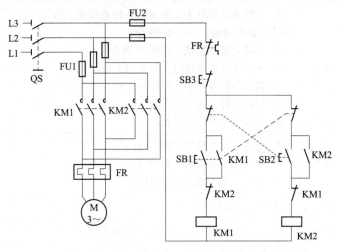

图1-12　采用交流接触器控制的三相异步电动机正反转控制电路

采用交流接触器控制的三相异步电动机正反转控制电路的工作过程如下：

（1）

合上电源开关QS ——→ 按下SB1 ——→ KM1线圈得电 ┬──→ KM1主触点闭合 ——→ 电动机正转
　　　　　　　　　　　　　　　　　　　　　　　 └──→ KM1常开自锁触点闭合自锁

（2）

按下SB2 ——→ SB2常闭触点断开对KM1互锁 ——→ KM1线圈失电 ┐
　　　　　　　KM1各触点断开复位　　　　　　　　　　　　　　│
　　└──→ SB2常开触点闭合 ——→ KM2线圈得电 ┬──→ KM2主触点闭合 ——→ 电动机反转
　　　　　　　　　　　　　　　　　　　　　　 └──→ KM2常开自锁触点闭合

（3）按下 SB3 ——→系统停车。

3. 任务实施内容与步骤

1）电器元件安装固定

（1）清点、检查器材元件。

（2）设计三相异步电动机正反转控制线路电器元件布置图，参考图1-13。

（3）根据电气安装工艺规范安装固定元器件。

2）电气控制电路连接

（1）设计三相异步电动机正反转控制线路电气接线图。

（2）按电气安装工艺规范实施电路布线连接，图1-14所示为参考接线。

3）电气控制电路通电试验、调试与排故

（1）安装完毕的控制线路板，必须按要求进行认真检查，确保无误后才允许通电试车。

（2）经指导教师复查认可，且在场监护的情况下进行通电校验。

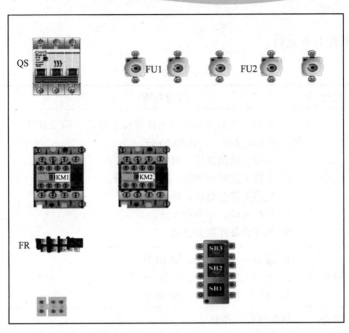

图 1-13 三相异步电动机正反转控制线路电器布置图

（3）如若在校验过程中出现故障，学生应独立进行调试和排故。

（4）断开电源，等电动机停转后，先拆除三相电源线，再拆除电动机接线，然后整理训练场地，恢复原状。

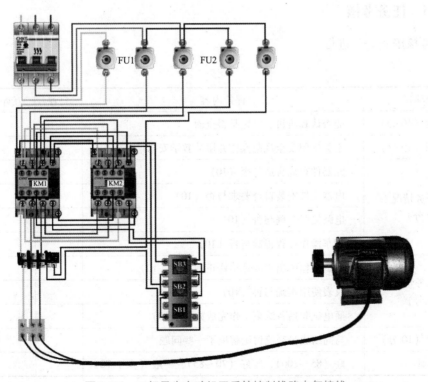

图 1-14 三相异步电动机正反转控制线路电气接线

4. 安装评价

安装评价按照表1-6进行。

表1-6 安装接线评分

项目内容	配分	评分标准	扣分	得分
安装接线	40分	1. 按照元件明细表配齐元件并检查质量，因元件质量问题影响通电，一次扣10分。 2. 不按电路图接线，每处扣10分。 3. 不按工艺要求接线，每处扣5分。 4. 接点不符合要求，每处扣2分。 5. 损坏元件，每个扣5分。 6. 损坏设备此项分全扣		
通电试车	40分	1. 通电一次不成功，扣10分。 2. 通电二次不成功，扣20分。 3. 通电三次不成功，扣40分		
安全文明操作	10分	视具体情况扣分		
操作时间	10分	规定时间为120 min，每超过5 min扣5分		
说明	除定额时间外，各项目的最高扣分不应超过配分数		成绩	
开始时间		结束时间		实际时间

1.1.5 任务考核

任务考核按表1-7进行。

表1-7 任务考核评价

评价项目	评价内容	自评	互评	师评
学习态度（10分）	能否认真听讲、答题是否全面			
安全意识（10分）	是否按照安全规范操作并服从教学安排			
完成任务情况（70分）	元器件布局合适与否（10）			
	电器元件安装符合要求与否（10）			
	电路接线正确与否（10）			
	试车操作过程正确与否（10）			
完成任务情况（70分）	调试过程中出现故障检修正确与否（10）			
	仪表使用正确与否（10）			
	通电试验后各结束工作完成如何（10）			
协作能力（10分）	与同组成员交流讨论解决了一些问题			
总评	好（85～100），较好（70～85），一般（少于70）			

1.1.6 复习思考

1. 填空题

(1) 根据三相异步电动机的工作原理,当改变通入电动机定子绕组的三相电源的_____,即把接入电动机三相电源进线中的任意两相接线_____时,电动机就可以反转。

(2) 按钮联锁正反转控制电路的优点是_____,缺点是_____。

2. 简答题

(1) 在电动机正反转控制中,既然已经采用了机械互锁,为什么还需要采用电气互锁?

(2) 分析如图1-15所示电路中,哪个电路具有联锁控制的功能,并说明其他电路不能联锁的原因。

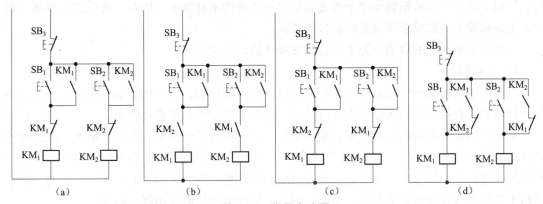

图1-15 常用电路图

任务 1.2 三相异步电动机降压启动控制电路的安装

1.2.1 任务目标

(1) 熟练掌握三相异步电动机降压启动控制电路的构成形式及工作原理。

(2) 正确识读、分析三相异步电动机降压启动控制线路电气原理图,能根据原理图绘制电器元件布置图和电气接线图。

(3) 能正确地进行三相异步电动机降压启动控制电路的安装与调试。

(4) 学习、掌握并认真实施电气安装基本步骤及工艺规范。

1.2.2 任务内容

(1) 认识降压启动的几种形式,理解降压启动的工作原理。

(2) 识读 Y-△、定子绕组串电阻、自耦变压器控制电路,分析控制过程。

（3）完成 Y-△、定子绕组串电阻、自耦变压器控制电路的电器布局、布线及安装调试。

（4）对 Y-△、定子绕组串电阻、自耦变压器控制电路进行检测和故障排除。

1.2.3 必备知识

1. 启动的概念

三相异步电动机的启动是指三相异步电动机从接入电网开始转动到额定转速为止的这一段过程。三相异步电动机启动时一般要求启动转矩大、启动电流小、启动时间短，期望电动机的启动设备操作简单、经济可靠。但是实际操作过程中往往出现三相异步电动机启动电流过大的情况，这会直接冲击电网设备，导致设备发热、电网电压下降，影响其他设备的运行。同时电动机启动转矩偏小也会造成启动过程缓慢的不良影响。因此，我们需要根据三相异步电动机及负载的要求采取相应的启动措施。

三相异步电动机的启动分为全压启动和降压启动两种形式。

1）直接启动

当加在电动机定子绕组上的电压为电动机的额定电压时，电动机启动属于全压启动，也称直接启动。直接启动的优点是电气设备少，控制电路简单，维修量较小。

虽然三相异步电动机在启动时启动转矩并不大，但转子绕组中的电流 I 很大，通常可达电动机额定电流的 4～7 倍，在电源变压器容量不够大而电动机功率较大的情况下，直接启动将导致电源变压器输出电压下降，不仅会减小电动机本身的转矩，而且还会影响同一供电线路中其他电气设备的正常工作。因此，较大容量的电动机需采用降压启动。

通常规定：电源容量在 180 kV·A 以上，电动机容量在 7 kW 以下的三相异步电动机可以采用直接启动。

2）降压启动

所谓降压启动，是指利用启动设备将电压适当降低后加到电动机的定子绕组上进行启动，待电动机启动运转后，再使其电压恢复到额定值正常运转。由于电流随电压的降低而减小，使用降压启动达到了减小启动电流的目的。但是，由于电动机转矩与电压的平方成正比，所以降压启动也将导致电动机的启动转矩大为降低。因此，降压启动需要在空载或轻载下进行。

2. 降压启动方法

常用的降压启动方法有定子绕组串电阻降压启动、自耦变压器降压启动、星形—三角形（Y-△）降压启动等。

1）定子绕组串电阻降压启动

图 1-16 所示为三相笼型异步电动机定子串电阻降压启动控制电路。启动时，在三相定子绕组中串入电阻，通过电阻的分压作用使电动机定子绕组电压降低，启动后再将电阻短接，电动机在额定电压下正常运行。这种启动方式不受电动机定子绕组接线方式的限制，较为方便。但由于串入电阻，启动时在电阻上的电能损耗较大，故只适用于不频繁启动的场合。

2）自耦变压器降压启动

电动机自耦变压器降压启动是指电动机启动时利用自耦变压器来降低加在电动机定子绕

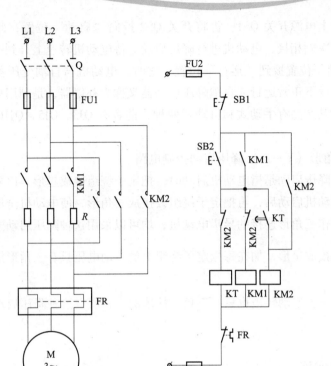

图 1-16　定子绕组串电阻降压启动控制电路

组上的启动电压。待电动机启动后，再使电动机与自耦变压器脱离，从而在全压下正常运行。图 1-17 所示为自耦变压器降压启动原理图。

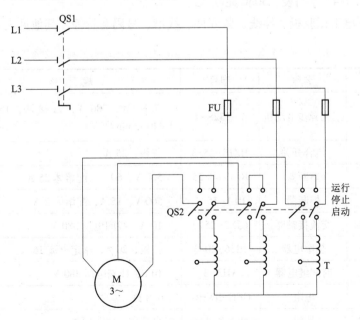

图 1-17　自耦变压器降压启动原理

启动时，先合上电源开关 QS1，再将开关 QS2 扳向"启动"位置，此时电动机的定子绕组与变压器的二次侧相接，电动机进行降压启动。待电动机转速上升到一定值时，迅速将开关 QS2 从"启动"位置扳到"运行"位置，这时，电动机与自耦变压器脱离而直接与电源相接，在额定电压下正常运行。自耦降压启动器又称为补偿器，是利用自耦变压器来进行降压的启动装置，其产品有手动式和自动式两种，前者有 QJ3、QJ5、QJ10 等系列，后者有 XJ01 与 CTZ 等系列。

3）星形—三角形（Y—△）降压启动控制电路

星形—三角形降压启动是指电动机启动时，把定子绕组接成星形，以降低启动电压，限制启动电流。待电动机启动后，再把定子绕组改接成三角形，使电动机全压运行。凡是在正常运行时定子绕组作三角形连接的异步电动机，均可以采用这种降压启动方法。

电动机启动时接成星形，加在每相定子绕组上的启动电压只有三角形接法的 $\dfrac{1}{\sqrt{3}}$，启动电流为三角形接法的 $\dfrac{1}{3}$，启动转矩也只有三角形接法的 $\dfrac{1}{3}$，所以这种降压启动方法只适用于轻载或空载下启动。

1.2.4 任务实施

1.2.4.1 三相异步电动机定子绕组串电阻降压启动控制电路的安装

1. 任务实施准备

（1）工具：测试笔、螺钉旋具、斜口钳、尖嘴钳、剥线钳、电工刀等。

（2）仪表：MF47 万用表、5050 兆欧表。

（3）器材：电工试验板、导线、紧固件、线槽、号码套管等，其他见表 1-8。

表 1-8　三相异步电动机定子绕组串电阻降压启动控制电路器材

序号	符号	名称	型号	规　格	数量
1	M	三相异步电动机	Y-132S-4	7.5 kW，380 V，△接法，15.4 A，1 440 r/min	1
2	QS	组合开关	HZ10-25/3	三极，25 A	1
3	FU1	熔断器	RL1-60/25	500 V，60 A，配熔体 25 A	3
4	FU2	熔断器	RL1-15/2	500 V，15 A，配熔体 2 A	2
5	KM1，KM2	交流接触器	CJX2-2510	10 A，线圈电压 380 V	2
6	FR	热继电器	JR36-20/3	三极，20 A，整定电流 16 A	1
7	KT	时间继电器	AH3-3	10 S，线圈电压 380 V	1
8	R	电阻	GEE-RXHG	0.8 Ω	3
9	SB1，SB2	按钮	LA38-11	自复位，1 开 1 闭	2
10	XT	端子板	JX2-101	380 V，10 A，15 节	1

续表

序号	符号	名 称	型号	规 格	数量
11		走线槽		18 mm×25 mm	若干
12		控制板		500 mm×400 mm×20 mm	1

2. 三相异步电动机定子绕组串电阻降压启动电气控制原理图

三相笼型异步电动机定子串电阻降压启动控制电路如图 1-16 所示，图中 KM1 为启动接触器，KM2 为运行接触器，KT 为时间继电器。

定子绕组串电阻降压启动控制电路的工作过程如下：合上电源开关 QS，按下启动按钮 SB2，KM1、KT 线圈同时通电吸合并自锁，此时电动机定子串接电阻 R 进行降压启动。当电动机转速接近额定转速时，时间继电器 KT 通电，延时闭合触点闭合，KM2 线圈通电并自锁，KM2 常闭触点断开并切断 KM1、KT 线圈电路，使 KM1、KT 线圈断电释放。这就促使 KM1 主触头先断开了定子电阻，再由 KM2 主触头短接定子串联电阻，这样，电动机经 KM2 主触头转为在额定电压下正常运转。

3. 任务内容与步骤

1）电器元件安装固定

（1）清点、检查器材元件。

（2）设计三相异步电动机定子绕组串电阻降压启动控制线路电器元件布置图。

（3）根据电气安装工艺规范安装固定元器件。

2）电气控制电路连接

（1）设计三相异步电动机定子绕组串电阻降压启动控制线路电气接线图。

（2）按电气安装工艺规范实施电路布线连接，图 1-18 所示为参考接线图。

4. 安装评价

安装评价按照表 1-9 进行。

表 1-9 安装接线评分

项目内容	配分	评分标准	扣分	得分
安装接线	40分	1. 按照元件明细表配齐元件并检查质量，因元件质量问题影响通电，一次扣10分。 2. 不按电路图接线，每处扣10分。 3. 不按工艺要求接线，每处扣5分。 4. 接点不符合要求，每处扣2分。 5. 损坏元件，每个扣5分。 6. 损坏设备此项分全扣。		
通电试车	40分	1. 通电一次不成功，扣10分。 2. 通电二次不成功，扣20分。 3. 通电三次不成功，扣40分		
安全文明操作	10分	视具体情况扣分		

项目内容	配分	评分标准	扣分	得分
操作时间	10 分	规定时间为 80 min，每超过 5 min 扣 5 分		
说明		除定额时间外，各项目的最高扣分不应超过配分数	成绩	
开始时间		结束时间	实际时间	

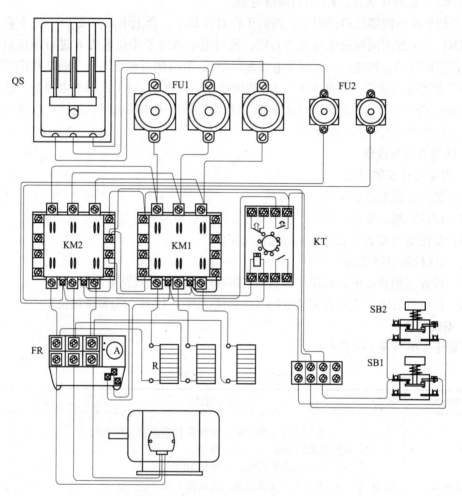

图 1-18　三相异步电动机定子绕组串电阻降压启动控制线路电气接线

1.2.4.2　三相异步电动机 Y-△ 降压启动控制电路的安装

1. 任务实施准备

（1）工具：测试笔、螺钉旋具、斜口钳、尖嘴钳、剥线钳、电工刀等。

（2）仪表：MF47 万用表、5050 兆欧表。

（3）器材：电工试验板、导线、紧固件、线槽、号码套管等，其他见表 1-10。

表1-10 三相异步电动机 Y-△ 降压启动控制电路器材

序号	符号	名称	型号	规 格	数量
1	M	三相异步电动机	Y-132S-4	7.5 kW，380 V，△ 接法，15.4 A，1 440 r/min	1
2	QS	组合开关	HZ10-25/3	三极，35 A	1
3	FU1	熔断器	RL1-60/35	500 V，60 A，配熔体 35 A	3
4	FU2	熔断器	RL1-15/2	500 V，15 A，配熔体 2 A	2
5	KM	交流接触器	CJX2-2510	10 A，线圈电压 380 V（KM、KM$_Y$、KM$_\triangle$）	3
6	FR	热继电器	JR36-20/3	三极，20 A，整定电流 16 A	1
7	KT	时间继电器	AH3-3	10 A，线圈电压 380 V	1
8	SB	按钮	LA38-11	自复位，1开1闭（SB1、SB2）	2
9	XT	端子板	JX2-101	380 V，10 A，15 节	1
10		走线槽		18 mm×25 mm	若干
11		控制板		500 mm×400 mm×20 mm	1

2. 三相异步电动机 Y-△ 降压启动控制电气原理图

1）Y-△ 降压启动控制电路

图1-19 为三相异步电动机 Y-△ 降压启动控制电路，该电路由三个接触器、一个热继电

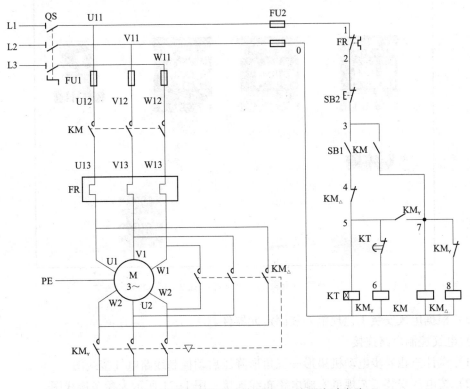

图1-19 时间继电器自动控制 Y-△ 降压启动电路

器、一个时间继电器和两个按钮组成。时间继电器 KT 用作控制 Y 降压启动时间和完成 Y—△ 自动切换。

2）电路工作原理

合上电源开关 QS，按下启动按钮 SB1，KT 与 KM_Y 线圈得电，KM_Y（7-8）互锁触头分断、主触头闭合使电动机定子绕组接成 Y 形，KM_Y 辅助常开触头闭合使得 KM 得电并自锁，从而使得电动机 M 接成 Y 形降压启动；当 M 转速上升到一定值时，KT 延时结束，KT 常闭延时触头分断，KM_Y 线圈失电，KM_Y 恢复，解除定子绕组 Y 形连接，KM_Y（7-8）互锁触头复位，使得 $KM_\triangle$ 线圈得电，使 $KM_\triangle$ 主触头闭合、辅助触头互锁并使 KT 释放，电动机 M 由 Y 形改为△形进入正常运转。

3. 任务实施内容与步骤

1）电器元件安装固定

（1）清点、检查器材元件。

（2）设计三相异步电动机星形—三角形降压启动控制线路电器布置图，如图 1-20 所示。

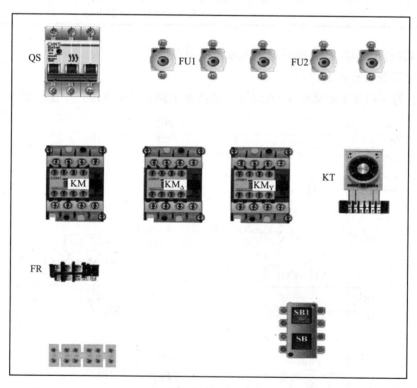

图 1-20　三相异步电动机星形—三角形降压启动控制线路电器布置图

（3）根据电气安装工艺规范安装固定元器件。

2）电气控制电路连接

（1）设计三相异步电动机星形—三角形降压启动控制线路电气接线图。

（2）按电气安装工艺规范实施电路布线连接，图 1-21 所示为参考接线图。

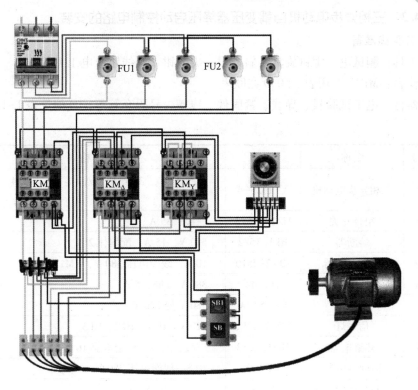

图1-21　三相异步电动机星形—三角形降压启动控制线路电气接线

4. 安装评价

安装评价按照表1-11进行。

表1-11　安装接线评分

项目内容	配分	评分标准	扣分	得分
安装接线	40分	1. 按照元件明细表配齐元件并检查质量，因元件质量问题影响通电，一次扣10分。 2. 不按电路图接线，每处扣10分。 3. 不按工艺要求接线，每处扣5分。 4. 接点不符合要求，每处扣2分。 5. 损坏元件，每个扣5分。 6. 损坏设备此项分全扣		
通电试车	40分	1. 通电一次不成功，扣10分。 2. 通电二次不成功，扣20分。 3. 通电三次不成功，扣40分		
安全文明操作	10分	视具体情况扣分		
操作时间	10分	规定时间为150 min，每超过5 min扣5分		
说明	除定额时间外，各项目的最高扣分不应超过配分数		成绩	
开始时间		结束时间	实际时间	

23

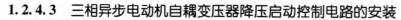

1.2.4.3　三相异步电动机自耦变压器降压启动控制电路的安装

1. 任务实施准备

（1）工具：测试笔、螺钉旋具、斜口钳、尖嘴钳、剥线钳、电工刀等。

（2）仪表：MF47 万用表、5050 兆欧表

（3）器材：电工试验板、导线、紧固件、线槽、号码套管等，其他见表 1-12。

表 1-12　三相异步电动机自耦变压器降压启动控制电路器材

序号	符号	名称	型号	规　格	数量
1	M	三相异步电动机	Y-132S-4	7.5 kW，380 V，△ 接法，15.4 A，1 440 r/min	1
2	QS	组合开关	HZ10-25/3	三极、35 A	1
3	FU	熔断器	RL1-15/2	500 V，15 A，配熔体 2 A	2
4	KM	交流接触器	CJX2-2510	10 A，线圈电压 380 V，KM1、KM2	2
5	KA	中间继电器	JZ7-44	380 V 线圈，5 A	1
6	Tr	变压器	BK-50VA	380 V 变 220 V	1
7	HL	信号灯	ND16-22DS	220 V，HL1、HL2、HL3	3
8	FR	热继电器	JR36-20/3	三极，20 A，整定电流 16 A	1
9	KT	时间继电器	AH3-3	10 S，线圈电压 380 V	1
10	T	三相自耦变压器	380 V	三相，380 V	1
11	SB	按钮	LA38-11	自复位，1 开 1 闭，SB1、SB2	2
12	XT	端子板	JX2-101	380 V，10 A，15 节	1
13		走线槽		18 mm×25 mm	若干
14		控制板		500 mm×400 mm×20 mm	1

2. 三相异步电动机自耦变压器降压启动控制

（1）电气原理图，如图 1-22 所示。

该电路常用来启动较大容量的三相异步电动机。该电路由主电路、控制电路和指示电路三部分组成。图中 KM1 为启动接触器，KM2 为运行接触器，KT 为时间继电器，KA 为中间继电器。

（2）自耦变压器降压启动控制电路的工作过程如下：

工作时，合上电源开关 QS，电源引入，电源指示灯 HL1 亮。

启动时，按下 SB2，KM1 和 KT 线圈通电，KM1 辅助常闭触点断开 KM2 线圈所在的全压运行电路和 HL1 所在的电源指示电路，实现互锁；KM1 的 4 个辅助常开触点闭合，产生自锁并接通 HL2 的指示电路使降压运行指示灯 HL2 亮，同时使主电路中自耦变压器星接，KM1 常开主触点闭合，电动机串入自耦变压器降压启动。

时间继电器 KT 计时时间到，其常开触点闭合，KA 线圈通电，其常闭辅助触点断开 KM1 所在的启动电路和降压运行指示电路实现互锁，KA 常开触点闭合实现自锁并使 KM2 线圈通电。KM2 通电后，其常开主触点闭合，电动机全压运行。KM2 常开辅助触点闭合，接通 HL3 的电路，全压运行指示灯 HL3 亮。

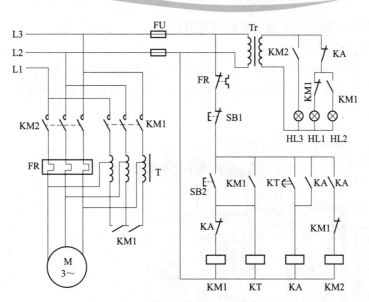

图 1-22　自耦变压器降压启动原理图

按下 SB1，可以停止工作。

3. 任务实施内容与步骤

1）电器元件安装固定

（1）清点、检查器材元件。

（2）设计三相异步电动机星形—三角形降压启动控制线路电器元件布置图，参考图 1-23。

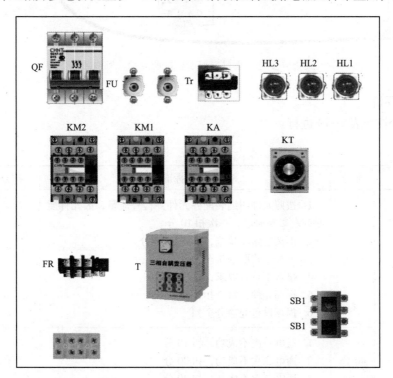

图 1-23　三相异步电动机自耦变压器降压启动控制线路电器布置

（3）根据电气安装工艺规范安装固定元器件。

2）电气控制电路连接

（1）设计三相异步电动机星形—三角形降压启动控制线路电气接线图。

（2）按电气安装工艺规范实施电路布线连接，图1-24所示为参考接线图。

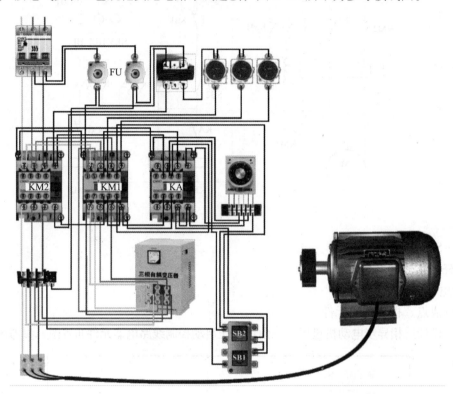

图1-24　三相异步电动机自耦变压器降压启动控制线路电气接线

4. 安装评价

安装评价按照表1-13进行。

表1-13　安装接线评分

项目内容	配分	评分标准	扣分	得分
安装接线	40分	1. 按照元件明细表配齐元件并检查质量，因元件质量问题影响通电，一次扣10分。 2. 不按电路图接线，每处扣10分。 3. 不按工艺要求接线，每处扣5分。 4. 接点不符合要求，每处扣2分。 5. 损坏元件，每个扣5分。 6. 损坏设备此项分全扣		
通电试车	40分	1. 通电一次不成功，扣10分。 2. 通电二次不成功，扣20分。 3. 通电三次不成功，扣40分		

续表

项目内容	配分	评分标准		扣分	得分
安全文明操作	10分	视具体情况扣分			
操作时间	10分	规定时间为120 min，每超过5 min扣5分			
说明	除定额时间外，各项目的最高扣分不应超过配分数			成绩	
开始时间		结束时间		实际时间	

1.2.5　任务考核

任务考核按表1-14进行。

表1-14　任务考核评价

评价项目	评价内容	自评	互评	师评
学习态度（10分）	能否认真听讲、答题是否全面			
安全意识（10分）	是否按照安全规范操作并服从教学安排			
完成任务情况（70分）	元器件布局合适与否（10）			
	电器元件安装符合要求与否（10）			
	电路接线正确与否（10）			
	接线符合工艺要求否（10）			
	试车操作过程正确与否（10）			
	调试过程中出现故障检修正确与否（10）			
	通电试验后各项工作完成如何（10）			
协作能力（10分）	与同组成员交流讨论解决了一些问题			
总评	好（85～100），较好（70～85），一般（少于70）			

1.2.6　复习思考

（1）三相异步电动机常用的启动方法有哪些？

（2）简述三相异步电动机星形—三角形降压启动控制电路安装过程中需要的工具和器件。

（3）简述三相异步电动机检测常用的工具和仪表。

（4）简述三相异步电动机自耦变压器降压启动控制电路工作原理。

（5）画出三相异步电动机定子绕组串电阻降压启动控制电路。

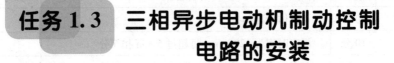

任务 1.3 三相异步电动机制动控制电路的安装

1.3.1 任务目标

（1）熟练掌握三相异步电动机制动控制电路的构成及工作原理。

（2）能正确地进行三相异步电动机制动控制电路的安装与调试。

（3）学习、掌握并认真实施电气安装基本步骤及工艺规范。

1.3.2 任务内容

（1）认识机械制动和电力制动的常用方法及工作原理。

（2）读懂三相异步电动机电磁抱闸制动、反接制动、能耗制动控制电路。

（3）完成三相异步电动机电磁抱闸制动、反接制动、能耗制动电气控制电路的布局、布线、安装调试以及电路故障检修。

1.3.3 必备知识

三相异步电动机制动的方法一般有两类：机械制动和电力制动。

1.3.3.1 机械制动

利用机械装置使电动机断开电源后迅速停转的方法叫机械制动。机械制动常用的方法是用电磁抱闸制动器制动。

电磁抱闸制动器分为断电制动型和通电制动型两种。断电制动型的工作原理为：当制动电磁铁的线圈得电时，制动器的闸瓦与闸轮分开，无制动作用；当线圈失电时，闸瓦紧紧抱住闸轮制动。而通电制动型的工作原理为：当线圈得电时，闸瓦紧紧抱住闸轮制动；当线圈失电时，闸瓦与闸轮分开，无制动作用。

1. 电磁抱闸制动器断电制动控制

电磁抱闸制动器断电制动控制的电路如图 1-25 所示。

电磁抱闸制动器断电制动在起重机械上被广泛采用。其优点是能够正确定位，同时可防止电动机突然断电时重物的自行坠落。当重物起吊到一定高度时，按下停止按钮，电动机和电磁抱闸制动器的线圈同时断电，闸瓦立即抱住闸轮，电动机立即制动停转，重物随之被准确定位。如果电动机在工作时，线路发生故障而突然断电，电磁抱闸制动器同样会使电动机迅速制动停转，从而避免重物自行坠落。这种制动方法的缺点是不经济。因为电磁抱闸制动器线圈耗电时间与电动机一样长。另外，切断电源后，由于电磁抱闸制动器的制动作用，使手动调整工件就很困难。因此，对要求电动机制动后能调整工件位置的机床设备不能采用这种制动方法，可采用通电制动控制方式。

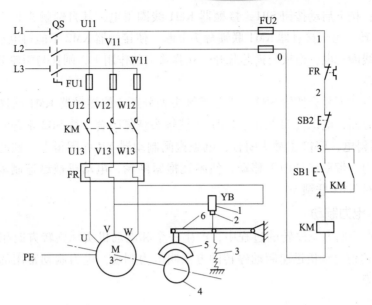

图 1-25　电磁抱闸制动器断电制动控制的电路

1—线圈；2—衔铁；3—弹簧；4—闸轮；5—闸瓦；6—杠杆

2. 电磁抱闸制动器通电制动控制

电磁抱闸制动器通电制动控制线路如图 1-26 所示。

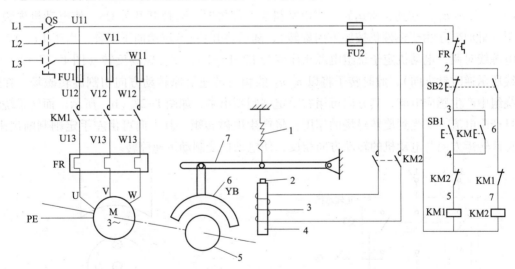

图 1-26　电磁抱闸制动器通电制动控制线路

1—弹簧；2—衔铁；3—线圈；4—铁芯；5—闸轮；6—闸瓦；7—杠杆

这种通电制动与上述断电制动方法稍有不同。当电动机得电运转时，电磁抱闸制动器线圈断电，闸瓦与闸轮分开，无制动作用；当电动机失电需停转时，电磁抱闸制动器的线圈得电，使闸瓦紧紧抱住闸轮制动；当电动机处于停转常态时，电磁抱闸制动器的线圈也无电，闸瓦与闸轮分开，这样操作人员可以用手扳动主轴调整工件、对刀等。

线路的工作原理如下：先合上电源开关 QS。

启动运转：按下启动按钮 SB1，接触器 KM1 线圈得电，其自锁触头和主触头闭合，电动机 M 启动运转。由于接触器 KM1 联锁触头分断，使接触器 KM2 不能得电动作，所以电磁抱闸制动器的线圈无电，衔铁与铁芯分开，在弹簧力的作用下，闸瓦与闸轮分开，电动机不受制动正常运转。

制动停转：按下复合按钮 SB2，其常闭触头先分断，使接触器 KM1 线圈失电，其自锁触头和主触头分断，电动机 M 失电，KM1 联锁触头恢复闭合，待 SB2 常开触头闭合后，接触器 KM2 线圈得电，KM2 主触头闭合，电磁抱闸制动器 YB 线圈得电，铁芯吸合衔铁，衔铁克服弹簧拉力，带动杠杆向下移动，使闸瓦抱紧闸轮，电动机被迅速制动而停转。KM2 联锁触头分断对 KM1 联锁。

1.3.3.2 电力制动

使电动机在切断电源停转的过程中，产生一个和电动机实际旋转方向相反的电磁力矩（制动力矩），迫使电动机迅速制动停转的方法叫电力制动。电力制动常用的方法有反接制动和能耗制动等。

1. 反接制动

依靠改变电动机定子绕组的电源相序来产生制动转矩，迫使电动机迅速停转的方法叫反接制动。

图 1-27 所示为反接制动原理图。在图 1-27（a）中，当 QS 向上闭合时，电动机定子绕组电源相序为 L1-L2-L3，电动机将沿旋转磁场方向（如图 1-27（b）中实线所示顺时针方向），以 $n<n_1$ 的转速正常运转。当电动机需要停转时，可拉开开关 QS，使电动机先脱离电源（此时转子由于惯性仍按原方向旋转），随后将开关 QS 迅速向下闭合，由于 L1、L2 两相电源线对调，电动机定子绕组电源相序变为 L2-L1-L3，旋转磁场反转（图 1-27（b）中虚线所示逆时针方向），此时转子将以 $n+n_1$ 的相对转速沿原转动方向切割旋转磁场，在转子绕组中产生感应电流，其方向可用右手定则判断出来，如图 1-27（b）所示。而转子绕组一旦产生电流，又受到旋转磁场的作用，将产生电磁转矩，其方向可由左手定则判断出来。可见此转矩方向与电动机的转动方向相反，使电动机受制动迅速停转。

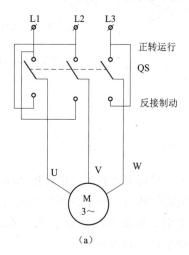

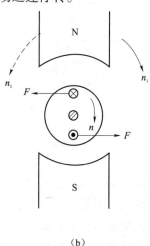

（a）　　　　　　　　　　　　　　　　（b）

图 1-27　反接制动原理图

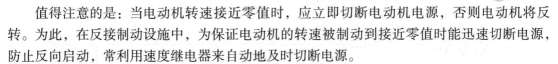

值得注意的是：当电动机转速接近零值时，应立即切断电动机电源，否则电动机将反转。为此，在反接制动设施中，为保证电动机的转速被制动到接近零值时能迅速切断电源，防止反向启动，常利用速度继电器来自动地及时切断电源。

电源反接制动时，转子与定子旋转磁场的相对转速接近两倍的电动机同步转速，所以此时转子绕组中流过的反接制动电流相当于电动机全压启动时启动电流的两倍。因此，反接制动转矩大、制动迅速。为减小制动电流，可在绕线型异步电动机转子回路中串入制动电阻，但对于笼型异步电动机则在其定子电路中串接反接制动电阻。

1）电动机单向反接制动控制电路

图 1-28 所示为电动机单向反接制动控制电路。图中 KM1 为电动机单向运行接触器，KM2 为反接制动接触器，KV 为检测电动机转速的速度继电器，R 为定子反接制动电阻。

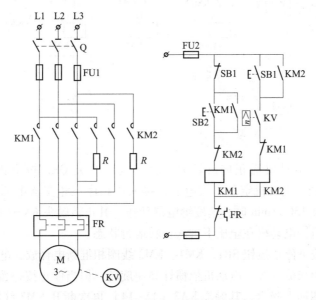

图 1-28　电动机单向反接制动控制电路

在图 1-28 中，M 工作时，按 SB2，KM1 通电并自锁，电动机处于单向旋转状态，此时与电动机有机械连接的速度继电器 KV 转速已大大超过其动作值即 130 r/min，其相应触头闭合，为反接制动做准备。

停车时，按下停止按钮 SB1，SB1 常闭触头断开，使 KM1 线圈断电释放，KM1 主触头断开，切断电动机原相序三相交流电源，电动机仍以惯性高速旋转。当将停止按钮 SB1 按到底时，其常开触头闭合，使 KM2 线圈经 KV 常开触头（早已闭合）通电并自锁，电动机定子串入不对称制动电阻经 KM2 主触头接入反相序三相交流电源进行反接制动，电动机转速迅速下降。当转速低于 100 r/min 时，KV 释放，其常开触头复位，使 KM2 线圈断电释放，电动机断开反相序交流电源。反接制动结束，电动机自然停车。

2）电动机可逆运行反接制动控制电路

图 1-29 所示为电动机可逆运行反接制动控制电路。图 1-29 中 KM1、KM2 分别为电动机正、反转接触器；KM3 为短接制动电阻接触器；KA1、KA2、KA3 为中间继电器；KV 为速度继电器，其中 KV-1 为正转触头，KV-2 为反转触头；R 为反接制动电阻。

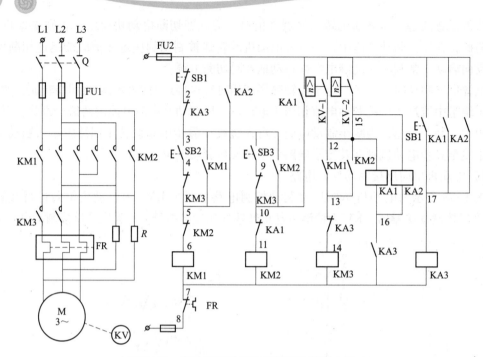

图 1-29　电动机可逆运行反接制动控制电路

　　电路工作原理：电动机需正向旋转时，合上电源开关 QS，按下正向启动按钮 SB2，KM1 线圈通电并自锁，电动机定子串入电阻，接入正相序三相交流电源进行降压启动，当速度继电器转速超过 130 r/min 时，速度继电器动作，其正转触头 KV-1 闭合，使 KM3 线圈通电，短接定子电阻，电动机在全压下进入正转运行状态。

　　当需停车时，按下停止按钮 SB1，KM1、KM3 线圈相继断电释放，电动机定子串入电阻并断开原正相序三相交流电源，电动机依惯性高速旋转。但当停止按钮按到底时，SB1 常开触头闭合，KA3 线圈通电吸合，其触头 KA3（13-14）再次断开 KM3 线圈电路，确保 KM3 线圈处于断电状态，保证反接制动电阻 R 的接入；而其另一触头 KA3（16-7）闭合。由于此时电动机转速仍很高，速度继电器转速仍大于释放值，故 KV-1 仍处于闭合状态，从而使 KA1 线圈经触头 KV-1 通电吸合，而触头 KA1（1-17）的闭合又保证了 KA3 自锁，而 KA1 的另一触头 KA1（1-10）闭合使 KM2 线圈通电吸合，使得电动机定子串入反接制动电阻，接入反相序三相交流电源进行反接制动，使电动机转速迅速下降。当速度继电器转速低于100 r/min 时，速度继电器释放，正向触头 KV-1 断开，KA1、KM2、KM3 线圈相继断电释放，反接制动结束，电动机自然停车。

　　电动机反向运转，停车时的反接制动控制电路工作情况与上述情况相似，不同的是速度继电器起作用的是反向触头 KV-2，中间继电器 KA2 替代了 KA1，其余情况相同。

　　由上述分析可知，图 1-29 中电路启动时，电动机从零至速度继电器达到 130 r/min 为电动机串入电阻进行降压启动过程。所以，定子电阻 R 具有限制启动电流和反接制动电流的双重作用。停车时，务必将停止按钮 SB1 按到底，否则将因 SB1（1-17）触头未闭合而无反接制动。热继电器发热元件接于图上位置，可避免启动电流和制动电流大引起的误动作。

电动机反接制动效果与速度继电器触头反力弹簧的松紧程度有关。当触头反力弹簧调得过紧，在停车情况下电动机转速较高时，其触头便在反力弹簧作用下使其断开，这样会过早地断开反接制动电路，使反接制动效果减弱；若反力弹簧调得过松，则速度继电器又释放过晚，电动机停车后可能出现短时反转。因此，应适当调节速度继电器触头反力弹簧的松紧程度，以期获得较好的制动效果。

2. 能耗制动控制电路

当电动机切断交流电源后，立即在定子绕组的任意两相中通入直流电，迫使电动机迅速停转的方法叫能耗制动。由于这种制动方法是通过在定子绕组中通入直流电以消耗转子惯性运转的动能来进行制动的，所以称为能耗制动。

在能耗制动中，按接入直流电的控制方式分，可将能耗制动分为按时间原则控制和按速度原则控制两种。

1）按时间原则控制电动机单向运行能耗制动电路

图 1-30 所示为按时间原则控制电动机单向运行能耗制动电路。图中 KM1 为单向运行接触器，KM2 为能耗制动接触器，KT 为时间继电器，T 为整流变压器，VC 为桥式整流电路。当按下 SB2 时，KM1 通电并自锁，电动机处于单向运行状态。若要使电动机停止转动，按下停止按钮 SB1，KM1 线圈断电释放，其主触头断开，电动机断开三相交流电源。同时，KM2、KT 线圈同时通电并自锁。KM2 主触头将电动机两相定子绕组接入直流电源进行能耗制动，电动机转速迅速降低，当转速接近零时，时间继电器 KT 延时时间到，其常闭通电延时断开触头动作，使 KM2、KT 线圈相继断电释放，能耗制动结束。

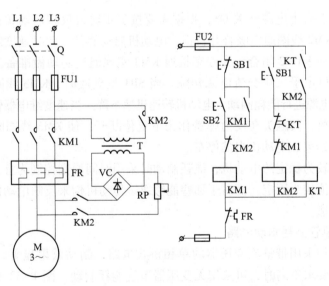

图 1-30　按时间原则控制电动机单向运行能耗制动电路

在图 1-30 中，KT 的瞬动常开触头与 KM2 自锁触头串接，其作用是：当 KT 线圈断线或机械卡住故障，致使 KT 常闭通电延时触头断不开，常开瞬动触头也合不上时，按下停止按钮 SB1，则成为点动能耗制动。若无 KT 常开瞬动触头串接 KM2 常开触头，在发生上述故障，按下停止按钮 SB1 时，将使 KM2 线圈长期通电，造成电动机两相定子绕组长期接入直流电源。

2）按速度原则控制电动机可逆运行能耗制动电路

图1-31所示为按速度原则控制电动机可逆运行能耗制动电路。图中KM1、KM2为电动机正、反转接触器，KM3为能耗制动接触器，KV为速度继电器。

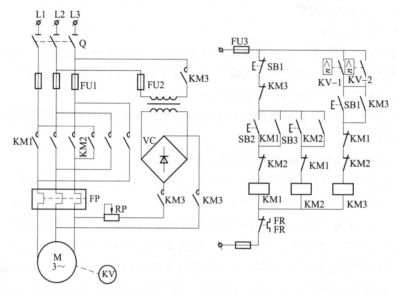

图1-31　速度原则控制电动机可逆运行能耗制动电路

电路工作原理：合上电源开关QS，根据需要按下正转或反转启动按钮SB2或SB3，相应接触器KM1或KM2线圈通电吸合并自锁，电动机启动旋转。此时速度继电器相应的正向或反向触头KV-1或KV-2闭合，为停车接通KM3实现能耗制动做准备。停车时，按下停止按钮SB1，电动机定子三相交流电源切除。当SB1按到底时，KM3线圈通电并自锁，电动机定子接入直流电源进行能耗制动，电动机转速迅速下降。当速度继电器转速低于100 r/min时，速度继电器释放，其触头在反力弹簧作用下复位断开，使KM3线圈断电释放，切除直流电源，能耗制动结束，电动机自然停车。

对于负载转矩较为稳定的电动机，能耗制动时采用时间原则控制为宜，因为此时对时间继电器的延时整定值较为固定。而对于那些能够通过传动机构来反映电动机转速的，采用速度原则控制较为合适。

3）无变压器单管能耗制动电路

上述能耗制动均采用带整流变压器的单相桥式电路，制动效果显著。对于10 kW以下的电动机，在制动要求不高时，可采用无变压器单管能耗制动。图1-32所示为无变压器单管能耗制动控制电路。图中KM1为线路接触器，KM2为制动接触器，KT为能耗制动时间继电器。该电路整流电源电压为220 V，由KM2主触头接至电动机定子绕组，经整流二极管VD接至电源中性线N构成闭合电路。制动时电动机U、V相由KM2主触头短接，因此只有单方向制动转矩。电路工作原理与图1-31所示电路相似，读者可自行分析。

能耗制动的优点是制动准确、平稳，且能量消耗较小；缺点是需附加直流电源装置，设备费用较高，制动力较弱，在低速时制动力矩小。因此，能耗制动一般用于要求制动准确、

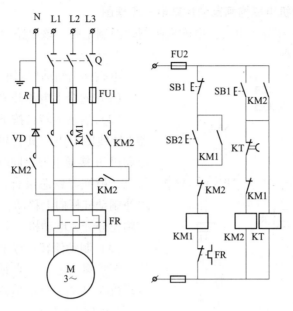

图 1-32　无变压器单管能耗制动电路

平稳的场合，如磨床、立式铣床等的控制线路。

1.3.4　任务实施

1.3.4.1　三相异步电动机电磁抱闸制动控制电路的安装

1. 任务实施准备

（1）工具：测试笔、螺钉旋具、斜口钳、尖嘴钳、剥线钳、电工刀等。

（2）仪表：MF47 万用表、5050 兆欧表。

（3）器材：电工试验板、导线、紧固件、线槽、号码套管等，其他见表 1-15。

表 1-15　三相异步电动机电磁抱闸制动控制电路器材

序号	符号	名称	型号	规　　格	数量
1	M	三相异步电动机	Y-132S-4	7.5 kW，380 V，△接法，15.4 A，1 440 r/min	1
2	QS	组合开关	HZ10-25/3	三极，35 A	1
3	FU1	熔断器	RL1-60/35	500 V，60 A，配熔体 35 A	3
4	FU2	熔断器	RL1-15/2	500 V，15 A，配熔体 2 A	2
5	KM	交流接触器	CJX2-2510	10 A，线圈电压 380 V	1
6	FR	热继电器	JR36-20/3	三极，20 A，整定电流 16 A	1
7	SB1 SB2	按钮	LA38-11	自复位，1 开 1 闭	2
8	XT	端子板	JX2-101	380 V，10 A，15 节	1
9		走线槽		18 mm×25 mm	若干
10		控制板		500 mm×400 mm×20 mm	1

2. 三相异步电动机电磁抱闸制动控制电气原理图

图 1-33 所示为三相异步电动机电磁抱闸制动控制电路，该电路由一个接触器、一个热继电器和两个按钮组成。

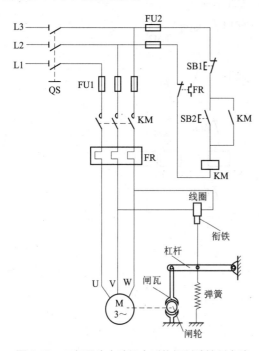

图 1-33　三相异步电动机电磁抱闸制动控制电路

电磁抱闸制动控制电路的工作过程如下：

（1）先合上电源开关 QS。

（2）启动运转：按下启动按钮 SB2，接触器 KM 线圈得电，其自锁触头和主触头闭合，电动机 M 接通电源，同时电磁抱闸制动器线圈得电，衔铁与铁芯吸合，衔铁克服弹簧拉力，迫使制动杠杆向上移动，从而使制动器的闸瓦与闸轮分开，电动机正常运转。

（3）制动停转：按下停止按钮 SB1，接触器 KM 线圈失电，其自锁触头和主触头分断，电动机 M 失电，同时电磁抱闸制动器线圈也失电，衔铁与铁芯分开，在弹簧拉力的作用下，闸瓦紧紧抱住闸轮，使电动机被迅速制动而停转。

3. 任务实施内容与步骤

1）电器元件安装固定

（1）清点、检查器材元件。

（2）设计三相异步电动机电磁抱闸制动控制线路电器元件布置图，参考图 1-34。

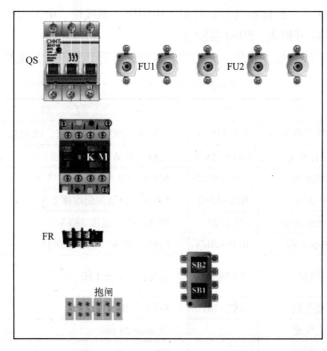

图 1-34　三相异步电动机电磁抱闸制动控制线路电器布置

（3）根据电气安装工艺规范安装固定元器件。

2）电气控制电路连接

（1）设计三相异步电动机电磁抱闸制动控制线路电气接线图。

（2）按电气安装工艺规范实施电路布线连接，图 1-35 所示为参考接线图。

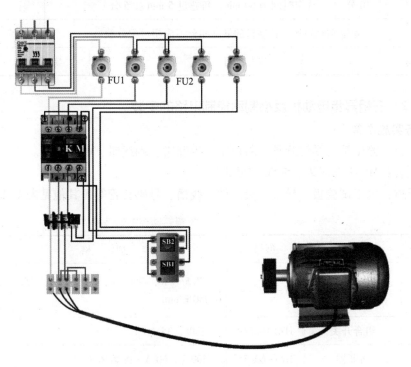

图 1-35　三相异步电动机电磁抱闸制动控制线路电气接线

4. 安装评价

安装评价按照表 1-16 进行。

表 1-16　安装接线评分

项目内容	配分	评分标准	扣分	得分
安装接线	40 分	1. 按照元件明细表配齐元件并检查质量，因元件质量问题影响通电，一次扣 10 分。 2. 不按电路图接线，每处扣 10 分。 3. 不按工艺要求接线，每处扣 5 分。 4. 接点不符合要求，每处扣 2 分。 5. 损坏元件，每个扣 5 分。 6. 损坏设备此项分全扣		
通电试车	40 分	1. 通电一次不成功，扣 10 分。 2. 通电二次不成功，扣 20 分。 3. 通电三次不成功，扣 40 分		

项目内容	配分	评分标准		扣分	得分
安全文明操作	10分	视具体情况扣分			
操作时间	10分	规定时间为 60 min，每超过 5 min 扣 5 分			
说明		除定额时间外，各项目的最高扣分不应超过配分数		成绩	
开始时间		结束时间		实际时间	

1.3.4.2　三相异步电动机反接制动控制电路的安装

1. 任务实施准备

（1）工具：测试笔、螺钉旋具、斜口钳、尖嘴钳、剥线钳、电工刀等。

（2）仪表：MF47 万用表、5050 兆欧表。

（3）器材：电工试验板、导线、紧固件、线槽、号码套管等，其他见表 1-17。

表 1-17　三相异步电动机反接制动控制电路器材

序号	符号	名称	型号	规　格	数量
1	M	三相异步电动机	Y-132S-4	7.5 kW，380 V，△ 接法，15.4 A，1 440 r/min	1
2	QS	组合开关	HZ10-25/3	三极，35 A	1
3	FU1	熔断器	RL1-60/35	500 V，60 A，配熔体 35 A	3
4	FU2	熔断器	RL1-15/2	500 V，15 A，配熔体 2 A	2
5	R	制动电阻	10 Ω，250 W	大功率瓷管电阻	3
6	KM	交流接触器	CJX2-2510	10 A，线圈电压 380 V，KM1、KM2	2
7	FR	热继电器	JR36-20/3	三极，20 A，整定电流 16 A	1
8	n	速度继电器	JY1 型	700～3 600 r/min	1
9	SB	按钮	LA38-11	自复位，1 开 1 闭，SB1、SB2	2
10	XT	端子板	JX2-101	380 V，10 A，15 节	1
11		走线槽		18 mm×25 mm	若干
12		控制板		500 mm×400 mm×20 mm	1

2. 三相异步电动机反接制动控制电气原理图

图 1-36 所示为三相异步电动机反接制动控制电路，图中 KM1 为电动机单向运行接触器，KM2 为反接制动接触器，SR 为检测电动机转速的速度继电器，R 为定子反接制动电阻。反接制动控制电路的工作过程如下：

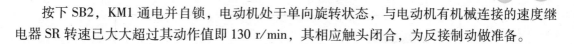

按下 SB2，KM1 通电并自锁，电动机处于单向旋转状态，与电动机有机械连接的速度继电器 SR 转速已大大超过其动作值即 130 r/min，其相应触头闭合，为反接制动做准备。

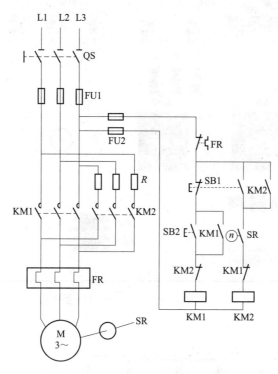

图 1-36　三相异步电动机反接制动控制电路

停车时，按下停止按钮 SB1，SB1 常闭触头断开，使 KM1 线圈断电释放，KM1 主触头断开，切断电动机原相序三相交流电源，但电动机仍以惯性高速旋转：当将 SB1 按到底时，其常开触头闭合，使 KM2 线圈经 SR 常开触头（早已闭合）通电并自锁，电动机定子串入制动电阻经 KM2 主触头接入反相序三相交流电源进行反接制动，电动机转速迅速下降。当下降到速度继电器转速低于 100 r/min 时，SR 释放，其常开触头复位，使 KM2 线圈断电释放，电动机断开反相序交流电源。反接制动结束，电动机自然停车。

3. 任务实施内容与步骤

1）电器元件安装固定

（1）清点、检查器材元件。

（2）设计三相异步电动机反接制动控制线路电器元件布置图，参考图 1-37。

（3）根据电气安装工艺规范安装固定元器件。

2）电气控制电路连接

（1）设计三相异步电动机反接制动控制线路电气接线图。

（2）按电气安装工艺规范实施电路布线连接，图 1-38 所示为参考接线图。

4. 安装评价

安装评价按照表 1-18 进行。

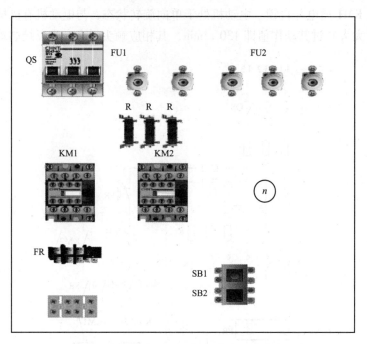

图 1-37　三相异步电动机反接制动控制线路电器布置

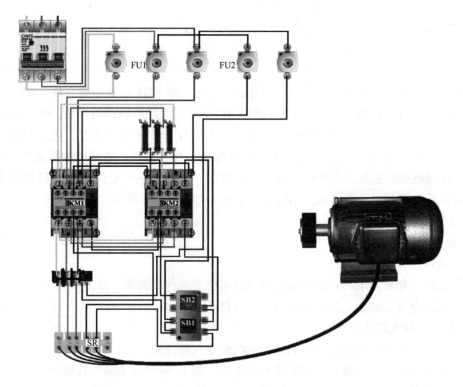

图 1-38　三相异步电动机反接制动控制线路电气接线

表 1-18　安装接线评分

项目内容	配分	评分标准	扣分	得分
安装接线	40 分	1. 按照元件明细表配齐元件并检查质量，因元件质量问题影响通电，一次扣 10 分。 2. 不按电路图接线，每处扣 10 分。 3. 不按工艺要求接线，每处扣 5 分。 4. 接点不符合要求，每处扣 2 分。 5. 损坏元件，每个扣 5 分。 6. 损坏设备此项分全扣		
通电试车	40 分	1. 通电一次不成功，扣 10 分。 2. 通电二次不成功，扣 20 分。 3. 通电三次不成功，扣 40 分		
安全文明操作	10 分	视具体情况扣分		
操作时间	10 分	规定时间为 90 min，每超过 5 min 扣 5 分		
说明	除定额时间外，各项目的最高扣分不应超过配分数		成绩	
开始时间		结束时间	实际时间	

1.3.4.3　三相异步电动机能耗制动控制电路的安装

1. 任务实施准备

（1）工具：测试笔、螺钉旋具、斜口钳、尖嘴钳、剥线钳、电工刀等。

（2）仪表：MF47 万用表、5050 兆欧表。

（3）器材：电工试验板、导线、紧固件、线槽、号码套管等，其他见表 1-19。

表 1-19　三相异步电动机能耗制动控制电路器材

序号	符号	名称	型号	规　格	数量
1	M	三相异步电动机	Y-132S-4	7.5 kW，380 V，△ 接法，15.4 A，1 440 r/min	1
2	QS	组合开关	HZ10-25/3	三极，35 A	1
3	FU1	熔断器	RL1-60/35	500 V，60 A，配熔体 35 A	3
4	FU2	熔断器	RL1-15/2	500 V，15 A，配熔体 2 A	2
5	KM	交流接触器	CJX2-2510	10 A，线圈电压 380 V，KM1、KM2	2
6	R	制动电阻	10 Ω，250 W	大功率瓷管电阻	1
7	FR	热继电器	JR36-20/3	三极，20 A，整定电流 16 A	1
8	KT	时间继电器	AH3-3	10 S，线圈电压 380 V	1
9	T	三相自耦变压器	380 V	三相，380 V	1
10	SB	按钮	LA38-11	自复位，1 开 1 闭，SB1、SB2	2
11	XT	端子板	JX2-101	380 V，10 A，15 节	1

续表

序号	符号	名称	型号	规　格	数量
12		走线槽		18 mm×25 mm	若干
13		控制板		500 mm×400 mm×20 mm	1

2. 三相异步电动机能耗制动控制电气原理图

图 1-39 所示为按时间原则控制电动机单向运行能耗制动电路原理图。图中 KM1 为单向运行接触器，KM2 为能耗制动接触器，KT 为时间继电器，T 为整流变压器，VC 为桥式整流电路。

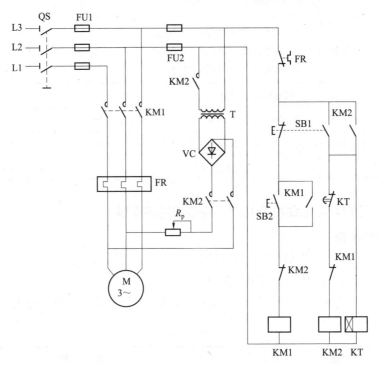

图 1-39　三相异步电动机能耗制动控制电路

能耗制动控制电路的工作过程如下：

按下 SB2，KM1 通电并自锁，电动机处于单向运行状态。若要使电动机停止转动，按下停止按钮 SB1，KM1 线圈断电释放，其主触头断开，断开电动机三相交流电源。同时，KM2、KT 线圈同时通电并自锁。KM2 主触头将电动机两相定子绕组接入直流电源进行能耗制动，电动机转速迅速降低，当转速接近零时，时间继电器 KT 延时时间到，其常闭通电延时断开触头动作，使 KM2、KT 线圈相继断电释放，能耗制动结束。

3. 任务内容与步骤

1）电器元件安装固定

（1）清点、检查器材元件。

（2）设计三相异步电动机能耗制动控制线路电器元件布置图，参考图 1-40。

（3）根据电气安装工艺规范安装固定元器件。

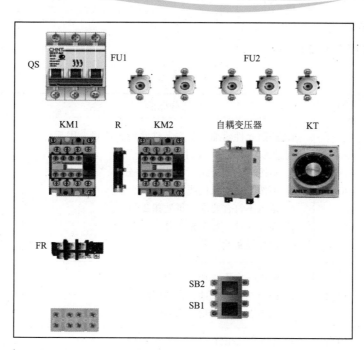

图 1-40　三相异步电动机能耗制动控制线路电器布置

2）电气控制电路连接

（1）设计三相异步电动机能耗制动控制线路电气接线图。

（2）按电气安装工艺规范实施电路布线连接，图 1-41 所示为参考接线图。

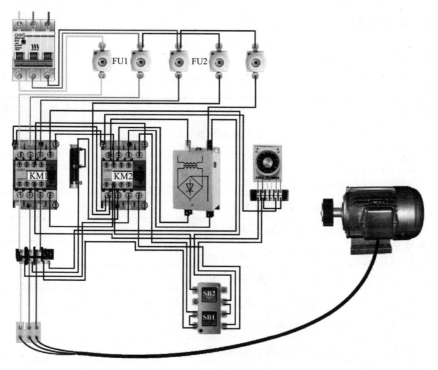

图 1-41　三相异步电动机能耗制动控制线路电气接线

4. 安装评价

安装评价按照表 1-20 进行。

表 1-20　安装接线评分

项目内容	配分	评分标准	扣分	得分
安装接线	40 分	1. 按照元件明细表配齐元件并检查质量，因元件质量问题影响通电，一次扣 10 分。 2. 不按电路图接线，每处扣 10 分。 3. 不按工艺要求接线，每处扣 5 分。 4. 接点不符合要求，每处扣 2 分。 5. 损坏元件，每个扣 5 分。 6. 损坏设备此项分全扣		
通电试车	40 分	1. 通电一次不成功，扣 10 分。 2. 通电二次不成功，扣 20 分。 3. 通电三次不成功，扣 40 分		
安全文明操作	10 分	视具体情况扣分		
操作时间	10 分	规定时间为 90 min，每超过 5 min 扣 5 分		
说明	除定额时间外，各项目的最高扣分不应超过配分数		成绩	
开始时间		结束时间	实际时间	

1.3.5　任务考核

任务考核按表 1-21 进行。

表 1-21　任务考核评价

评价项目	评价内容	自评	互评	师评
学习态度（10 分）	能否认真听讲、答题是否全面			
安全意识（10 分）	是否按照安全规范操作并服从教学安排			
完成任务情况 （70 分）	元器件布局合适与否（10）			
	电器元件安装符合要求与否（10）			
	电路接线正确与否（10）			
	接线符合工艺否（10）			
	试车操作过程正确与否（10）			
	调试过程中出现故障检修正确与否（10）			
	通电试验后各项工作完成如何（10）			
协作能力（10 分）	与同组成员交流讨论解决了一些问题			
总评	好（85～100），较好（70～85），一般（少于 70）			

1.3.6　复习思考

（1）三相异步电动机制动的方法有哪些？

（2）简述三相异步电动机电磁抱闸制动控制电路控制原理。

（3）画出三相异步电动机反接制动电路图。

（4）简述三相异步电动机能耗制动控制线路的安装过程。

（5）简述三相异步电动机制动控制电路检测常见问题及排除方法。

 阅读拓展

中国电机之父赵淳生：一定要搞出中国人自己的超声电机

我今天的一切，都凝聚着党的恩情！我希望永远年轻，多为党和国家作贡献。

——赵淳生

病床上的他，一只手在输液，另一只手用来写字翻书。他的心里，装的全是超声电机。这是病房里的日常。2001年，63岁的中科院院士、南京航空航天大学教授赵淳生接受了肺癌手术，切除了一叶右肺，又摘除了胃部肿瘤连同三分之二的胃。这份对超声电机的"痴"，终于让妻子忍无可忍："你现在还在干这个，你到底要命还是要超声电机？""我两个都要。"赵淳生回答道。

赵淳生的字典里仿佛只有"科研"二字。1938年11月，赵淳生出生在湖南。"1岁多时，父亲就参加革命，后来牺牲了，9岁时母亲也生病过世了，家里只剩下我和祖母。我靠砍柴、放牛挣钱生活。"这段清苦的经历，让赵淳生分外感激党给予他的一切，"解放前，地下党支持我读完了小学。解放后，我又在政府帮助下读完了中学、大学，并在我不惑之年给我机会出国留学。我从心底里感激党、感激国家，这是我搞科研最大的动力。"

20世纪70年代，看到国内所用的电动式激振器都从国外进口，赵淳生立志突破束缚。44岁的赵淳生一头扎进电动式激振器的研制中。面对一次次的失败，他不气馁，硬是靠着一股子拼劲，研制出了中国人自己的电动式激振器，填补了国内空白。此后，他还发明了高能激振器，先后研发了4个系列的激振器。这些激振器不仅占领了国内市场，还进入国际市场，并为我国长征系列火箭模态试验和歼-8系列飞机、运-12飞机和直升机的全机共振试验作出贡献。靠这项成果，吃吃老本就可以舒服过一辈子的。但赵淳生并不这样想，他永远都在追求更高的目标，不断突破自己。

20世纪90年代初，在国外访学的赵淳生从一场超声电机的讲座中得知，日本的超声电机已经用在照相机上面了。麻省理工学院两个系在研究超声电机，航空航天系想用到火星探测上，电机和计算机系想用到机器人上。

"一定要搞出中国人自己的超声电机！"广阔的研究前景，令赵淳生兴奋不已，他将原定的两个研究方向调整为超声电机技术，他说："我出去只是为了学习，我学到的，一定要服务于我的祖国。"

1994年，他提着箱子回到祖国。"当时没有启动经费，我向系里借了15 000元，买了一台台式计算机和一台简易打印机。一名硕士生、一名博士生、一名博士后，加上我一共4个人，一头扎进一间20平方米的房间里，不分昼夜地工作起来。"

经历多次失败，1995年12月17日，一台被称为"行波型超声电机"的原型机成功地转起来了！这是我国第一台能实际运行的超声电机。又历经多年不懈攻关，2013年，超声电机终于应用到"玉兔号"月球车上，使我国成为继美国之后第二个将超声电机应用到外星球的国家。

"工作是一种乐趣，可以延长生命。"康复后的赵淳生身体硬朗，在今年的两院院士大会上，他对着镜头笑言："我还要坚持健身，搞科研！"那份对科研事业的挚爱，隔着屏幕，也能感染人。

1. 你从赵淳生院士身上学习到那些精神？

 多媒体链接

三相异步电动机

三相异步电动机
降压启动技术

安装电动机双重联
锁正反控制电路

三相异步电机的存放中
的维护保养和管理措施

三相异步电动机常用启动
方式的选择和优缺点

中国超声电机领航人

项目 2

三相交流异步电动机的常用调速技术

【知识目标】

1. 掌握三相异步电动机的调速原理。
2. 掌握三相异步电动机的常用调速方法。
3. 掌握三相异步电动机常用调速电路的安装与调试。

【技能目标】

1. 学会安装三相异步电动机常用调速控制电路。
2. 学会调试三相异步电动机常用调速控制电路。

【素质目标】

1. 培养良好的职业道德意识，培树良好的敬业精神；
2. 端正学风，培养热爱科学、不断进取、实事求是的求知精神；
3. 增强质量意识、效益意识和新技术意识，培养积极服务社会的责任感。

任务导入

在实际生产应用中，异步电动机经常需要进行调速。所谓调速，就是用人为的方法来改变三相异步电动机的转速。电气调速可使机械传动机构简化，提高传动效率，还可实现无级调速，调速时无须停车，操作简便，便于实现调速的自动控制。根据三相异步电动机的转速公式

$$n = (1-s)\,n_1 = (1-s)\frac{60f_1}{p} \qquad (2\text{-}1)$$

可知，三相异步电动机的调速方法如下：

（1）变极调速：通过改变异步电动机的极对数 p 来改变电动机同步转速 n_1 进行调速。

（2）变转差率调速：调速过程中保持电动机同步转速 n_1 不变，通过改变转差率 s 来进行调速。其中有降低定子电压、在绕线转子异步电动机转子回路中串入电阻或串附加电动势等方法调速。

（3）变频调速：通过改变异步电动机定子电源频率 f_1 来改变同步转速 n_1，从而进行调速。

本项目主要介绍几种常用的调速方法。

任务 2.1　变极调速控制电路的安装与调试

2.1.1　任务目标

（1）使学生理解交流电动机变极调速的原理。

（2）能正确安装调试时间继电器控制双速电动机控制线路。

（3）能正确安装调试 PLC 控制三速电动机控制线路。

2.1.2　任务内容

（1）正确识读、分析时间继电器控制双速电动机控制线路电气原理图，并进一步掌握时间继电器控制双速电动机控制线路的基本原理。

（2）能根据原理图绘制电器元件布置图和电气接线图。

（3）学会时间继电器控制双速电动机控制线路的安装调试，正确掌握其安装工艺。

（4）学会 PLC 控制三速电动机控制线路的 PLC 设计与装调，正确掌握 PLC 梯形图的制作与传输。

2.1.3　必备知识

我们知道，如果改变三相异步电动机的磁极对数，就可以改变其同步转速，从而使电动

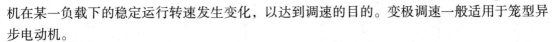

机在某一负载下的稳定运行转速发生变化，以达到调速的目的。变极调速一般适用于笼型异步电动机。

1. 变极原理

三相笼型异步电动机定子每相绕组可看成由两个完全相同的"半相绕组"组成，图 2-1只画出了 U 相的两个"半相绕组"1U1、1U2 和 2U1、2U2 的连接图。在图 2-1（a）中，1U1、1U2 和 2U1、2U2 为头尾相串，即顺向串联，形成一个 $2p=4$ 极的磁场；在图 2-1（b）中，1U1、lU2 和 2U1、2U2 为尾尾或头头反向串联，形成 $2p=2$ 极的磁场；在图 2-1（c）中，1U1、1U2 和 2U1、2U2 头尾相反并联，形成 $2p=2$ 极的磁场。比较上述图 2-1（a）、（b）、（c）三种接法可知：只要将两个"半相绕组"中的任一个"半相绕组"中的电流反向，就可以将极对数增加一倍（顺串）或减少一半（反串或反并），这就是单绕组倍极比的变极原理，可获得 2/4 极、4/8 极。这种方法只改变定子绕组接法，故简单易行。

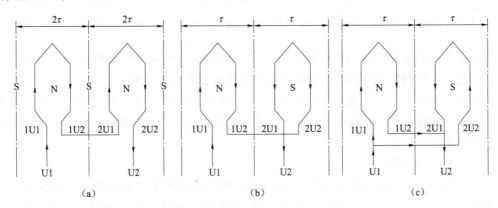

图 2-1　三相笼型异步电动机变极原理

（a）顺串，$2p=4$；（b）反串，$2p=2$；（c）反并，$2p=2$

2. 两种常用的变极接线法

变极前，每相绕组的两个"半相绕组"都按顺向串联接线，而三相绕组之间又可接成 Y 连接和△连接。变极时，每相绕组的两个"半相绕组"各改接成反向并联，使极数减少一半，经演变可看出变极后都成为双 Y 连接。于是这两种常用的变极接线分别为 Y/YY 变极接法和△/YY 变极接法。

1) Y/YY 变极调速

图 2-2 所示为 Y/YY 变极接线图，其中图 2-1（a）为每相绕组顺串时，三相绕组 Y 连接接线图；图 2-2（b）为每相绕组反并时，三相绕组接线图；图 2-2（c）为每相绕组反并时，三相绕组演变成 YY 连接接线图。

图 2-2（b）中变极的同时，还将 V、W 两相的出线端进行了对调。这是因为在电动机定子的圆周上，电角度是机械角度的 p 倍，当极对数 p 改变时，必然引起三相绕组的空间相序发生变化。如当 $p=1$ 时，U、V、W 三相绕组轴线的空间位置依次为 0°、120°、240°电角度；而当极对数变为 $p=2$ 时，空间位置依次为 U 相为 0、V 相为 120°×2＝240°电角度、W 相为 240°×2＝480°即 120°电角度，显然变极后绕组的相序改变了。此时若不改变外接电源相序，则变极后，不仅使电动机转速发生变化，而且电动机的旋转方向也发生了变化。所

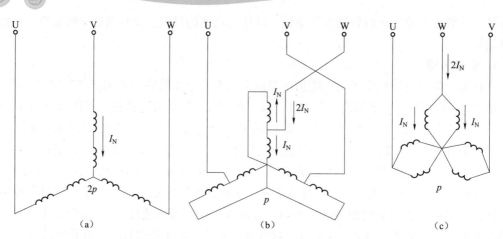

图 2-2　三相笼型异步电动机 Y/YY 变极接线图

（a）变极前顺串，$2p=4$，Y 形接线；（b）变极后反并，$2p=2$，接线；（c）变极后反并，$2p=2$，YY 接线

以，为保证变极调速前后电动机旋转方向不变，在改变三相异步电动机定子绕组接线的同时，必须将 V、W 两相出线端对调，使电动机接入电源的相序改变。这点非常重要。

电动机定子绕组 Y 连接变成 YY 连接后，电动机极数减少一半，转速增加一倍，输出功率增大一倍，而输出转矩基本不变，属于恒转矩调速性质，适用于拖动起重机、电梯、运输带等恒转矩负载的调速。

2）△/YY 变极调速

图 2-3 所示为△/YY 变极接线图。变极前每相绕组的两个"半相绕组"顺向串联，三相绕组为△连接；变极后每相绕组的两个"半相绕组"改接成反向并联，三相绕组为 YY 连接。

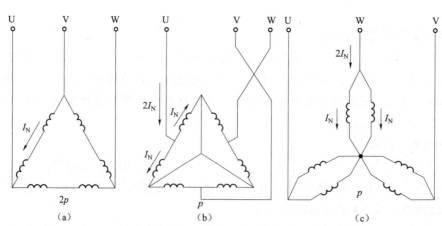

图 2-3　笼型三相异步电动机△/YY 变极接线图

（a）变极前顺串，$2p=4$，△接线；（b）变极后反并，$2p=2$，接线；（c）变极后反并，$2p=2$，YY 接线

电动机定子绕组由△连接变成 YY 连接后，极数减半，转速增加一倍，转矩近似减小一半，功率近似保持不变。因此，△/YY 变极调速近似为恒功率调速性质，适用于车床切削加工。如粗车时，进刀量大，转速低；精车时，进刀量小，转速高，但负载功率近似不变。

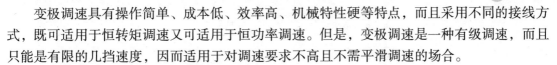

变极调速具有操作简单、成本低、效率高、机械特性硬等特点，而且采用不同的接线方式，既可适用于恒转矩调速又可适用于恒功率调速。但是，变极调速是一种有级调速，而且只能是有限的几挡速度，因而适用于对调速要求不高且不需平滑调速的场合。

3. 双速异步电动机的控制电路

单绕组双速电动机定子绕组引出六根出线端，可以接成△/YY、Y/YY 等。图 2-4 所示为△/YY 连接的定子绕组接线方式。

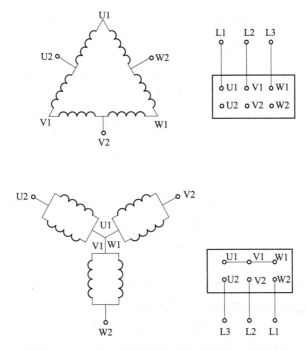

图 2-4　三相双速异步电动机△/YY 连接方式

当定子绕组的 U1、V1、W1 三个接线端接三相交流电源，而将 U2、V2、W2 三个接线端悬空不接时，三相定子绕组接成三角形连接，电动机以 4 极低速运行。当定子绕组的 U2、V2、W2 三个接线端接三相交流电源，而 U1、V1、W1 三个接线端连在一起时，则原来三相定子绕组的三角形连接变为双星形连接，电动机以 2 极高速运行。为保证电动机旋转方向不变，当从一种连接变为另一种连接时，应改变电源的相序。

图 2-5 所示为双速异步电动机控制电路。图中 KM1 为电动机三角形连接接触器，KM2、KM3 为电动机双星形连接接触器，SB2 为低速启动按钮，SB3 为高速启动按钮。

电路工作原理：合上三相电源开关 QS，接通控制电路电源，需低速运转时，按下低速启动按钮 SB2，接触器 KM1 线圈通电并自锁，KM1 主触头闭合，电动机定子绕组作三角形连接，电动机低速运行。

如需高速运行时，按下高速启动按钮 SB3，KM1 线圈断电释放，其常开主触头与辅助触头断开，常闭辅助触头闭合，当 SB3 按到底时，KM2、KM3 线圈同时通电吸合并自锁，KM2、KM3 主触头闭合，将电动机定子绕组接成双星形，电动机以高速旋转。此时，因电源相序已改变，故电动机转向不改变即与前旋转方向相同。若在高速运行状态下按下低速启

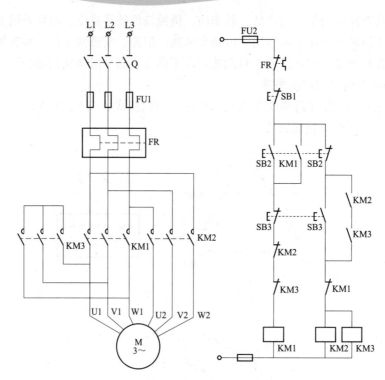

图 2-5 双速异步电动机控制电路

动按钮 SB2，又可方便地使电动机由高速运行状态转变成低速运行状态，但转向仍不变。若按下停止按钮 SB1，接触器线圈断电释放，电动机停转。

如果电动机允许，该电路也可直接按下高速启动按钮 SB3，使电动机定子绕组接成双星形连接，以获得高速启动运转。如果需要电动机停转，则可以按下停止按钮 SB1。

2.1.4 任务实施

2.1.4.1 时间继电器控制双速电动机调速电路的安装与调试

1. 任务准备

（1）工具：测试笔、螺钉旋具、斜口钳、尖嘴钳、剥线钳、电工刀等。

（2）仪表：兆欧表、万用表。

（3）器材：见表 2-1。

表 2-1 元器件明细

序　号	符　号	名　称	型　号	规　格	数　量
1	M	三相异步电动机	YD112M-4/2	4.4 kW，380 V，△接法，8.8 A，1 440 r/min	1
2	QS	组合开关	HZ10-25/3	三极，25 A	1
3	FU1	熔断器	RL1-60/25	500 V，60 A，配熔体 25 A	3
4	FU2	熔断器	RL1-15/2	500 V，15 A，配熔体 2 A	2

续表

序 号	符号	名称	型号	规 格	数量
5	KM1～KM3	交流接触器	CJT1-20	20 A，线圈电压 380 V	3
6	FR1、FR2	热继电器	JR16-20/3	三极，20 A，整定电流8.8 A	2
7	KT	时间继电器	JS7-2A	线圈电压 380 V	1
8	SB1～SB3	按钮	LA10-3H	保护式，380 V，5 A，按钮数3	1
9	XT	端子板	JX2-101	380 V，10 A，15 节	1
10		电线、线槽等			若干

2. 电气原理图识读与分析

（1）时间继电器控制双速电动机控制线路电路原理如图2-6所示。

（2）线路工作原理分析如下：先合上电源开关 QS。

① △形低速启动运转：

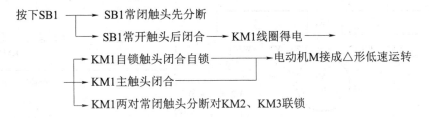

② YY形高速运转：

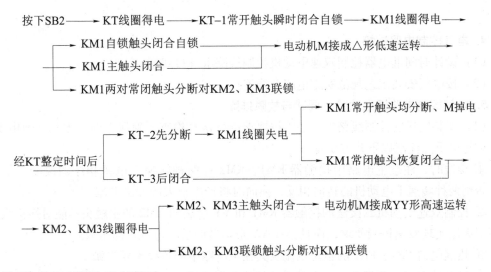

③ 停止时，按下 SB3 即可。

3. 电器元件安装、固定

（1）清点、检查器材元件。

（2）设计时间继电器控制双速电动机控制线路电路电器元件布置图。

（3）根据电气安装工艺规范安装固定元器件。

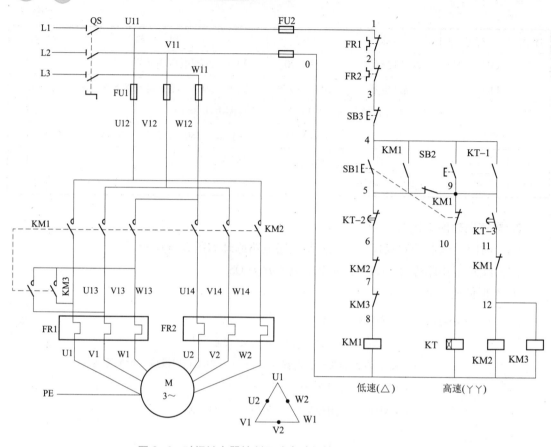

图2-6　时间继电器控制双速电动机控制线路电路原理

4. 电气控制电路连接

（1）设计时间继电器控制双速电动机控制线路电气接线图。

（2）按电气安装工艺规范实施电路布线连接。

5. 电气控制电路通电试验、调试与故障排除

（1）安装完毕的控制线路板，必须按要求进行认真检查，确保无误后才允许通电试车。通电前还要重点注意以下几方面：

① 接线时，注意主电路中接触器KM1、KM2在两种转速下电源相序的改变，不能接错；否则两种转速下电动机的转向相反，换向时将产生很大的冲击电流。

② 控制双速电动机△接法的接触器KM1和YY接法的KM2的主触头不能对换接线，否则不但无法实现双速控制要求，而且会在YY形运转时造成电源短路事故。

③ 热继电器FR1、FR2的整定电流及其在主电路中的接线不要弄错。

④ 通电试车前，要复验一下电动机的接线是否正确，并测试绝缘电阻是否符合要求。

（2）经指导教师复查认可，且有教师在场监护的情况下进行通电试验。

（3）如若在通电试验过程中出现故障，学生应在断电情况下独立进行调试、排故。

（4）断开电源，等电动机停转后，先拆除三相电源线，再拆除电动机接线，然后整理训练场地，恢复原状。

6. 电路安装调试评分标准（见表2-2）

表2-2　电路安装评分标准

项目内容	配分	评分标准	扣分	得分
安装接线	40分	1. 按照元件明细表配齐元件并检查质量，因元件质量问题影响通电一次扣10分。 2. 不按电路图接线扣10分。 3. 不按工艺要求接线每处扣5分。 4. 接点不符合要求每处扣2分。 5. 损坏元件每个扣5分。 6. 损坏设备此项分全扣		
通电试车	40分	1. 通电一次不成功扣10分。 2. 通电二次不成功扣20分。 3. 通电三次不成功扣40分		
安全文明操作	10分	视具体情况扣分		
操作时间	10分	规定时间为120 min，每超过10 min扣5分		
说明	除定额时间外，各项目的最高扣分不应超过配分数		成绩	
开始时间		结束时间	实际时间	

2.1.4.2　用PLC控制三速电动机调速电路的安装与调试

1. 电气原理图识读与分析

（1）时间继电器控制双速电动机控制线路电路原理，如图2-7所示。

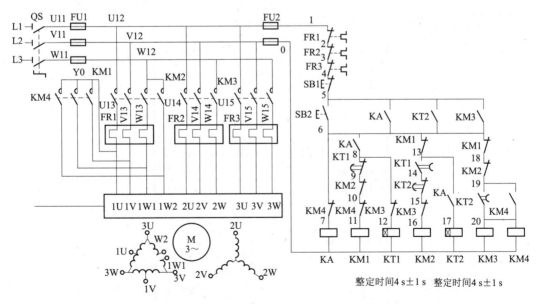

图2-7　时间继电器控制三速电动机控制线路电路原理

（2）线路工作原理分析如下。

① 启动运转：

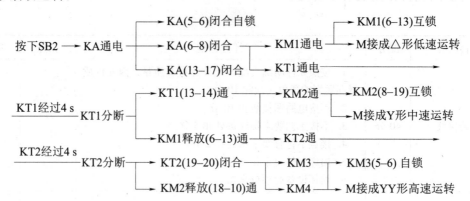

② 停止时，按下 SB1 即可。

2. PLC 设计

（1）I/O 分配表，见表 2-3。

表 2-3　PLC 输入输出分配

输入			输出		
元件代号	功能	输入点	元件代号	功能	输出点
SB2	启动	X0	KM1	△形低速	Y0
SB1	停止	X1	KM2	Y 形中速	Y1
FR1、2、3	过载保护	X2	KM3	YY 形高速	Y2
			KM4		Y3

（2）PLC 梯形图，如图 2-8 所示。

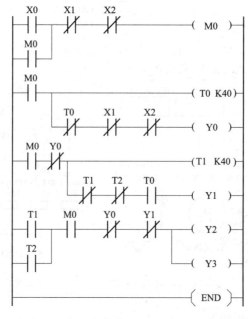

图 2-8　三速电动机 PLC 控制梯形图

（3）PLC外部接线图，如图2-9所示。

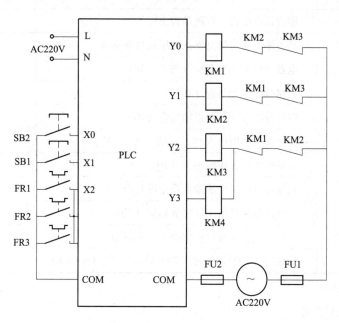

图2-9 三速电动机PLC控制接线图

3. 电器元件安装固定、电气控制电路连接

（1）将熔断器、接触器、PLC装在一块配线板上，而将方式转换开关、按钮等装在另一块配线板上。

（2）按PLC控制I/O口接线图在配线板上正确安装，元件在配线板上布置要合理，安装要准确、紧固，配线导线要紧固、美观，导线要垂直进入线槽，导线要有端子标号，引出端要用接线端头。

4. 电气控制电路通电试验、调试与故障排除

（1）安装完毕的控制线路板，必须按要求进行认真检查，确保无误后才允许通电试车。

（2）经指导教师复查认可，且有教师在场监护的情况下进行通电试验。

（3）如若在通电试验过程中出现故障，学生应在断电情况下独立进行调试、排故。

（4）通电试验完成后，先断开电源，等电动机停转后，先拆除电源线，再拆除电动机接线以及其他连线，然后整理训练场地，恢复原状。

5. 电路安装调试评分标准

略。

2.1.5 任务考核

任务考核按表2-4进行。

表 2-4 任务考核评价

评价项目	评价内容	自评	互评	师评
学习态度（10分）	能否认真听讲、答题是否全面			
安全意识（10分）	是否按照安全规范操作并服从教学安排			
完成任务情况（70分）	电器元件安装符合要求与否（10）			
	电路接线正确与否（10）			
	PLC 编程或梯形图正确与否（10）			
	指令或梯形图传入 PLC 正确与否（10）			
	试车操作过程正确与否（10）			
	调试过程中出现故障检修正确与否（10）			
	通电试验后各项工作完成如何（10）			
协作能力（10分）	与同组成员交流讨论解决了一些问题			
总评	好（85～100），较好（70～85），一般（少于70）			

2.1.6　复习思考

（1）简述剥线钳的使用方法。

（2）简述兆欧表的使用注意事项。

（3）写出下列图形文字符号的名称。

　　　KT，QS，FR，KM1，SB1

（4）如何选用剥线钳进行硬铜线的剥皮操作？

（5）简述指针式万用表电阻挡的使用方法。

（6）请说明在邻近可能误登的架构或梯子上，应悬挂什么文字的标示牌。

（7）请说明用万用表检测无标志二极管的方法。

（8）简述标示牌是何种安全用具。

（9）简述电气安全用具的使用注意事项。

（10）简述螺丝刀的使用注意事项。

（11）简述钳形电流表的使用方法。

（12）请说明车床上照明灯的电压为什么采用 24 V。

（13）PLC 从结构上分为哪两种？

（14）简述冲击电钻装卸钻头注意事项。

（15）简述携带型接地线两头的接线顺序。

任务 2.2 交流电动机变频调速控制电路的安装与调试

2.2.1 任务目标

（1）了解三菱变频器的基本知识。

（2）掌握"三菱"变频器的参数设定、运行控制及外部接线。

（3）能用变频器控制电动机的转速。

2.2.2 任务内容

（1）熟悉三菱变频器的面板结构。

（2）能够熟练拆装三菱变频器面板。

（3）能够熟练操作三菱变频器面板。

（4）掌握三菱变频器功能预置的方法，并根据要求来设定变频器参数。

（5）能用变频器对电动机进行调速。

（6）学会安装与调试变频器控制电动机速度的线路。

（7）学会安装调试用 PLC 变频器多段速控制交流电动机速度控制线路。

2.2.3 必备知识

2.2.3.1 变频调速概述

我们知道，改变电动机交流电源频率 f_1，就可以调节电动机同步转速 n_1，从而使电动机获得平滑调速。可是由于电动机正常运行时，电动机的磁路工作在磁化曲线的膝部，由 $U_1 \approx E_1 = 4.44 f_1 N_1 k_1 \Phi_m$ 可知，当 f_1 下降时，若 U_1 大小不变，则主磁通 Φ_m 会增加，电动机磁路将进入饱和段，使空载电流 I_0 急剧增大，这样将使电动机负载能力变小。为此，在变频的同时应调节定子电压，以期获得较好的调速性能。变频调速是以变频器向交流电动机供电并构成调速系统的。

1. 变频与调压

（1）变频时应保持电动机主磁通 Φ_m 不变。

当频率在基频以上调节时，由于 U_1 不能大于额定电压，则只能将 Φ_m 下降，从而导致电磁转矩和最大转矩减小，这将影响电动机的过载能力，所以变频调速一般由基频向下调速，同时要求变频电源输出电压的大小与其频率成正比例地调节。

（2）变频时应保持过载能力 λ_m 不变。

为使变频调速时过载能力不变，由于定子电流为额定值时转矩的大小与负载性质有关，因此 U_1 随 f_1 的变化规律与负载性质有关。

① 对于恒转矩负载，只要满足 $U_1/f_1 = U1/f_1'$，即可保持变频调速时电动机过载能力 λ_m 不变，又可使主磁通 Φ_m 保持不变，因而变频调速最适合于恒转矩负载。

② 对于恒功率负载，恒功率负载采用变频调速时，无法使电动机的过载能力 λ_m 和主磁通 Φ_m 同时保持不变。

2. 三相异步电动机变频调速

三相异步电动机启动时，应从低频开始启动，因为在一定低频下启动，启动电流小且启动转矩大，有利于缩短启动时间。

变频调速时，频率的增加一定要考虑到电动机的运行情况，如图 2-10 所示。当频率由 f_{11} 增加到 f_{13} 时，电动机转速因机械惯性来不及变化，则电动机将由工作点 1 转换到工作点 2 运行，这时电动机的电磁转矩 T_2 小于负载转矩 T_L，造成电动机减速直至停转，从而达不到往上调速的目的。

2.2.3.2 变频器简介

图 2-11 所示为三菱 FR-A700 变频器。

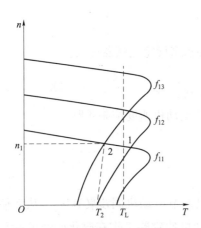

图 2-10　异步电动机变频启动与调速

图 2-11　FR-A740 变频器外观

1. 变频器概念

变频器（Variable-frequency Drive，VFD）是应用变频技术与微电子技术，通过改变电动机工作电源频率方式来控制交流电动机转速的电力控制设备。

2. 变频器分类

变换过程中没有中间直流环节的称为交-交型变频器，有中间直流环节的称为交-直-交型变频器。

交-交型变频器是将普通恒压恒频的交流电通过电力变流器直接转换为可调压调频的交流电源，故又称为直接交流变频器。而交-直-交型变频器是先将工频交流电经整流器整流成直流电，再用逆变器将直流电变为调频调压的交流电。

在交-直-交型变频器中，又分为三种结构：

（1）可控整流器变压，逆变器变频。

（2）不可控整流器整流，斩波器变压，逆变器变频。

（3）不可控整流器整流，PWM 逆变器同时变压变频。

3. 变频器调速的优点

（1）平滑软启动，降低启动冲击电流，减少变压器占有量，确保电动机安全。

（2）在机械允许的情况下可通过提高变频器的输出频率提高工作速度。

（3）无级调速，调速精度大大提高。

（4）电动机正反向无须通过接触器。

（5）非常方便接入通信网络控制，实现生产自动化。

2.2.3.3　变频器的工作原理

变频器主要由整流（交流变直流）、滤波、逆变（直流变交流）、制动单元、驱动单元、检测单元、微处理单元等组成。变频器靠内部 IGBT 的开断来调整输出电源的电压和频率，根据电动机的实际需要来提供其所需要的电源电压，进而达到节能、调速的目的。另外，变频器还有很多的保护功能，如过流、过压、过载保护等。

这里介绍交-直-交型变频器的基本原理。交-直-交型变频器的基本结构如图 2-12 所示，主电路如图 2-13 所示。

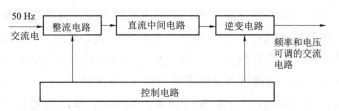

图 2-12　交-直-交型变频器的基本组成

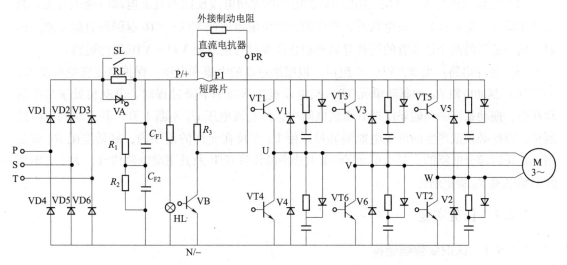

图 2-13　交-直-交型变频器的主电路

1. 变频器的主电路组成

（1）整流部分：其作用是将频率固定的交流电变换成直流电。

（2）逆变部分：其作用是将直流电逆变成频率可调的交流电。

（3）控制电路：为变频器的主电路提供通、断控制信号的电路，由运算电路、信号检测电路、驱动电路和保护电路组成。

2. 交−直部分

（1）由 VD1～VD6 组成三相整流桥，将三相交流电全波整流成直流。

（2）滤波电容 C_F 功能：滤平全波整流后的电压波纹。

（3）限流电阻 R_L 和接触器 S：当变频器刚上电的瞬间，滤波电容 C_F 的充电电流很大，过大的冲击电流易使单相整流桥的二极管损坏。为保护整流桥，在变频器刚接通电源后的一段时间里，电路中串入限流电阻 R_L，将电容 C_F 的充电电流限制在允许范围内。当电容 C_F 充电到一定程度时，即当 C_F 充电到 $80\% U_d$ 左右时，CPU 检测后判断运行正常，令 S 接通，将限流电阻短接。

（4）电源指示灯 HL：电源指示灯 HL 表示电源接通，同时在电源切断后，表示滤波电容 C_F 上的电荷是否已经释放完毕。由于 C_F 容量较大、放电时间较长，且 C_F 上高压，故维修时要特别注意。

3. 直−交部分

（1）V1～V6，VT1～VT6 组成逆变桥，把整流成的直流电再逆变成频率可调的交流电。这是变频器实现变频的具体执行环节，因而是变频器的核心环节。逆变器的元件为 IGBT，称为绝缘栅双极晶体管，它具有耐高压和快速开关的双重特点，性能比大功率晶体管 GTR 好。逆变时采用正弦波和三角载波调制确定逆变桥 VT1～VT6 的开关次序，变频器输出电压的大小通过改变输出脉冲的占空比来进行调制。用 IGBT 作逆变器件时，载波频率可达 15 kHz，电动机输出转矩大、噪声小，达到静音效果。

（2）续流二极管 V1～V6：为电动机的感性无功电流反馈回直流电源时提供通道。当频率下降时，电动机处于发电状态，产生的再生电流也通过 VT1～VT6 返回到直流电路。同时，同一桥臂的两个逆变管的交替导通和截止换相过程也需要 VT1～VT6 提供通路。

（3）缓冲电路：由 R、VD、C 组成，以限制过高的电流和电压，保护逆变管免遭损坏。

（4）制动电阻 R_B 和制动单元 TR：当电动机工作频率下降过程时，电动机处于再生制动状态，拖动系统的动能要反馈到直流电路中，使直流电压 U_d 不断上升，甚至达到危险的地步，因此必须把产生的再生电能消耗掉，使 U_d 保持在允许的范围内，制动电阻 R_B 就是用于消耗这部分电能的。制动单元 TR 由大功率晶体管 GTR 及其驱动电路构成，为放电电流经制动电阻 R_B 提供通路。

2.2.4 任务实施

2.2.4.1 认识变频器结构

1. 设备器材

（1）工具：测试笔、螺钉旋具、斜口钳、尖嘴钳、剥线钳、电工刀等。

（2）仪表：MF47 型万用表、5050 型兆欧表。

（3）器材：变频器（FR−A740-3.7K−CHT），三相异步电动机（200 W）一台。

2. 拆装面板

1）操作面板的拆卸与安装

拆卸方法如图 2-14 所示。

（1）如图 2-14（a）所示，松开操作面板的两处固定螺丝，但螺丝不能卸下。

（2）如图 2-14（b）所示，按住操作面板左右两侧的插销，把操作面板往前拉出后卸下。

在进行安装时，请按照上述反方向操作，笔直插入并安装牢靠，旋紧螺丝。

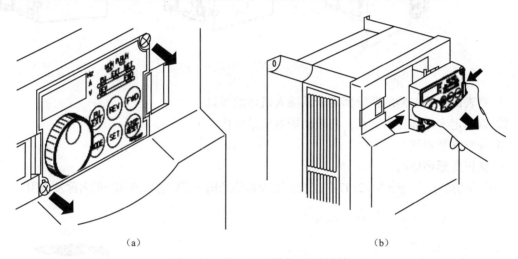

（a）　　　　　　　　　　　　　　　　　　（b）

图 2-14　FR-A700 操作面板的拆卸

2）前盖板的拆卸与安装

（1）前盖板的拆卸，如图 2-15 所示。

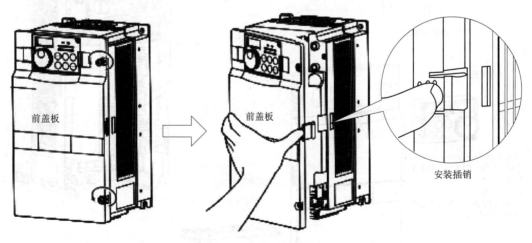

图 2-15　前盖板的拆卸

① 旋松安装前盖板用的螺丝；

② 一边按着表面护盖上的安装卡爪，一边以左边的固定卡爪为支点向前拉取下。

（2）前盖板的安装，如图 2-16 所示。

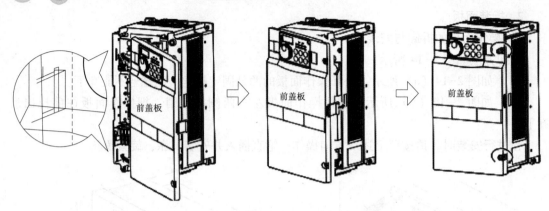

图 2-16 前盖板的安装

① 将表面护盖左侧的两处固定卡爪插入机体的接口；

② 以固定卡爪部分为支点，将表面护盖压进机体；

③ 拧紧安装螺丝。

3. 认识变频器结构

在教师的指导下，依据图 2-17 仔细观察变频器的结构，了解各组成部分的名称及作用。

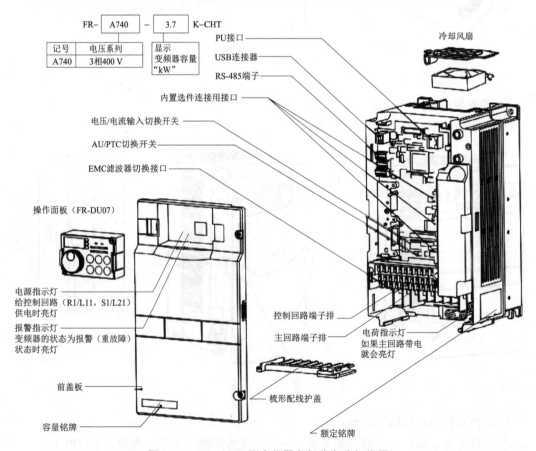

图 2-17 FR-A700 型变频器各部分名称与作用

2. 2. 4. 2　变频器的面板操作技术

1.　面板功能

FR-A700 三菱变频器的控制面板，如图 2-18 所示。

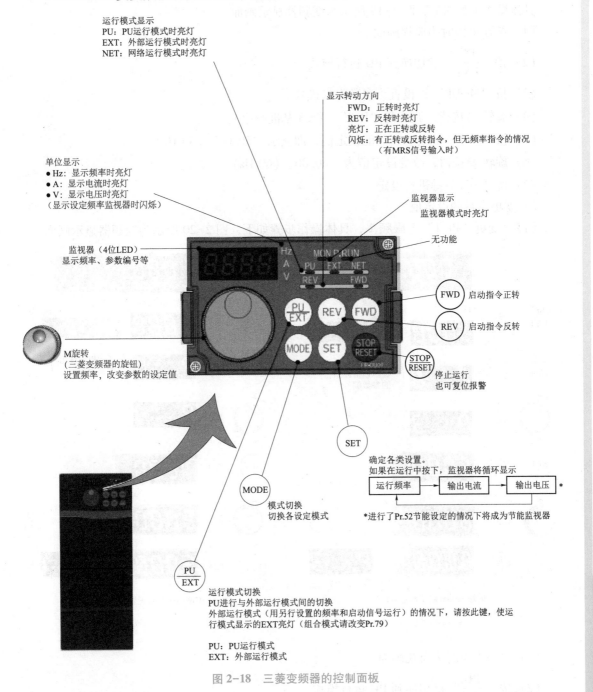

图 2-18　三菱变频器的控制面板

2.　变频器参数设定

通过几个实例来说明并掌握三菱变频器参数的设定方法。

1）设置变频器的基准频率

例1 假设电动机的额定频率是 60 Hz，此时需要将变频器的基准频率（Pr.3）设置为 60 Hz。

具体操作步骤如下，图 2-19 所示为变频器显示画面。

（1）接通电源时为监视画面。

（2）按 "$\dfrac{PU}{EXT}$" 键切换到 PU 运行模式。

（3）按 "MODE" 键设置为参数设定模式。

（4）旋转 ◎ 按钮，调节到 "P.3"（Pr.3 基准频率）。

（5）按 "SET" 键读取当前的设定值，即显示 "50.00"（50 Hz）。

（6）旋转 ◎ 按钮，改变设定值为 "60.00"（60 Hz）。

（7）按 "SET" 键进行设定。

2）变更参数的设定值

例2 变更 "Pr.1" 上限频率，具体操作步骤如下，图 2-20 所示为变频器显示画面。

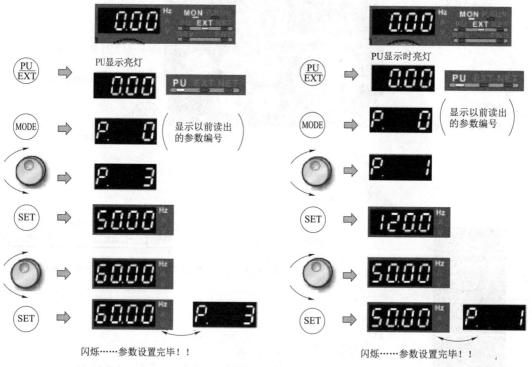

图 2-19 三菱变频器参数基准频率设置   图 2-20 变频器显示画面

（1）接通电源时为监视画面。

（2）按 "$\dfrac{PU}{EXT}$" 键切换到 PU 运行模式。

（3）按 "MODE" 键设置为参数设定模式。

（4）旋转 ◎ 按钮，找到 "P.1"（Pr.1）。

（5）按"SET"键读取当前的设定值，显示"120.0"（初始值）。

（6）旋转◎旋转按钮，变更设定值为"50.00"。

（7）按"SET"键进行设置。

3）改变加速时间和减速时间

加速时间和减速时间是通过功能参数码 Pr.7 和 Pr.8 来设置的。其功能概念如图 2-21 所示。

例3　请将加速时间从"5 s"变更为"10 s"。操作步骤如下，图 2-22 所示为变频器显示图面。

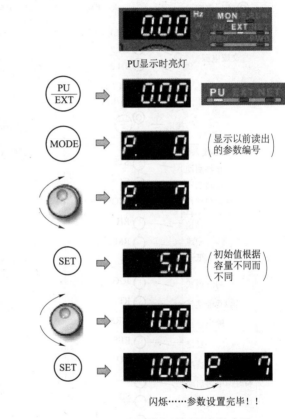

图 2-22　变频器加速时间参数变更

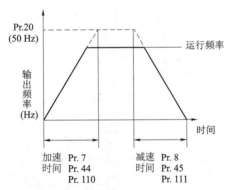

图 2-21　加速时间和减速时间

（1）接通电源时为监视画面。

（2）按"$\dfrac{PU}{EXT}$"键切换到 PU 运行模式。

（3）按"MODE"键进行参数设定。

（4）旋转◎按钮，调节到"P.7"（Pr.7）。

（5）按"SET"键读取当前设定值，显示"5.0"（初始值）。

（6）旋转◎按钮，改变设定值为"10.0"。

（7）按"SET"键进行设定。

4）说明

（1）旋转 ◎ 旋钮可以读取其他参数。

（2）按"SET"键再次显示设定值。

（3）按两次"SET"键显示下一个参数。

（4）"MODE"键按下两次后，返回到频率监视器。

3. 三菱变频器与交流电动机的接线

（1）FR-A700 型变频器标准接线如图 2-23 所示。

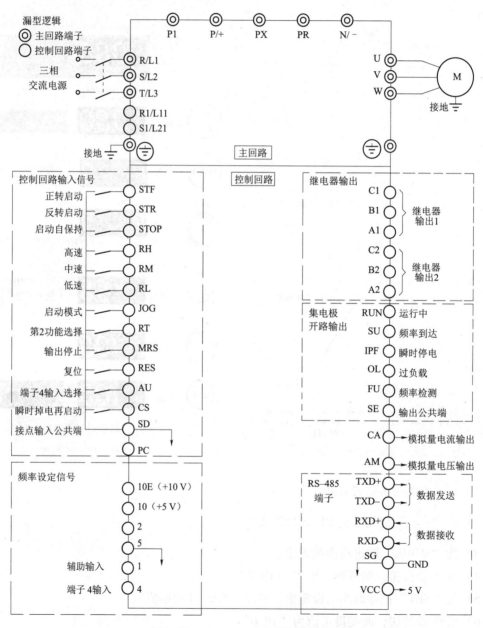

图 2-23　FR-A700 变频器标准接线

（2）主回路输入输出端子名称及功能见表2-5。

表2-5　主回路输入输出端子名称及功能

端子记号	端子名称	端子功能说明
R/L1 S/L2 T/L3	交流电源输入	连接工频电源。 当使用高功率因数变流器（FR-HC，MT-HC）及直流母线变流器（FR-CV）时不要连接任何东西
U、V、W	变频器输入	连接三相笼型电动机
R1/L11 S1/L21	控制回路用电源	与交流电源 R/L1、S/L2 相连。在保持异常显示或异常输出以及使用高功率因数变流器等时，请拆下 R-R1、S-S1 间的短路片，从外部对该端子输入电源
P/+，PR	制动电阻器连接（22 K 以下）	拆下端子 PR-PX 间的短路片（7.5 K 以下），连接在端子 P/+-PR 间，作为任选件的制动电阻器（FR-ABR）
P/+，N/-	连接制动元件	连接制动元件（FR-BU2，FR-BU，BU，MT-BU5）、共直流母线变流器（FR-CV）电源再生转换器（MT-RC）等
P/+，P1	连接改善功率因数直流电抗器	对 55 K 以下产品，应拆下端子 P+-P1 间的短路片，连接上 DC 电抗器
PR，PX	内置制动器回路连接 *	端子 PX-PR 间连接有短路片（初态）的状态下，内置的制动器回路为有效
⏚	接地	变频器外壳接地用，必须良好接大地

（3）控制回路输入输出端子名称及功能。

① 输入端子名称及功能，见表2-6。

表2-6　控制回路输入输出端子名称及功能

端子记号	端子名称	端子功能说明	
STF	正转启动	STF 信号处于"ON"便正转，处于"OFF"便停止	STF，STR 信号同时处于"ON"时变为停止指令
STR	反转启动	STR 信号处于"ON"为逆转，"OFF"为停止	
STOP	启动自保持选择	使 STOP 信号处于"ON"，可以选择启动信号自保持	
RH,RM,RL	多段速度选择	用 RH、RM 和 RL 信号的组合可以选择多段速度	
JOG	点动模式选择	JOG 信号处于"ON"时选择点动运行，用启动信号（STF，STR）可以点动运行	
	脉冲列输入	JOG 端子也可作为脉冲列输入端子使用：要变更 Pr.291 的设定	
RT	第 2 功能选择	RT 信号处于"ON"时，第 2 功能被选择	
MRS	输出停止	MRS 信号处于"ON"（20 ms 以上）时，变频器输出停止。用电磁制动停止电动机时用于断开变频器的输出	

续表

端子记号	端子名称	端子功能说明
RES	复位	复位用于解除保护回路动作的保持状态。 使端子 RES 信号处于"ON"在 0.1 s 以上，然后断开。出厂时通常设为复位。据 Pr.75 的设定，仅在变频器报警发生时可能复位
AU	端子 4 输入选择	只有 AU 信号处于"ON"时，端子 4 才能用。 AU 信号处于"ON"时端子 2（电压输入）的功能将无效
	PTC 输入	AU 端子也可以作为 PTC 输入端子使用。 用作 PTC 输入端子时要把 AU/PTC 切换开关切换到 PTC 侧
CS	瞬停再启动选择	CS 信号预先处于"ON"，瞬停电再恢复时变频器便可自动启动。但用这种运行必须设定有关参数，因出厂设定为不能再启动
SD	接点输入公共端	接点输入端子（漏型逻辑）和端子 FM 的公共端子
	外部晶体管公共端	在源型逻辑时连接 PLC 等的晶体管输出时，将晶体管输出的外部电源公共端连接到该端子上，以防漏电而造成的误动作
	DC24 V 电源公共端	DC24 V0.1 A 电源（端子 PC）的公共输出端子。端子 5 与端子 SE 绝缘
PC	外部晶体管公共端	在漏型逻辑时连接 PLC 等的晶体管输出时，将晶体管输出的外部电源公共端连接到该端子上，可防漏电而造成的误动作
	接点输入公共端	接点输入端子（源型逻辑）的公共端子
	DC24 V 电源	可作为 DC24 V0.1 A 的电源使用

② 频率设定端子名称及功能，见表 2-7。

表 2-7　频率设定端子名称及功能

端子记号	端子名称	端子功能说明	额定规格
10E	频率设定电源	按出厂状态连接频率设定电位器时，与端子 10 连接。当连接到 10E 时，需改变端子 2 的输入规格	DC10V，负载 10 mA
10			DC5V，负载 10 mA
2	频率设定（电压）	如果输入 DC0~5V，当输入 DC5V（10 V，20 mA）时成最大输出频率。切换用 Pr.73 进行控制	电压输入下，输入电阻 10 kΩ±1 kΩ；电流输入下，输入电阻 245 Ω±5 Ω
4	频率设定（电流）	如果输入 DC4~20 mA，当 20 mA 时成最大输出频率。切换用 Pr.267 进行控制	
1	辅助频率设定	输入 DC0~±5 V 或 DC0~±10 V 时，端子 2 或 4 的频率设定信号与这个信号相加，用 Pr.73 切换	输入电阻 10 kΩ±1 kΩ

端子记号	端子名称	端子功能说明	额定规格
5	频率设定公共端	频率设定信号和模拟输出端子 CA、AM 的公共端子，不要接大地	

③ 输出端子名称及功能，见表 2-8。

表 2-8　输出端子名称及功能

端子记号	端子名称	端子功能说明		额定规格
A1，B1，C1	继电器输出 1（异常输出）	指示变频器因保护功能动作时输出停止的转换接点。故障时：B-C 间不导通（A-C 间导通）；正常时：B-C 间导通（A-C 间不导通）		接点容量 AC230 V，0.3 A（功率 = 0.4）；DC30 V，0.3 A
A2，B2，C2	继电器输出 2			
RUN	变频器正在运行	变频器输出频率为启动频率（初始 0.5 Hz）以上时为低电平，停电或直流制动时为高电平		.
SU	频率到达	输出频率达设定频率的 ±10% 时为低电平。正在加/减速或停电时为高电平	报警代码输出（4 位）	容许负载为 DC24 V（最大 DC27 V），0.1 A（打开的时候最大电压下降 2.8 V）
OL	过负载报警	当失速保护动作时为低电平，失速保护解除时为高电平		
IPF	瞬时停电	瞬时停电，电压不足以保护动作时为低电平		
FU	频率检测	输出频率为任意设定的检测频率以上时为低电平，未达到时为高电平		
SE	集电极开路输出公共端	端子 RUN，SU，OL，IPF，FU 的公共端子		
CA	模拟电流输出	可以从多种监示项目中选一种作为输出。输出信号与监示项目的大小成比例	输出项目：输出频率	负载阻抗 200 ～ 450 Ω
AM	模拟电压输出			允许负载电流 1 mA

④ 通信端子（略）。

4. 实例应用操作

例 4　用变频器控制交流电动机带动流水线工作台运行，交流电动机的转速变化要求情况如下：$n_1 = 600$ r/min、$n_2 = 900$ r/min、$n_3 = 2\,100$ r/min、$n_4 = 2\,700$ r/min、$n_5 = -1\,500$ r/min，

其中加速度需要 1.5 s，减速度需要 2.5 s。

变频器设置步骤如下：

（1）通电：在变频器上的电源输入 R、S、T 端接入交流电。

（2）按"$\dfrac{PU}{EXT}$"键使变频器处于 PU 模式。

（3）按"MODE"键，进入参数设置模式。

（4）基本参数清零：拨动调节旋钮◎至数码显示"CLr"，按"SET"键至数码显示"1"，再按 2 次"MODE"键确定。

（5）设定上限频率：通过"MODE"键，拨动调节旋钮，显示"P1"，按"SET"键 1 次，再调节旋钮至所需上限频率。如本例中由于最高 n_4 所对应频率为 90 Hz，故上限频率设定值要大于 90 Hz。

（6）设定加速度：按"MODE"键 1 次，调节旋钮至"P7"，按"SET"键 1 次再调节旋钮至所需加速度，如本例则调节到 1.5 s。

（7）设定减速度：重复上述过程。调节至"P8"，如本例设置到 2.5 s。

（8）由于本例要求电动机有五种转速，其速度种类超过变频器的基本 3 速设置，故需要用到 P24～P27（四到七段速）进行设置。

（9）设定五种转速相对应的频率：根据转速公式 $n = 60f/P$ 求出相应的频率，分别设置 P4（高速）、P5（中速）、P6（低速）、P24（四速）、P25（五速），使各种速度满足所需要求。

（10）连接 PLC 输出与变频器输入并接好电动机，如图 2-24 所示。

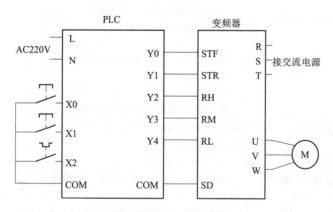

图 2-24　PLC 与变频器的连接

5. 注意事项与评分标准

（1）根据实际情况使学生了解变频器的基本结构及预置的基本方法。

（2）观察变频器的结构时，切勿用手触摸电路板，以免损坏芯片。

（3）预置完成后，可通电进行试验，但必须在教师的监护下，以免损坏变频器，确保用电安全。

（4）评分标准见表 2-9。

表 2-9　变频器操作评分

项目内容	配分	评分标准	扣分	得分
变频器的结构	20 分	1. 不能准确拆开变频器的外壳，扣 5 分。 2. 不能指出主要部件的名称，每个扣 2 分。 3. 不熟悉常用端子的名称和功能，扣 5~10 分。 4. 损坏设备此项分全扣		
变频器的功能预置	40 分	1. 不会预置，扣 40 分。 2. 预置方法或步骤错误，扣 10 分。 3. 参数设定有误，每次扣 5 分		
变频器与电动机接线	40 分	1. 不会接线，扣 40 分。 2. 不按电路图接线，扣 10 分。 3. 不按工艺要求接线，扣 10 分。 4. 接点不符合要求，每处扣 5 分。 5. 通电试验不成功，扣 10 分。 6. 损坏设备此项分全扣		
安全文明操作	10 分	视具体情况扣分		
操作时间	10 分	规定时间为 90 min，每超过 5 min 扣 5 分		
说明	除定额时间外，各项目的最高扣分不应超过配分数		成绩	
开始时间		结束时间	实际时间	

2.2.4.3　变频器控制交流电动机多段速运行控制线路安装与调试

本实施任务采用国产 SD680 系列变频器对交流电动机进行三段速控制。

1. 三段速运行控制要求

（1）第一步速为 30 Hz 正转，上升时间 $t=0.5$ s，下降时间 $t=0.5$ s，运行时间 15 s。

（2）第二步速为 50 Hz 反转，上升时间 $t=1$ s，下降时间 $t=1$ s，运行时间 15 s。

（3）第三步速为 10 Hz 反转，上升时间 $t=0.5$ s，下降时间 $t=0.5$ s，运行时间 10 s。

2. 电动机运行图（见图 2-25）

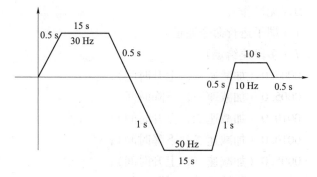

图 2-25　交流电动机三段速运行图

3. SD680 标准接线（见图2-26）

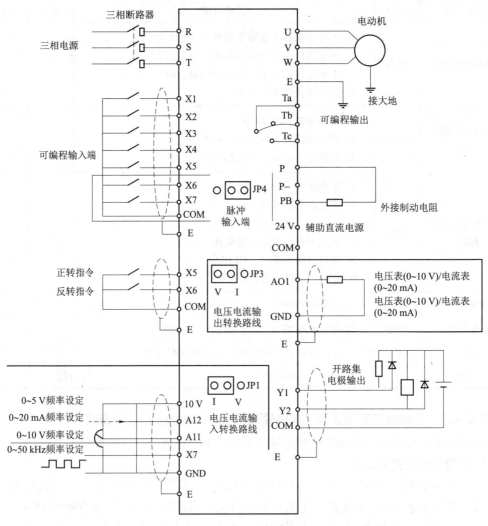

图 2-26　SD680 标准接线

4. 变频器参数设置

（1）F0.03 ： 0（无操作）。

（2）F1.01 ： 1（端子运行命令通道）。

（3）F1.02 ： 7（多段速给定）。

（4）F1.14 ： 0005.0（加减速一，上升时间）；

　　　　15 ： 0005.0（加减速一，下降时间）。

　　F2.17 ： 0010.0（加减速二，上升时间）；

　　　　18 ： 0010.0（加减速二，下降时间）；

　　　　19 ： 0005.0（加减速三，上升时间）；

　　　　20 ： 0005.0（加减速三，下降时间）。

（5）F6.00 ： 1（X1）开关量输入设置；

01　：　2（X2）；

02　：　3（X3）；

03　：　4（X4）。

（6）F9.00　：　1（连续循环运行），可编程运行参数设置。

（7）F9.02　：　60%（30 Hz），三段频率设置；

03　：　100%（50 Hz）；

04　：　20（10 Hz）。

（8）F9.33　：　2100（3210 方式），加减速方式参数设置。

5. PLC 设计

（1）PLC 输入输出点分配见表 2-10。

表 2-10　PLC 输入/输出点分配

输入			输出		
元件代号	功能	输入点	输出点	功能	变频器
SB2	启动	X0	Y0	多段速	X1
SB1	停止	X1	Y1		X2
FR	过载保护	X2	Y2	正转	X5
			Y3	反转	X6

（2）PLC 梯形图如图 2-27 所示。

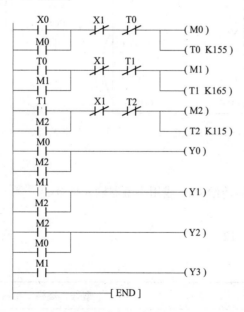

图 2-27　交流电动机变频三段速 PLC 控制梯形图

（3）交流电动机变频三段速 PLC 指令见表 2-11。

表 2-11　交流电动机变频三段速 PLC 指令

0	LD	X0		12	OUT	M1		26	OUT	Y0
1	OR	M0		13	OUT	T1	K165	27	LD	M1
2	ANI	X0		16	LD	T1		28	OR	M2
3	ANI	T0		17	OR	M2		29	OUT	Y1
4	OUT	M0		18	ANI	T2		30	LD	M2
5	OUT	T0	K155	19	ANI	X1		31	OR	M0
8	LD	T0		20	OUT	M2		32	OUT	Y2
9	OR	M1		21	OUT	T2	K115	33	LD	M1
10	ANI	X1		24	LD	M0		34	OUT	Y3
11	ANI	T1		25	OR	M2		35	END	

（4）交流电动机变频三段速 PLC 与变频器接线如图 2-28 所示。

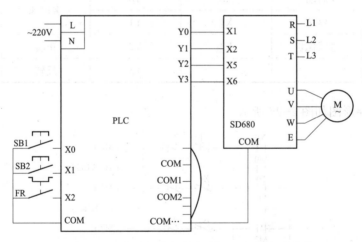

图 2-28　交流电动机变频三段速 PLC 与变频器接线

6. 输入指令

用 PC 机画梯形图然后传给 PLC 或用手编器输入指令。

7. 安装与调试

（1）实训器材见表 2-12。

表 2-12　元器件明细

序号	符号	名称	型号、规格、参数	数量	备注
1	PLC	可编程控制器	FX_{1N}-40MR	1	
2	VFD	变频器	SD680-0.75G/1.5P	1	
3	M	交流电动机	Y-112M-4 380V	1	

序号	符号	名称	型号、规格、参数	数量	备注
4	QF	组合开关	HZ10-10/3	1	
5	SB1、SB2	按钮开关	LA4-3H	1	
6	FR	热继电器	JR16-10/3	1	
7	PC	计算机	装有 FXGP-Win-C	1	
8	HPP	手编器	FX-20-E	1	
9	XT	接线端子	JX2-10	若干	
10		常用工具及其他		若干	

（2）老师指导，学生分组练习。

8. 电路安装调试评分标准

略。

2.2.5 任务考核

任务考核，按照表 2-13 实施。

表 2-13 任务考核评价

评价项目	评价内容	自评	互评	师评
学习态度（10分）	能否认真听讲、答题是否全面			
安全意识（10分）	是否按照安全规范操作并服从教学安排			
完成任务情况 （70分）	变频器面板拆装能否正确操作（10）			
	变频器参数设置正确与否（15）			
	电路接线正确与否（15）			
	PLC 编程或梯形图正确与否（5）			
	指令或梯形图传入 PLC 正确与否（5）			
	试车操作过程正确与否（5）			
	调试过程中出现故障检修正确与否（10）			
	通电试验后各项工作完成如何（5）			
协作能力（10分）	与同组成员交流讨论解决了一些问题			
总评	好（85～100），较好（70～85），一般（少于70）			

2.2.6 复习思考

1. 判断题

线绕式异步电动机串级调速电路中，定子绕组与转子绕组要串联在一起使用。（　　）

2. 选择题

（1）变频调速所用的 VVVF 型变频器，具有（　　）功能。

A. 调压　　　　B. 调频　　　　C. 调压与调频　　　　D. 调功率

（2）在实现恒转矩调速时，调频的同时（　　）。

A. 不必调整电压　　　　　　　　B. 不必调整电流

C. 必须调整电压　　　　　　　　D. 必须调整电流

（3）变频调速中变频器的作用是将交流供电电源（　　）。

A. 变压变频　　　B. 变压不变频　　　C. 变频不变压　　　D. 不变压不变频

（4）（　　）不能改变交流异步电动机转速。

A. 改变定子绕组的磁极对数　　　　B. 改变供电电网的电压

C. 改变供电电网的频率　　　　　　D. 改变电动机的转差率

（5）变频调速中的变频电源是（　　）之间的接口。

A. 市电电源　　　　　　　　　　B. 交流电机

C. 市电电源与交流电机　　　　　D. 市电电源与交流电源

（6）晶闸管逆变器输出交流电的频率由（　　）来决定。

A. 一组晶闸管的导通时间　　　　B. 两组晶闸管的导通时间

C. 一组晶闸管的触发脉冲频率　　D. 两组晶闸管的触发脉冲频率

（7）由可控硅整流器和可控硅逆变器组成的调速装置的调速原理是（　　）调速。

A. 变极　　　　B. 变频　　　　C. 改变转差率　　　D. 降压

（8）逆变电路输出频率较高时，电路中的开关元件应采用（　　）。

A. 晶闸管　　　B. 电力晶体管　　　C. 可关断晶闸管　　　D. 电力场效应管

（9）逆变电路输出频率较高时，电路中的开关元件应采用（　　）。

A. 晶闸管　　　　　　　　　　B. 单结晶体管

C. 电力晶体管　　　　　　　　D. 绝缘栅双极晶体管

（10）变频调速中的变频器一般由（　　）组成。

A. 整流器、滤波器、逆变器　　　B. 放大器、滤波器、逆变器

C. 整流器、滤波器　　　　　　　D. 逆变器

（11）逆变器的任务是把（　　）。

A. 交流电变成直流电　　　　　　B. 直流电变成交流电

C. 交流电变成交流电　　　　　　D. 直流电变成直流电

（12）交流异步电动机在变频调速过程中，应尽可能使气隙磁通（　　）。

A. 大些　　　　B. 小些　　　　C. 由小到大变化　　　D. 恒定

3. 简答题

（1）什么是变频器？

（2）变频器有哪些分类？

（3）交-直-交变频器的基本结构组成是什么？

78

任务 2.3 交流电动机变 S 调速控制电路的安装与调试

2.3.1 任务目标

（1）使学生了解变 S 调速的原理。

（2）掌握常用变 S 调速的方法。

（3）能安装、调试变 S 调速常用控制电路。

2.3.2 任务内容

（1）掌握变 S 调速的原理与方法。

（2）掌握绕线式电动机转子回路串电阻器调速控制线路的电气原理。

（3）学会按工艺要求安装、调试绕线式电动机转子回路串电阻器调速的控制线路。

（4）掌握绕线式电动机凸轮控制器控制调速控制线路的电气原理。

（5）学会按工艺要求安装、调试绕线式电动机凸轮控制器控制调速的控制线路。

2.3.3 必备知识

变转差率调速方法很多，有绕线型异步电动机转子串电阻调速、转子串附加电动势调速（串级调速）、定子调压调速等。变转差率调速的特点是电动机同步转速保持不变。

1. 绕线型异步电动机转子串电阻调速

由三相异步电动机的机械特性可知，绕线型异步电动机转子串电阻后同步转速不变，最大转矩不变，但临界转差率增大，机械特性运行段的斜率变大。图 2-29 所示为绕线转子异步电动机串电阻调速时的机械特性，当电动机拖动恒转矩负载且 $T_L = T_N$，转子回路不串附加电阻时，电动机稳定运行在 A 点，转速为 n_A。当转子串入 R_{P1} 时，转子电流 I_2 减小，电磁转矩 T 减小，电动机减速，转差率 S 增大，转子电动势、转子电流和电磁转矩均增大，直到 B 点，$T_B = T_L$ 为止，电动机将稳定运行在 B 点，转速为 n_B，显然 $n_B < n_A$。当串入转子回路电阻为 R_{P2}、R_{P3} 时，电动机最后将分别稳定运行于 C 点与 D 点，获得 n_C 和 n_D 转速。由此可以得出：所串附加电阻越大，转速越低，

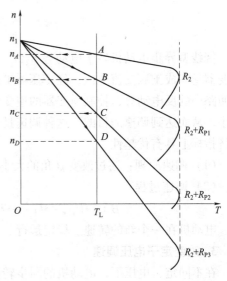

图 2-29 绕线转子串电阻调速机械特性

机械特性越软。

转子串电阻调速具有恒转矩调速性质，适用于恒转矩负载的调速。由于电动机的负载转矩 T_L 不变，故调速前后稳定运行时的转子电流不变，定子电流不变，输入电功率也不变；同时因电磁转矩 T 不变，故定子电磁功率不变，但转子轴上的总机械功率随转速下降而减小。

绕线型异步电动机转子串电阻调速为有级调速，调速平滑性差；转速上限为额定转速，转速下限受静差度限制，因而调速范围不大，适用于重载下调速；低速时转子发热严重，效率低。但是，这种调速方法简单方便，调速电阻还可兼作启动与制动电阻使用，因而在起重机的拖动系统中得到广泛的应用。

2. 转子串附加电动势调速（串级调速）

为了克服绕线型异步电动机串电阻调速时，串入电阻消耗电能的缺点，在转子回路中串入三相对称的附加电动势 E_f，以取代串入转子中的电阻。该附加电动势 E_f 的大小和相位可以自行调节，且 E_f 的频率始终与转子频率相同。图 2-30 所示为晶闸管串级调速原理图。

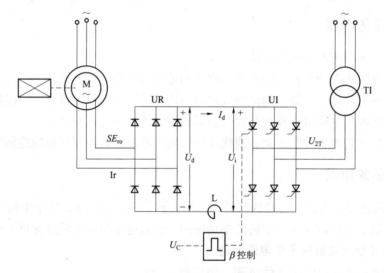

图 2-30　晶闸管串极调速原理图

绕线型异步电动机转子电动势 E_2 经二极管整流电路整流成为直流电压 U_d，再由晶闸管逆变器逆变成工频交流电压，经变压器 T 反馈到交流电网中去。逆变器的电压可视为加在转子回路中的反电动势，控制逆变器的逆变角就可以改变逆变器的电压，即改变了反电动势的大小，从而达到调速的目的。这种调速具有恒转矩调速性质，其损耗小、效率高，在技术和经济指标上具有优越性。

（1）调速原理：通过改变 β 角的大小调节电动机的转速。

（2）调速过程：

$$\beta \uparrow \rightarrow U_i \downarrow \rightarrow I_d \uparrow \rightarrow T_e \uparrow \rightarrow n \uparrow \rightarrow K_1 s E_{r0} \downarrow \rightarrow T_e = T_L$$

电动机在一个新的转速上稳定运行。

3. 改变定子电压调速

在不同定子电压下，电动机的同步转速 n_0 是不变的，临界转差率也保持不变，随着电压的降低，电动机的最大转矩按平方的比例下降。

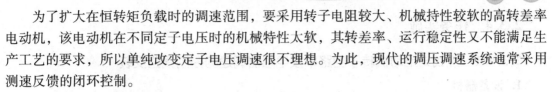

为了扩大在恒转矩负载时的调速范围，要采用转子电阻较大、机械持性较软的高转差率电动机，该电动机在不同定子电压时的机械特性太软，其转差率、运行稳定性又不能满足生产工艺的要求，所以单纯改变定子电压调速很不理想。为此，现代的调压调速系统通常采用测速反馈的闭环控制。

4. 用凸轮控制器来控制三相绕线转子异步电动机的转速

图 2-31 所示为用凸轮控制器来控制电动机正反转与调速的电路。图中 KM 为线路接触器，KA 为过电流继电器，SQ1、SQ2 分别为向前、向后限位行程开关，SA 为凸轮控制器。凸轮控制器操作手柄的左右各有 5 个工作位置，中间为 "0" 位。另外还有 9 对常开主触头和 3 对常闭触头。9 对常开触头，其中 4 对常开主触头接于电动机定子电路，进行换相控制，用以实现电动机正反转；另外 5 对常开主触头接于电动机转子电路，通过接入与切除这些电阻，实现调速的目的。由于触头数量有限，故转子电阻采用不对称接法。3 对常闭触头，其中 1 对用以实现零位保护，即控制器手柄必须置于 "0" 位才可启动电动机；另 2 对常闭触头用以与 SQ1 和 SQ2 行程开关串联实现两个方向运行的限位保护。

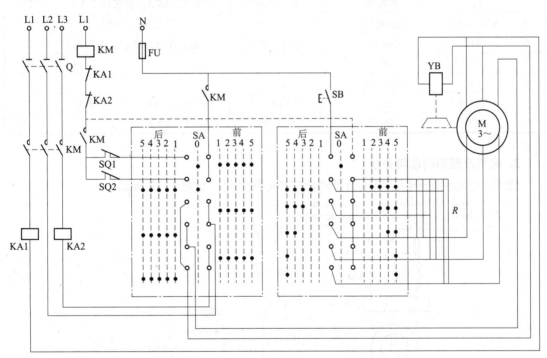

图 2-31　凸轮控制器控制电动机调速电路

电路工作原理：闭合三相交流电源开关 QS，接通控制电路电源，控制器手柄置于 "0" 位，按下启动按钮 SB，接触器 KM 线圈通电，向前时经 SQ1 自锁，向后时经 SQ2 自锁。当控制器手柄由 "0" 位推向前进方向 "1" 位时，电动机定子接入正相序交流电源，转子串入全部电阻，正向启动旋转，获得相应速度前进，在手柄由前进 "1" 位逐级推向前进 "5" 位的过程中，电动机定子始终接入正相序交流电源，但转子电阻逐级被短接使电动机转速逐级提高，获得 5 种转速，实现调速要求。当控制器手柄由 "0" 位扳向后退 5 个位置时，情况与前进时相同，不再复述。电路由过电流继电器 KA1、KA2 来实现过电流保护。

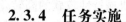
2.3.4 任务实施

2.3.4.1 绕线式电动机转子回路串接电阻器调速的控制线路安装

1. 设备器材

（1）工具：测试笔、螺钉旋具、斜口钳、尖嘴钳、剥线钳、电工刀等。

（2）仪表：MF47 型万用表、5050 型兆欧表、T302-A 型钳形电流表。

（3）器材：见表 2-14

表 2-14　绕线式电动机转子回路串接电阻器调速实训器材

序号	符号	名称	型号	规　　格	数量
1	M	三相异步电动机	YR2-112M	380 V，15.6 A	1
2	QS	组合开关	HZ10-25/3	三极，25 A	1
3	FU1	熔断器	RL1-60/25	500 V，60 A，配熔体 25 A	3
4	FU2	熔断器	RL1-15/2	500 V，15 A，配熔体 2 A	2
5	KM～KM3	交流接触器	CJT1-10	20 A，线圈电压 380 V	4
6	FR	热继电器	JR16-20/3	三极，20 A，整定电流 15.6 A	1
7	R1～R9	电阻			9
8	R	三相可调电阻			1
9	SB1～SB5	按钮	LA10-3H	保护式，380 V，5 A，3 头	2
0	XT	端子板	JX2-101	380 V，10 A，15 节	1

2. 电气原理图识读与分析

绕线式电动机转子回路串电阻器调速控制电路原理，如图 2-32 所示。

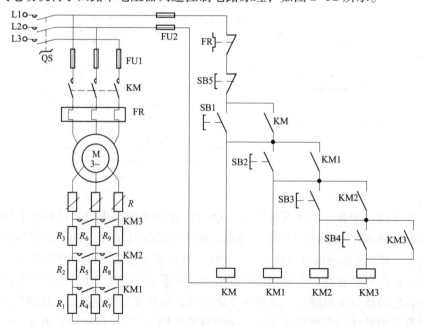

图 2-32　绕线式电动机转子回路串电阻器调速控制线路原理

线路工作原理分析如下：

（1）启动：先合上电源开关 QS，三相可调电阻 R 调至最大值。

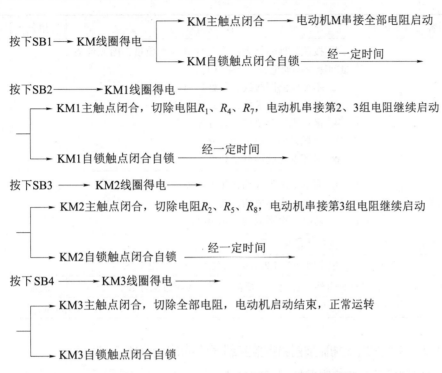

（2）调速：调节三相可调电阻器 R 的阻值，可改变电动机的转速。

（3）停止：按下停止按钮 SB5，控制电路失电，电动机 M 停转。

3. 电器元件安装固定

（1）清点、检查器材元件。

（2）设计绕线式电动机转子回路串电阻器调速控制线路电器元件布置图。

（3）根据电气安装工艺规范安装固定元器件。

4. 电气控制电路连接

（1）设计绕线式电动机转子回路串电阻器调速控制线路电气接线图。

（2）按电气安装工艺规范实施电路布线连接。

5. 电气控制电路通电试验、调试排故

（1）安装完毕的控制线路板，必须按要求进行认真检查，确保无误后才允许通电试车。

（2）经指导教师复查认可，且在场监护的情况下进行通电校验。

（3）如若在校验过程中出现故障，学生应独立进行调试、排故。

（4）断开电源，等电动机停转后，先拆除三相电源线，再拆除电动机接线，然后整理训练场地，恢复原状。

6. 注意事项与评分标准

（1）在启动前要确保启动电阻全部接入电动机的转子绕组中。

（2）热继电器 FR1 的整定电流及其在主电路中的接线不要弄错。

（3）通电试车前，要复验一下电动机的接线是否正确，并测试绝缘电阻是否符合要求。

（4）评分见表2-15。

表2-15　安装接线评分表

项目内容	配分	评分标准	扣分	得分
安装接线	40分	1. 按照元件明细表配齐元件并检查质量，因元件质量问题影响通电，一次扣10分。 2. 不按电路图接线，每处扣10分。 3. 不按工艺要求接线，每处扣5分。 4. 接点不符合要求，每处扣2分。 5. 损坏元件，每个扣5分。 6. 损坏设备此项分全扣		
通电试车	40分	1. 通电一次不成功，扣10分。 2. 通电二次不成功，扣20分。 3. 通电三次不成功，扣40分		
安全文明操作	10分	视具体情况扣分		
操作时间	10分	规定时间为120 min，每超过5 min扣5分		
说明	除定额时间外，各项目的最高扣分不应超过配分数		成绩	
开始时间		结束时间	实际时间	

2.3.4.2　绕线式电动机凸轮控制器控制调速的控制线路安装

1. 凸轮控制器及凸轮控制器控制调速电路

KTJ1凸轮控制器如图2-33所示。图2-33（a）所示为KTJ1系列凸轮控制器外形结构

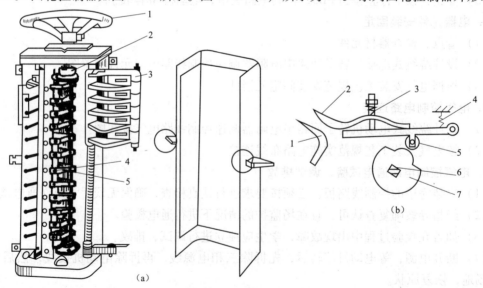

（a）

图2-33　KTJ1系列凸轮控制器

（a）外形图；

1—手轮；2—转轴；3—灭弧罩；4—动触头；5—静触头

（b）控制结构示意图

1—静触点；2—动触点；3—触点弹簧；4—弹簧；5—滚子；6—绝缘方轴；7—凸轮

图，图 2-33（b）所示为 KTJ1 凸轮控制器控制结构示意图。当转动手柄时，凸轮 7 随绝缘方轴 6 转动，当凸轮的凸起部分顶住滚子 5 时，动、静触点分开；当凸轮转动到凹处与滚子相碰时，动触点 2 受到触点弹簧 3 的作用压在静触点 1 上，动、静触点闭合，接通电路。如果在方轴上叠装不同形状的凸轮片，可使一系列的触点按预先编制的顺序接通和分断电路，以达到不同的控制目的。

2. 凸轮控制器控制调速电路

（1）凸轮控制器控制调速电路原理图如图 2-34 所示。

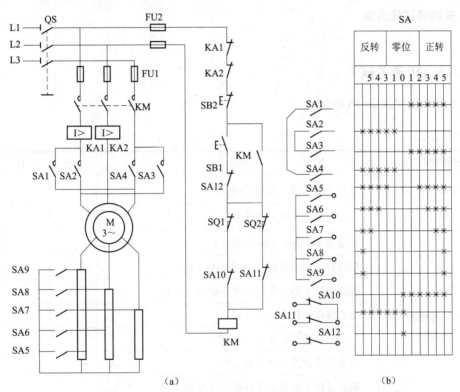

(a)   (b)

图 2-34   绕线式电动机凸轮控制器控制调速线路
(a) 控制线路；(b) 触头分合表

（2）线路元件的作用。

转换开关 QS 引入电源；FU1、FU2 分别作主电路和控制电路的短路保护；KM 控制电动机电源通断，同时起欠压和失压保护；SQ1、SQ2 作限位保护；KA 作过载保护；R 是电阻器；SA 是凸轮控制器，有 12 副触头，如图 2-34（b）所示。

3. 电器元件安装固定

（1）清点、检查器材元件。

（2）设计绕线式电动机凸轮控制器控制调速线路电器元件布置图。

（3）根据电气安装工艺规范安装固定元器件。

4. 电气控制电路连接

（1）设计绕线式电动机凸轮控制器控制调速线路电气接线图。

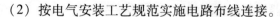

（2）按电气安装工艺规范实施电路布线连接。

5. 电气控制电路通电试验、调试排故

（1）安装完毕的控制线路板，必须按要求进行认真检查，确保无误后才允许通电试车。

（2）经指导教师复查认可，且在场监护的情况下进行通电校验。

（3）如若在校验过程中出现故障，学生应独立进行调试、排故。

（4）断开电源，等电动机停转后，先拆除三相电源线，再拆除电动机接线，然后整理训练场地，恢复原状。

6. 安装调试评分表

略。

2.3.5 任务考核

任务考核按照表2-16进行。

表2-16 任务考核评价

评价项目	评价内容	自评	互评	师评
学习态度（10分）	能否认真听讲、答题是否全面			
安全意识（10分）	是否按照安全规范操作并服从教学安排			
完成任务情况 （70分）	知道变S调速的方法与否（5）			
	知道转子串电阻调速原理与否（10）			
	控制线路元器件安装布置正确与否（10）			
	能否操作凸轮控制器（15）			
	控制线路安装正确与否（10）			
	试车操作过程正确与否（5）			
	调试过程中出现故障检修正确与否（10）			
	通电试验后各项工作完成如何（5）			
协作能力（10分）	与同组成员交流讨论解决了一些问题			
总评	好（85～100），较好（70～85），一般（少于70）			

2.3.6 复习思考

1. 填空题

绕线式异步电动机在启动时，转子里串接适当的_____，可以减小_____、增大启动转矩，串以不同的_____还可以进行调速。

2. 判断题

（1）线绕式异步电动机串级调速电路中，转子回路中要串入附加电动势。（　　　）

（2）绕线式异步电动机串级调速在机车牵引的调速上被广泛采用。（　　　）

3. 选择题

（1）线绕式异步电动机采用转子串联电阻进行调速时，串联的电阻越大，则转速（　　）。

A. 不随电阻变化　　B. 越高　　　　　　　C. 越低　　　　　　　D. 测速后才可确定

（2）线性异步电动机采用转子串电阻调速时，在电阻上将消耗大量的能量，调速高低与损耗大小的关系是（　　）。

A. 调速越高，损耗越大　　　　　　　B. 调速越低，损耗越大

C. 调速越低，损耗越小　　　　　　　D. 调速高低与损耗大小无关

（3）采用 YY/△ 接法的三相变极双速异步电动机变极调速时，调速前后电动机的（　　）基本不变。

A. 输出转矩　　　B. 输出转速　　　C. 输出功率　　　D. 磁极对数

（4）采用线绕异步电动机串级调速时，要使电动机转速高于同步转速，则转子回路串入的电动势要与转子感应电动势（　　）。

A. 相位超前　　　B. 相位滞后　　　C. 相位相同　　　D. 相位相反

（5）线绕式异步电动机采用串级调速与采用转子回路串电阻调速相比（　　）。

A. 机械特性一样　　B. 机械特性较软　　C. 机械特性较硬　　D. 机械特性较差

（6）线绕式异步电动机，采用转子串联电阻进行调速时，串联的电阻越大，则转速（　　）。

A. 不随电阻变化　　B. 越高　　　　　　　C. 越低　　　　　　　D. 测速后才可确定

（7）绕线转子异步电动机修理装配后，必须对电刷进行（　　）。

A. 更换　　　　　B. 研磨　　　　　C. 调试　　　　　D. 热处理

（8）线绕式异步电动机，采用转子串联电阻进行调速时，串联的电阻越大，则转速（　　）。

A. 不随电阻变化　　B. 越高　　　　　　　C. 越低　　　　　　　D. 测速后才可确定

（9）线性异步电动机采用转子串电阻调速时，在电阻上将消耗大量的能量，调速高低与损耗大小的关系是（　　）。

A. 调速越高，损耗越大　　　　　　　B. 调速越低，损耗越大

C. 调速越低，损耗越小　　　　　　　D. 调速高低与损耗大小无关

4. 简答题

（1）改变转差率调速的方法有几种？

（2）简述绕线式电动机凸轮控制器控制调速电路线路元件的基本作用。

阅读拓展

70 年实现从零到第一　中国电力装备光耀世界

建党百年前夕，金沙江白鹤滩水电站首批机组安全准点投产发电，习近平总书记发来贺信指出，白鹤滩水电站是实施"西电东送"的国家重大工程，是当今世界在建规模最大、

技术难度最高的水电工程。全球单机容量最大功率百万千瓦水轮发电机组，实现了我国高端装备制造的重大突破。

1951年，哈尔滨电气集团有限公司（以下简称哈电集团）研制出新中国第一台800千瓦水轮机组，结束了我国不能自行生产发电设备的历史。2021年，由哈电集团自主研制的全球首台单机容量最大的白鹤滩百万千瓦水电机组，让中国水电技术登上世界最高峰。

70年时光，哈电集团数以万计的发电设备源源不断地把"光明"输送到全国各地和世界相关国家。哈电集团的装机量占全国装机总量的三分之一，水电装机占有率世界领先，为我国和相关国家工业经济快速发展提供了澎湃不竭的动力。

中国水电装机容量世界第一

白鹤滩水电站水轮发电机组单机容量100万千瓦，比三峡的70万千瓦还要高。更值得骄傲的是，水轮机组全部由我国自主研发，具有里程碑式的意义。

中国大型水电项目连续落成的高光时刻，并不能掩盖曾经技术落后的历史，中国水电工程师历经近70年的求索，才实现中国水电机组屡破纪录的成就。

新中国成立初期，中国电力装备制造从零起步，建立了哈尔滨电机厂、哈尔滨锅炉厂、哈尔滨汽轮机厂等。当时全国发电装机容量仅为184.9万千瓦，不足哈电集团现在一个月发电设备设计制造的容量。

1951年哈尔滨电机厂接到中央指示，"抢制一台800千瓦立式水轮发电机组，能够尽快发电"。原机械部从全国各地调集了最优秀的技术人员来到哈尔滨电机厂，开始组织抢制发电机组，从此拉开了中国水电从无到有的序幕。

这台机组的水轮机高1.5米、底座直径1米，虽然在今天的"巨无霸"面前是个"小个子"，但在当时却创造了一个几乎不可能实现的奇迹。该机组于1951年12月22日完成转子超速总装试验，随后被安装在四川龙溪河下硐水电站，1959年迁到四川苏雄水电站，一直服役了近60年，为西南地区经济发展发挥了重要作用。

70年后的今天，与新中国成立之初全国发电装机总容量相比，我国发电装机总容量增长了近1 200倍。仅哈电集团生产的水电设备装机容量就占全国水电装机容量的二分之一以上。

自2014年以来，中国水电装机容量和发电量稳居世界第一，水电资源成为我国第二大能源主体。2020年，中国水电发电量1.35万亿千瓦时，水电装机容量3.7亿千瓦，超过全球水电装机总容量的30%。

开创巨型水轮机组新纪元

从龙溪河下硐水电站的800千瓦，到白鹤滩水电站的100万千瓦，中国自主研制的水轮机组装机容量实现了1250倍的跨越。

40年前，葛洲坝水利枢纽组正式投产发电，与这座被誉为"万里长江第一坝"的水利工程一起，由哈电集团制造的12台12.5万千瓦水轮发电机组正式开始工作，这也是当时我国首次完全自主研发设计的大型水电机组。

1997年，三峡工程从引进技术、合作生产到自主制造特大型水轮发动机组，迅速缩小了与世界先进技术的差距。在三峡左岸电站机组采购中，第一次有了实质性的核心技术转让。

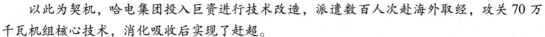

以此为契机，哈电集团投入巨资进行技术改造，派遣数百人次赴海外取经，攻关70万千瓦机组核心技术，消化吸收后实现了赶超。

2004年，哈电集团等中国水电机组设备制造厂商与外企同台竞技，赢得了三峡右岸4台发电机组合约，掀开了巨型机组国产化的篇章。

从参与三峡左岸建设到三峡右岸自主设计、制造、安装，只用了短短6年时间，中国水电机组设备制造厂商完成了角色转变，走出了一条技术创新的成功之路，开创了中国巨型水轮机组设计制造的新纪元。

2008年8月28日，金沙江向家坝、溪洛渡水电站26台机组招标采购合同尘埃落定，这次大手笔采购，巩固了三峡水电机组国产化的成果，"中国制造"首次成为大赢家。其中，哈电集团中标10台，合同金额达44.27亿元。

溪洛渡水电站单机容量为77万千瓦，向家坝水电站单机容量提高至80万千瓦，不断超越三峡机组。与此同时，由哈电集团承建的100万千瓦水轮发电机的研发也被提上日程，此后，更是被首批应用于白鹤滩水电站。

"100万千瓦"意味着能量密度极大，白鹤滩水轮发电机每个磁极容量是三峡水轮发电机的2倍，使其电压和电流超过了极限，带来极大的挑战。但最终，中国工程师不仅成功攻破技术堡垒，还把损耗降到了最低，电能转化率高达96.7%，每一滴水都不浪费，达到了世界大型混流式机组最高水平。

站在白鹤滩水电站发电机组的心脏——全球首台"零配重"通过验收的巨型长短叶片水轮发电机组转轮旁，哈电集团电机公司副总工程师覃大清说，自己见证了"中国智慧"以创新引领世界标准的全过程。

中国能源装备"走出去"

与国家能源需求同频共振，70年来，哈电集团不但研究制造出了第一台国产水电机组，还制造了第一台电站锅炉、第一台电站汽轮机、第一台汽轮发电机、第一台舰船主动力装置等200多项共和国第一乃至世界第一的装备。

1986年建成投产的巴基斯坦古杜电站，是哈电集团承接的第一个国际工程总承包（EPC）项目，也是我国首个走出国门的大型发电机组。该项目开创了中国电站设备成套出口的先河，让世界为之惊叹，中国电力装备企业迅速成为世界动力装备行业不可忽视的新兴力量。

由此，哈电集团相继开辟了越南、乌兹别克斯坦、印尼、苏丹、厄瓜多尔、土耳其、阿联酋等国际市场，中国能源装备大步走向世界。今年1月底，哈电集团提供核心动力的华龙一号全球首堆福建福清核电5号机组投入商业运行。这也标志着我国核电技术水平和综合实力跻身世界第一方阵，向建设核工业强国迈出了坚实一步。

当前，世界正经历能源革命，绿色、低碳、清洁成为能源发展的主导趋势，风电、光电、核电、氢能等新能源产业迎来快速发展期。随着"双碳"目标的提出，我国能源结构加快转型调整，以能源设备研发制造为主营业务的哈电集团面临着机遇和挑战，处于转型发展关键期。哈电集团党委书记、董事长斯泽夫接受记者采访时表示，"十四五"期间，哈电集团要全力开拓风电、光电、氢能、生物质发电等新能源产业领域，实现由传统能源产品为主向新能源产品和产业方向转型，推进绿色低碳发展。

思考：中国的电机在电力发展中的变迁。

多媒体链接

三相异步电动机的调速

三相异步电机的结构特点、
调速方法以及应用场合

三相异步电动机的用途

白鹤滩水电站

项目 3

同步电动机的控制与调速技术

任务导入

同步电机是交流电机的一种，其转速恒等于同步转速，即转子的转速始终与定子旋转磁场的转速相同。同步电机按功率转换方式可分为同步发电机、同步电动机和同步调相机，其中同步发电机是现代发电厂（站）的主要设备。同步电机按结构形式可分为旋转电枢式同步电机、旋转磁极式同步电机和微型同步电机。

本项目主要介绍同步电动机的控制与调速技术。

任务 3.1 同步电动机常用控制技术

3.1.1 任务目标

（1）了解同步电动机的结构与工作原理
（2）掌握同步电动机常用控制线路的安装与调试

3.1.2 任务内容

（1）了解同步电动机的分类与启动方法
（2）学会同步电动机启动控制电路的安装与调试

3.1.3 必备知识

3.1.3.1 同步电动机的结构和工作原理

1. 同步电动机的结构

图 3-1 是旋转磁极式同步电动机的基本结构示意图。其定子称为电枢，与异步电动机结构相同，在定子的槽内嵌放三相对称绕组。凸极式的转子有明显凸出的磁极，气隙是不均匀的，极靴下的气隙较小，极间部分的气隙较大，励磁绕组为集中绕组，如图 3-1（a）所示，一般用于 4 极以上的电机。而隐极式的转子做成圆柱形，转子上没有明显凸出的磁极，气隙是均匀的，励磁绕组是分布绕组，转子铁芯上有大小齿分开，如图 3-1（b）所示，一般用于 2 极或 4 极的电动机。

2. 同步电动机的工作原理

一般同步电动机的定子和异步电动机的定子相同，即在定子铁芯内均匀分布三相对称绕组，如图 3-2 所示（图中只画出了 U 相绕组）。

转子主要由磁极铁芯和励磁绕组组成。当励磁绕组通以直流电后，转子即建立恒定磁场。

同步电动机运行时，三相交流电源通入三相交流电压，在电动机内部产生一个旋转磁

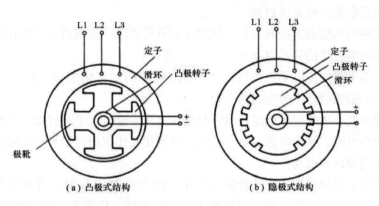

图 3-1　旋转磁极式同步电动机基本结构示意图

场，旋转速度为同步转速 n1，此刻在转子绕组上加上直流励磁电流，转子将在定子旋转磁场的带动下，带动负载沿磁场的方向以相同的转速旋转。转子的转速 n2 为：

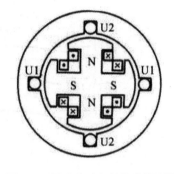

$$n2 = n1 = 60f/p$$

式中，p 为电动机极对数，n2 为转子每分钟转数，f 为交流电源的电流频率。

我国电力系统的标准频率为 50 Hz，不同磁极对数下同步电动机的转速如表 3-1 所示。

图 3-2　同步电动机的构造原理图

表 3-1　不同磁极对数的同步电动机转速

p	1	2	3	4	5	6
n2（r/min）	3 000	1 500	1 000	750	600	500

3.1.3.2　同步电动机的启动方法

当静止的转子接通电源时，定子绕组通过三相交流电建立旋转磁场，转子励磁绕组通过直流电建立固定磁场。由于转子在启动时是静止的，转子磁场静止不动，故定子旋转磁场以同步转速对转子磁场做相对运动。设通电瞬间定子、转子磁极的相对位置如图 3-3（a）所示，定子的旋转磁场以同步转速逆时针方向旋转，此时转子上将产生一个逆时针的转矩，欲拖动转子逆时针旋转，由于转子所具有的转动惯性，还来不及转动，而同步转速很快，旋转磁场就已经转过去了 180°，到了图 3-3（b）的位置，定子旋转磁场将吸引转子磁场，顺时针转动。

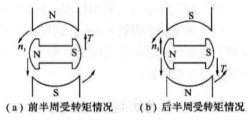

图 3-3　同步电动机启动时定子磁场对转子磁场的作用

由此可见，在一个周期，作用在同步电动机转子上的平均转矩为零，因此同步电动机不能自行启动，需要借助其他方法启动。

同步电动机常用的启动方法有三种：辅助电动机启动法、变频启动法和异步启动法。这里主要介绍应用最为广泛的异步启动法。

启动的第一步是将同步电动机的励磁绕组通过一个附加电阻短接，如图 3-4 所示，短接电阻的大小约为励磁绕组本身电阻的 10 倍左右。

第二步将同步电动机的定子绕组接通三相交流电源，这时定子旋转磁场将在阻尼绕组中产生感应电动势和电流，这个电流与定子的旋转磁场相互作用而产生异步电磁转矩，同步电动机便当作异步电动机而启动。

第三步是当同步电动机的转速接近同步转速（约为 $0.95 n_1$）时，将附加电阻切除，将励磁绕组改接至直流励磁电源，转子磁极有了确定的极性，依靠定 子旋转磁场与转子磁极之间的吸引力产生同步转矩，将同步电动机牵入同步转速运行。

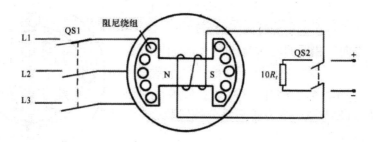

图 3-4　同步电动机异步启动法原理线路图

3.1.3.3　同步电动机的额定值

同步电动机的额定值包括：

（1）额定容量 S_N 或额定功率 P_N。额定容量是指电动机在额定状态下运行时，输出功率的保证值。同步电动机的额定容量一般都用 kW 表示，同步调相机则用 kV·A 或 kvar 表示。

（2）额定电压 U_N。额定电压是指电动机在额定运行时三相定子绕组的线电压，常以 kV 表示。

（3）额定电流 I_N。额定电流是指电动机在额定运行时三相定子绕组的线电流，常以 A 或 kA 表示。

（4）额定频率 f_N。我国标准工频为 50 Hz。

（5）额定功率因数 $\cos\varphi_N$。额定功率因数是指电动机在额定运行时的功率因数。此外，铭牌上还常列出电动机的额定效率 η_N、额定转速 n_N、额定励磁电压 U_N、额定励磁电流 I_N 和额定温升等信息。

3.1.4　任务实施

3.1.4.1　同步电动机异步启动控制电路安装

1. 安装前准备

（1）同步电动机异步启动控制原理图，如图 3-5 所示。

（2）设计控制线路电器元件布置图，设计控制线路电气接线图。

（3）电器元件以及相关器材准备。

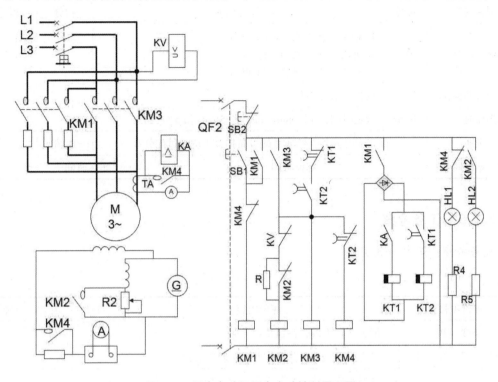

图 3-5　同步电动机异步启动控制原理图

2. 电路安装调试

（1）检查、清点器材元件，并将电器元件安装固定。

（2）按电气安装工艺规范实施电路布线连接。

（3）检查无误后，经过老师复查，并在老师指导下通电试验。

3. 试验结束

拆除各接线，然后整理训练场地，恢复原状。

3.1.4.2　评分标准

电气安装调试评分如表 3-2 所示。

表 3-2　安装接线评分

项目内容	配分	评分标准	扣分	得分
安装接线	40 分	1. 按照元件明细表配齐元件并检查质量因元件质量问题影响通电，一次扣 10 分 2. 不按电路图接线，每处扣 10 分 3. 不按工艺要求接线，每处扣 5 分 4. 接点不符合要求，每处扣 2 分 5. 损坏元件，每个扣 5 分 6. 损坏设备此项分全扣		

项目内容	配分	评分标准	扣分	得分
通电试车	40分	1. 通电一次不成功，扣10分 2. 通电二次不成功，扣20分 3. 通电三次不成功，扣40分		
安全文明操作	10分	视具体情况扣分		
操作时间	10分	规定时间为120 min，每超过5 min 扣5分		
说明		除定额时间外，各项目的最高扣分不应超过配分数	成绩	
开始时间		结束时间	实际时间	

3.1.5 任务考核

任务考核：按表3-3实施。

表3-3 任务考核评价

评价项目	评价内容	自评	互评	师评
学习态度（10分）	能否认真听讲、答题是否全面			
安全意识（10分）	是否按照安全规范操作并服从教学安排			
完成任务情况 （70分）	电器元件设计图符合要求与否（10）			
	控制接线设计正确与否（10）			
	电器元件准备正确与否（10）			
完成任务情况 （70分）	试车操作过程正确与否（10）			
	调试过程中出现故障检修正确与否（10）			
	通电试验后各项工作完成如何（10）			
协作能力（10分）	与同组成员交流讨论解决了一些问题			
总评	好（85-100）较好（70-85）一般（少于70）			

3.1.6 复习思考

1. 填空题

（1）同步电动机常用的启动方法有三种：_____、_____和_____。应用最为广泛的是_____。

（2）同步电动机的额定值包括_____、_____、_____、_____、_____等。

2. 简答题

（1）什么叫同步电机？其感应电动势频率和转速有何关系？

（2）同步电动机的结构如何？其工作原理是？

（3）简述同步电动机异步启动法。

（4）简述同步电动机启动线路安装过程。

任务 3.2 同步电动机的调速技术

3.2.1 任务目标

（1）掌握同步电动机常用调速控制方法

（2）能安装调试同步电动机常用调速电路

3.2.2 任务内容

（1）了解同步电动机调速原理和方法

（2）学会安装调试同步电动机调速控制电路

3.2.3 必备知识

3.2.3.1 同步电动机的调速原理

同步电动机历来是以转速与供电电源频率保持严格同步著称的。只要供电电源频率保持恒定，同步电动机的转速就绝对不变。

同步机为双边励磁方式，电磁转矩由两磁场的相互作用产生。由电机统一理论：

$$T_e = C_m F_s F_r \sin\theta$$

启动时，只要定、转子两磁动势之间的夹角

$$0° < \theta < 180°$$

稳态时，只要定、转子磁动势相对静止，就能产生单一方向恒定的电磁转矩，驱动电动机以同步转速旋转。

3.2.3.2 同步电动机的调速系统类型

1. 他控变频调速系统

与异步电动机变压变频调速一样，用独立的变压变频装置给同步电动机供电的系统称作他控变频调速系统。

（1）转速开环恒压频比控制的同步电动机群调速系统

一种最简单的他控变频调速系统，多用于化纺工业小容量多电动机拖动系统中。多台永磁或磁阻同步电动机并联接在公共的电压源型 PWM 变压变频器上，由统一的频率给定信号 f * 同时调节各台电动机的转速。带定子压降补偿的恒压频比控制保证了同步电动机气隙磁通恒定，缓慢地调节频率给定 f * 可以逐渐地同时改变各台电机的转速，如图 3-6 所示。

（2）由交-直-交电流型负载换流变压变频器供电的同步电动机调速系统

对于经常在高速运行的机械设备，定子常用交-直-交电流型变压变频器供电，其电机侧变换器（即逆变器）比给异步电动机供电时更简单，可以省去强迫换流电路，而利用同步电动机定子中的感应电动势实现换相，如图3-7所示。

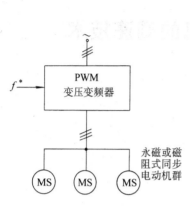

图3-6　多台同步电动机的恒压频比控制调速系统

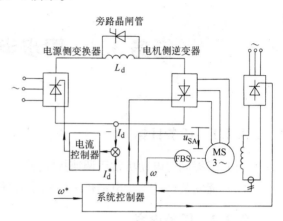

图3-7　由交-直-交电流型负载换流变压变频器供电的同步电动机调速系统

（3）由交-交变压变频器供电的大型低速同步电动机调速系统

由交-交变压变频器供电的大型低速同步电动机调速系统用于低速的电力拖动，例如无齿轮传动的可逆轧机、矿井提升机、水泥转窑等。该系统由交-交变压变频器供电，其输出频率为 20~25 Hz（当电网频率为 50 Hz 时），对于一台 20 极的同步电动机，同步转速为 120~150 r/min，直接用来拖动轧钢机等设备是很合适的，可以省去庞大的齿轮传动装置，如图3-8所示。

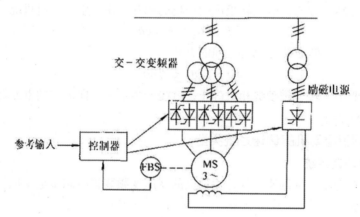

图3-8　由交-交变压变频器供电的大型低速同步电动机调速系统

2. 自控变频调速系统

用电动机本身轴上所带转子位置检测器或电动机反电动势波形提供的转子位置信号来控制变压变频装置换相时刻的系统。

（1）自控变频同步电动机的分类

自控变频同步电动机在其开发与发展的过程中，曾采用多种名称，有的至今仍习惯性地使用着，它们是：无换向器电动机（多用于带直流励磁绕组的同步电机）、三相永磁同步电动机（输入正弦波电流时）、无刷直流电动机（采用方波电流时）。

永磁同步电机和无刷直流电机机具有定子三相分布绕组和永磁转子，定子电流与转子永磁磁通互相独立，转矩恒定性好，脉动小，可以获得很宽的调速范围，适用于要求高性能的数控机床、机器人等场合，目前已广泛应用于各种领域，如医疗仪器、过程控制、机床工业、纺织工业和轻工机械等。

（2）基本结构与原理

在电动机轴端装有一台转子位置检测器 BQ，由它发出的信号控制变压变频装置的逆变器 UI 换流，从而改变同步电动机的供电频率，保证转子转速与供电频率同步，如图 3-9 所示。

从电动机本身看，它是一台同步电动机，但是如果把它和逆变器 UI 转子位置检测器 BQ 合起来看，就像是一台直流电动机。直流电动机电枢里面的电流本来就是交变的，只是经过换向器和电刷才在外部电路表现为直流，这时，换向器相当于机械式的逆变器，电刷相当

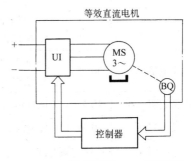

图 3-9 自控变频同步电动机调速系统结构原理图

于磁极位置检测器。这里，则采用电力电子逆变器和转子位置检测器替代机械式换向器和电刷。

3.2.4 任务实施

3.2.4.1 同步电动机常用调速控制电路的安装与调试

1. 设备器材

（1）工具：测电笔、螺钉旋具、尖嘴钳、斜口钳、剥线钳、电工刀等。

（2）仪表：MF47 型万用表、T301-A 钳形电流表、5050 型兆欧表。

（3）器材：同步电动机、变频器、导线、编码套管及各种辅材若干。

2. 训练步骤

（1）按元器件明细表将所需元器件材料配齐，并检验元器件质量。

（2）设计变频器控制同步电动机调速原理图，画出接线图。

（3）根据接线图按照工艺要求进行规范安装布线。

（4）自检安装布线的正确性和美观性。

（5）可靠连接电动机及元器件不带电金属外壳的保护接地线。

（6）经指导教师检查后，方可通电调试。

（7）通电试验完成后，拆除导线及元器件，整理工作台。

3. 注意事项

（1）在整个过程中必须保证清洁、干净，防止有杂物进入电动机。

（2）连接线必须正确无误，而且要牢固并包好绝缘。

4. 评分标准（见表 3-4）

表 3-4　电路安装接线评分

项目内容	配分	评分标准	扣分	得分
安装接线	60分	1. 按照元件明细表配齐元件并检查质量，因元件质量问题影响通电一次扣10分 2. 不按电路图接线扣10分 3. 不按工艺要求接线每处扣10分 4. 接点不符合要求每处扣5分 5. 损坏元件每个扣10分 6. 损坏设备此项分全扣		
通电试车	20分	1. 通电一次不成功扣10分 2. 通电二次不成功扣20分		
安全文明操作	10分	视具体情况扣分		
操作时间	10分	规定时间为80 min，每超过5 min扣5分		
说明	除定额时间外，各项目的最高扣分不应超过配分数		成绩	
开始时间		结束时间	实际时间	

3.2.5　复习思考

1. 填空题

（1）同步电动机调速系统类型有：_____和_____。

（2）他控变频调速系统有_____、_____、_____。

（3）自控变频调速系统有_____、_____、_____。

2. 简答题

（1）简述转速开环恒压频比控制的同步电动机群调速系统。

（2）简述由交-直-交电流型负载换流变压变频器供电的同步电动机调速系统。

（3）简述由交-交变压变频器供电的大型低速同步电动机调速系统。

（4）自控变频同步电动机的分类有哪些？

（5）简述自控变频调速系统基本结构与原理。

任务 3.3　同步电动机的维护与检修技术

3.3.1　任务目标

（1）进一步掌握同步电动机的结构

（2）掌握同步电动机日常维护与常见故障检修方法

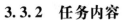

3.3.2　任务内容

（1）能够拆装同步电动机

（2）学会检查分析同步电动机在运行中的故障

（3）能够用适当的方法排除同步电动机常见故障

（4）能够正常维护同步电动机

3.3.3　必备知识

3.3.3.1　同步电动机的检修周期和检修项目

1. 检修周期，见表3-5。

表3-5　同步电动机的检修周期

检修类别	小修	中修	大修
检修周期	半年	一年	必要时

2. 检修项目

（1）小修项目

a. 外部清扫。清除电动机定子、转子绕组的积灰油垢、脏物；

b. 检查各引出线及绝缘包扎的情况；

c. 检查轴承的油质、油量，必要时清洗油环，加注润滑油；

d. 检查调整和更换电刷；

e. 检查电动机外壳和接地线，检查紧固各连接螺丝和地脚螺丝；

f. 测量定、转子绕组及电缆线路的绝缘电阻；

g. 检查清扫电动机的一、二次回路和附属设备。

（2）中修项目

a. 完成小修项目；

b. 电动机解体、抽出转子或移出定子；

c. 检查定子铁芯、线圈、绑线、槽楔固定有无松动、损伤、局部发热等现象，并进行必要的修理；

d. 检查转子磁极线圈有无松动、断裂、开焊等现象，并进行必要有处理；

e. 检查处理启动绕组铜条焊接及搭接铜排紧固情况；

f. 检查处理转子两半连接螺丝、风扇固定螺丝及磁极固定螺丝；

g. 检查处理滑环表面、转子绕组至滑环的连接线；

h. 检查处理电刷架及其横杆，绝缘衬管和绝缘垫；

i. 测定定子与转子间的间隙；

j. 电动机干燥或喷漆；

k. 电动机组装、试运。

（3）大修项目

a. 完成中修项目；

b. 更换全部或部分定子、转子绕组；

c. 更换电动机轴或滑环；

d. 组装电机、进行规定项目的试验。

3.3.3.2 同步电动机的检查工艺与质量标准

1. 做好检修前的准备工作

2. 解体与检查

（1）拆卸时必须注意将拆下的螺丝、销子、电刷、刷握、表计、电缆头以及垫片（包括绝缘垫片）按相应位置的配备情况做好定 们标记的记录，以便装备时都能装复原们。

（2）抽装转子时，所用钢丝绳不应碰到转子、轴承、风扇、滑环的线圈；

（3）检查与处理

a. 定、转子的铁芯、线圈、外壳及底座的内外应清洁，无尘土、油垢、杂物，可用干燥、不含油、0.2~0.3 MPa 压缩空气吹扫各处；

b. 检查线圈表面，线圈绝缘漆大量脱落时应重新喷绝缘漆，少量 脱落时可在局部涂绝缘漆；

c. 检查端部绑扎线垫块，如有松动应处理，端部线圈与固定环应牢固；

d. 检查定子铁芯有无短路、过热及松动现象，如发现短路现象应 用绝缘片拆隔开，并涂以绝缘漆；

e. 铁芯通风孔及风道应清洁、无尘垢及杂物阻塞；

f. 启动绕组铜条和端环的焊接应良好，无脱焊松动，无裂纹。转子上的平衡铁块应紧固，如为螺丝固定，应锁住。

3. 检修与测试

（1）定子修理

a. 定子局部发热，常因硅钢片上有毛刺或卷边，用细锉锉去毛刺，修平卷边，把钢片表面刷净，干燥后涂绝缘漆；

b. 检查线圈、槽口部分有无松动或变色，端部线圈如有松动，均应重新加固和包扎；

c. 槽底垫条和层间垫条应牢固无松动，更换老化和松动的垫条；

d. 定子更换线圈。

（2）转子修理

a. 烫开并拆除转子引线，烫开磁极线圈连接头；

b. 磁极铁芯和线圈编号；

c. 拆磁极线圈、清扫、处理破损的绝缘、喷刷绝缘漆、干燥；

d. 磁极铁芯和线圈进行对号装配；

e. 按号组装磁时，进行绝缘测定，不合格者重新处理；

f. 焊接并固定转子引线。

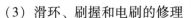

（3）滑环、刷握和电刷的修理

a. 滑环表面不平整度在0.2 mm以内进行磨光，在0.5 mm时需车光；

b. 有深度铸孔或裂纹的滑环必须更换，否则在运行时会破裂和严重的损坏；

c. 滑环间的绝缘管和绝缘垫圈如被电弧烧焦，或失去绝缘性能，其绝缘电阻小于1 MΩ时应更换；

d. 对刷握、刷架的要求：刷握与滑环的距离应为2.5±0.5 mm，刷握上的弹簧，弹性下降应另配弹簧，电刷应在滑环表面内工作，不得靠近滑环的边缘；

e. 同一电动机滑环上不应有不同牌号的电刷，电刷的压力调到不冒火花的最低压力，电刷与铜编带的连接，铜编带与刷架的连接应保证接触良好，并应牢固。

（4）轴承的拆卸、清洗和更换

a. 滚动轴承的拆卸，用专用工具拉下轴承，当内套与轴颈配合较紧时，在拆卸的同时，用90 ℃左右的热机油浇于轴承内套；

b. 轴承清洗：一般用清洗剂或洗油清洗干净后，晾干；

c. 轴承工作表面磨损，间隙量超过最大允许值、轴承滚道或滚珠金属脱落、轴承零件变色、轴承保持架损坏时轴承必须更换；

d. 滚动轴承的装配：当更换电机轴承时，一般以原轴承型号为准；往轴上装配轴承时，应先洗干净再放在油槽内加热。加热时，温度上升不要过快。在半小时上升60～70 ℃后，保持半小时再继续加热，不能超过90 ℃；应将有钢印的一面朝外，应用特制的钢管或铜棒顶住内套轻轻打；

e. 滑润脂：必须保持润滑脂清洁，保存于带密封盖的专用油桶内。

（5）组装

a. 电动机装配一般都按拆卸的相反顺序进行；

b. 装配时必须注意：定子内不得遗留任何工具和杂物，装入转子时要注意不要碰伤定转子的线圈和铁芯。

（6）电动机干燥

a. 当判定电动机绝缘受潮或更换线圈者均应进行干燥；

b. 电动机干燥时，温度应缓慢上升，严重受潮时，一般每小时允许升温5～8 ℃；当绝缘电阻升高后，如持续6～8小时不变，即可结束干燥。

4. 质量标准

（1）电机定子

a. 基础螺丝定位销无裂纹无弯曲，安装紧固。

b. 线圈绝缘漆完好无裂纹干净无油污无油垢，绑扎线垫片无断裂、槽楔应压紧线圈无松动；

c. 所有焊接处要求焊透、焊牢、外观无尖端或毛刺；

d. 定子线圈各项试验，应符合试验标准；

（2）电机转子

a. 转子清洁无油污，紧固无松动，通风孔无堵塞；

b. 各连接螺丝紧固无松动；

c. 起动铜环无开焊裂纹，起动绕组连接紧固；

d. 转子绝缘电阻用 500 V 兆欧表测定，应在 0.5 MΩ 以上。

3.3.3.3　同步电动机的试运行

1. 试运时间

（1）电动机空载运行一般为 2 小时。

（2）电动机负载运行，按最大可能负荷进行 8 小时试运行。

2. 试运行中的检查与标准

（1）电动机试运行前应进行检查，符合以下要求时方可启动：

a. 启动前的一切准备工作必须具备安全技术条件，按大修试车方案逐项检查实施；

b. 旋转方向应符合要求；

c. 线圈的绝缘电阻值，不比前次测定值有明显下降；

d. 电机的引出线与电缆的连接应牢固正确；

e. 电机的外壳的接地线应牢固可靠；

f. 电机所有机械部分的固定情况良好，所有螺丝紧固；

g. 盘动电机转子，转动灵活机内无碰击现象；

h. 电刷与滑环的接触应良好，滑动表面光滑，电刷压力符合要求。

（2）电机在试运行中应检查的项目

a. 运行中应无杂音；

b. 电动机振动不超过规定；

c. 注意观察第一次起动投入励磁瞬间的工作状况，应无异常；

d. 电动机各部分允许最高温度及最大温升；

e. 滑环及电刷的工作情况应正常；

g. 电机连续起动，一般不超过下列规定：冷态时电机允许连续启动 2~3 次，在热态时电机只允许启动一次。

3.3.3.4　同步电动机维护与故障处理

1. 定期检查周期：每天二次。

2. 定期检查项目与标准

（1）同步电机运行的一般要求

a. 每台电机应按规定的顺序编号；

b. 电动机及附属设备上应有额定铭牌；

c. 测量定子电流的交流电流表，测量转子电压、电流的电压电流表，必须在电动机额定值处划一红线，作为经常监视电压、电流的依据；

d. 同步电机励磁装置的电源必须与主电机电流在同系统上；

e. 滑环的表面应平滑，电刷接触面应与滑环有弧度相吻合，在滑环上应用同一牌号电刷；

f. 电刷应在滑环表面内工作，加在电刷上的压力应符合要求；

g. 凡有可能与导电部分接触的金属部分应按规程装接地线。

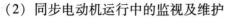

（2）同步电动机运行中的监视及维护

a. 电动机运行时，各种技术参数不应超过规定值；

b. 运行中的电动机各部分的最高温度和允许温升，不得超过规定值；

c. 电动机在额定电压+10%～-5%范围内变动时其额定值不变；

d. 电动机在额定容量运行时，各项电流的不平衡程度不得超过额定电流的10%；

e. 同步电动机在不超过定子额定电流的前提下，应超前运行，以改善功率因素；

f. 同步电动机应经常保持清洁，不允许有水滴、油污或灰尘落入电动机内部，必须进行定期清扫；

g. 经常检查轴承以热、漏油等情况，润滑脂的容量不宜超过规定；

h. 应经常检查电刷与滑环的接触情况和电刷的磨损情况，电刷磨损程度已达到原电刷的2/3长度时，应更换电刷。

I. 常见故障与处理方法，详见表3-6所示。

表 3-6　同步电动机常见故障与处理方法

常见故障	故障原因	处理方法
电动机不能启动或者转速较额定值低	a. 开关合不上 b. 继电器动作 c. 定子绕组中或外部电路中有一相断路 d. 电机负载过大或所传动的机械有卡等故障	a. 操作合闸或电源回路故障 b. 继电器振动或整定值小 c. 切除电源，检查线路是否缺相，用仪表检查定子绕组 d. 检查电动机所传动的负载情况
同步电动机启动后不能拖入同步	a. 电网电压低 b. 开关接励磁装置的辅助接点闭合不良或励磁故障，没有直流输出 c. 转子回路接触不良或开路	a. 检查遇网电压 b. 切除电源，空投开关检查励磁输出题否符合规定 c. 测量转子回路电阻应符合要求，进行紧固检查
同步步电动机在运行中失步	其现象为： a. 电动机定子电流指示突然变得很大，且摆动 b. 转子电压，电流波动，或者为零，不能调节 c. 同步电动机发出不正常的响声，产生机械脉振	a. 检查带有"SBZ"可控硅失步保护装置 b. 停机检测硅励磁装置 c. 停机检查机械
同步步电动机启动或运行时，定子和转子之间的空气隙内出现火花冒烟	a. 由于定、转子空气隙超差，中心不正 b. 启动鼠笼条短路环脱焊或接触不良，罢子铜条断裂 c. 定子线圈匝间短路，转子线圈断线或接地	a. 停机检测定子与转子之间气隙是否符合要求 b. 停机找出脱焊或接触不良部位重新焊接 c. 抽芯检查更换故障线圈

续表

常见故障	故障原因	处理方法
在运行中出现局部过热或全部过热	a. 电动机过载。机械负荷超过额定负荷，电动机的电压、电流、功率因素、转速等的数值不正常 b. 定子铁芯部分硅钢片之间绝缘漆不良或有毛刺 c. 电动机受潮或浸漆后没烘干 d. 定子绕组有短路或接地故障 e. 电动机通风不良	a. 减少机械负荷，使定子电流不超过额定值。监视供电系统的电压、电流、功率因素，及时调整 b. 应检修定子铁芯 c. 对电动机进行彻底干燥 d. 找出故障线圈，更换局部和全部线圈 e. 应检查通风系统风扇旋转方向，风扇及风罩是否完好，安装是否牢固，通风孔是否堵塞
同步步电动机在运行中发生的事故停车	a. 电缆故障 b. 电动机定子绕组相间短路 c. 电流互感器二次回路有断线等故障 d. 电动机过负荷 e. 励磁装置故障 f. 电动机定子绕组接地	a. 电缆进行检查处理 b. 处理故障线圈 c. 检查电流互感器 d. 找出机械过负荷原因，并排除故障 e. 检查、调试励磁装置 f. 找出绕组接地点，处理线圈绝缘
同步步电动机发生剧烈的震动	a. 电动机所带机械找正不好 b. 轴承损坏 c. 所带的机械损坏 d. 转子的静平衡或动平衡不合格 e. 电动机基础不平，底脚螺丝松动	a. 重新机械找正 b. 更换轴承 c. 检修机械，排除故障 d. 调整静、动平衡 e. 检查基础水平程度，应正确、牢固、紧固地脚螺丝

3.3.4　任务实施

3.3.4.1　同步电动机的拆卸安装与维护保养

1. 设备器材

（1）工具：测电笔、螺钉旋具、尖嘴钳、斜口钳、剥线钳、电工刀、木槌、拉马、绕线机、刮线板等。

（2）仪表：MF47 型万用表、T301-A 型钳形电流表、5050 型兆欧表。

（3）设备器材：同步电动机及导线、编码套管等辅材若干。

2. 同步电动机的拆卸

（1）拆卸时必须注意将拆下的螺丝、销子、电刷、刷握、表计、电缆头以及垫片（包括绝缘垫片）按相应位置的配备情况做好定位标记的记录，以便装备时都能装复原。

（2）拆装转子时，所用钢丝绳不应碰到转子、轴承、风扇、滑环的线圈；

（3）检查与处理

a. 定、转子的铁芯、线圈、外壳及底座的内外应清洁，无尘土、油垢、杂物，可用干燥、不含油、0.2~0.3 MPa 压缩空气吹扫各处；

b. 检查线圈表面，线圈绝缘漆大量脱落时应重新喷绝缘漆，少量脱落时可在局部涂绝缘漆；

c. 检查端部绑扎线垫块，如有松动应处理，端部线圈与固定环应牢固；

d. 检查定子铁芯有无短路、过热及松动现象，如发现短路现象应用绝缘片隔开，并涂以绝缘漆；

e. 铁芯通风孔及风道应清洁、无尘垢及杂物阻塞；

f. 启动绕组铜条和端环的焊接应良好，无脱焊松动，无裂纹。转子上的平衡铁块应紧固，如为螺丝固定，应锁住。

3. 维护保养

（1）定子

a. 检查定子有无局部发热，用细锉锉去硅钢片上毛刺，修平卷边，把钢片表面刷净，干燥后涂绝缘漆；

b. 检查线圈、槽口部分有无松动或变色，端部线圈如有松动，均应重新加固和包扎；

c. 槽底垫条和层间垫条应牢固无松动，更换老化和松动的垫条。

（2）转子

a. 检查转子引线、磁极线圈是否有破损的绝缘，喷刷绝缘漆、干燥；

b. 进行绝缘测定，不合格者重新处理；

（3）滑环、刷握和电刷

a. 滑环表面不平整度在 0.2 mm 以内进行磨光，在 0.5 mm 时需车光；

b. 有深度铸孔或裂纹的滑环必须更换，否则在运行时会破裂和严重的损坏；

c. 滑环间的绝缘管和绝缘垫圈如被电弧烧焦，或失去绝缘性能，其绝缘电阻小于 1 MΩ 时应更换；

d. 对刷握、刷架的要求：刷握与滑环的距离应为 2.5±0.5 mm，刷握上的弹簧，弹性下降应另配弹簧，电刷应在滑环表面内工作，不得靠近滑环的边缘；

e. 同一电动机滑环上不应有不同牌号的电刷，电刷的压力调到不冒火花的最低压力，电刷与铜编带的连接，铜编带与刷架的连接应保证接触良好，并应牢固。

（4）轴承的拆卸、清洗和更换

a. 滚动轴承的拆卸，用专用工具拉下轴承，当内套与轴颈配合较紧时，在拆卸的同时，用 90 ℃左右的热机油浇于轴承内套；

b. 轴承清洗：一般用清洗剂或洗油清洗干净后，晾干；

c. 轴承工作表面磨损，间隙量超过最大允许值、轴承滚道或滚珠金属脱落、轴承零件变色、轴承保持架损坏时轴承必须更换；

d. 滚动轴承的装配：当更换电机轴承时，一般以原轴承型号为准；往轴上装配轴承时，应先洗干净再放在油槽内加热。加热时，温度上升不要过快。在半小时上升约 60~70 ℃后，保持半小时再继续加热，不能超过 90 ℃；应将有钢印的一面朝外，应用特制的钢管或铜棒顶住内套轻轻打；

e. 滑润脂：必须保持润滑脂清洁，保存于带密封盖的专用油桶内。

4. 装配

a. 电动机装配一般都按拆卸的相反顺序进行；

b. 装配时必须注意：定子内不得遗留任何工具和杂物，装入转子时要注意不要碰伤定子转子的线圈和铁芯。

5. 确认

装配好后确认装配及接线无误后可通电试运转，观测电动机的启动、转向情况。

6. 评分标准（见表3-7）

表3-7　同步电动机拆装与保养试运行评分

项目内容	配分	评分标准	扣分	得分
拆卸	30分	1. 拆卸方法步骤不对，每处扣5~10分 2. 拆卸时损坏零部件，每处扣5~20分 3. 拆卸时损坏定子绕组，扣10~30分		
内部结构好坏的评定	10分	1. 定子绕组好坏判定有误，扣5~10分 2. 转子好坏判定有误，扣5~10分 3. 滑环、刷握和电刷好坏判定有误，扣5~10分		
装配及线路连接	40分	1. 装配步骤不正确，扣5~10分 2. 装配时损失零部件，扣5~20分 3. 装配线路不正确，扣5~10分 4. 装配质量不合格，扣5~10分		
装配后的试运转	10分	通电运行不正常，每次扣10分		
安全文明操作	10分	视具体情况扣分		
操作时间	10分	规定时间为120 min，每超过5 min扣5分		
说明	除定额时间外，各项目的最高扣分不应超过配分数		成绩	
开始时间		结束时间	实际时间	

3.5　复习思考

1. 填空题

（1）同步电动机的检修类别包括：_____、_____和_____。

（2）电动机空载运行一般为_____小时。电动机负载运行，按最大可能负荷进行_____小时试运行。

2. 简答题

（1）简述同步电动机小修项目的内容。

（2）简述同步电动机中修项目的内容。

（3）简述同步电动机大修项目的内容。

（4）简述同步电动机的检查工艺与质量标准。

（5）简述同步电动机的试运行要求。

（6）简述同步电动机的维护要求。

（7）简述同步电动机常见故障处理方法。

 阅读拓展

世界最先进：中国研发出高铁永磁牵引技术！

历时 11 年，累计 1 000 万次试验，积累 150 G 数据，耗资 1 亿元，中国中车旗下株洲电力机车研究所有限公司（下称"株洲所"）攻克了第三代轨道交通牵引技术，即永磁同步电机牵引系统（下称"永磁牵引系统"），掌握完全自主知识产权，成为中国高铁制胜市场的一大战略利器。

2015 年 5 月 16 日，长沙地铁 1 号线使用的永磁同步电机成功交付。这是国内首次将永磁同步电机装载在整列地铁车辆投入装车应用。

中国工程院院士、株洲所总经理丁荣军透露，目前，株洲所已研发出可用于时速 500 公里的高铁动车的 690 kW 永磁牵引系统，即将小批量生产。这标志着我国成为继德、日、法等国之后，世界上少数几个掌握高铁永磁牵引系统技术的国家之一。

"中国具有完全自主知识产权的永磁牵引系统已经迈开产业化步伐，中国轨道交通的'永磁牵引时代'终于来临了。"丁荣军表示。从"地铁用"到"高铁用"："爬完衡山又去登珠峰"。

牵引传动系统在业内被称为"列车之心"，其性能在某种程度上决定了列车的动力品质、能耗和控制特性，也影响着列车的经济性、舒适性与可靠性，是节能升级的关键。

世界轨道交通车辆牵引系统的第一代是直流电机牵引系统，第二代是起步于 20 世纪 70 年代的交流异步电机牵引系统，为当前的主流技术。

株洲所副总经理冯江华介绍，"对轨道交通牵引技术来说，永磁牵引系统是一场革命，谁拥有永磁牵引系统，谁就拥有高铁的话语权。"

永磁牵引系统是列车的动力系统，由变流器和电机两大部分组成，其中变流器相当于列车的心脏，电机好比是列车的肌肉，电机主要负责传达动力，完成电能到机械能转变，带动列车平稳行驶。

目前，西门子、庞巴迪等国际设备制造商均将永磁牵引系统作为其研发方向。在这个新兴领域，中国并没有输在起点。

2003 年，有关永磁牵引系统的阐述第一次传入冯江华的耳朵。当时，该项技术尚处于理论研究阶段。然而，冯江华察觉到，永磁牵引系统必将取代交流异步电机牵引系统，必须迅速研发。当年，株洲所率先组建了国内第一支永磁牵引系统研发团队，"从零起步"。

株洲所基础与平台研发中心副主任许峻峰称，在交流异步电机牵引系统研发阶段，我国比国外落后了20来年；在更先进的永磁同步领域，"我们就像是没有车灯的汽车，在黑灯瞎火的山路上摸索，方向稍有把握不准，后果不仅仅是跑偏"。

"电机控温是项目进展最大的瓶颈。"许峻峰介绍，为避免水、灰尘、铁屑等腐蚀电机内部永磁体，电机采用全封闭结构，但由于电机功率太大，发热过高，永磁材料在高温、振动和反向强磁场等条件下，可能发生不可恢复性失磁的严重风险。"如果列车在高速运行时失磁，后果不可想象。"

冯江华回忆，"没有任何可以借鉴的资料，也缺少研发测试用的相关设备"，株洲所只能"摸着石头过河"，不少数据仍要依靠比较原始的笨办法。"比如说，电机升温试验一做就是五六个小时，电机温控数据就人工全程蹲守来记录，这样来慢慢积累。"冯江华称。

研发团队成立8年后，也就是2011年底，株洲所永磁牵引系统在沈阳地铁2号线成功装车，实现了国内轨道交通领域的首次应用，结束了中国铁路没有永磁牵引系统的历史。株洲所也成为我国唯一掌握自主永磁牵引系统全套技术的企业。截至2015年5月底，沈阳地铁2号线已无故障载客运营7万公里。

"顺利的话，中国高铁很快就能全面用上永磁牵引系统，不仅更节能，也更稳定，更安全。"李益丰称。

丁荣军对《中国经济周刊》介绍，2014年，株洲所的牵引系统在城市轨道列车市场占有率达57%，今后将逐步以永磁牵引系统取代异步电机系统。

株洲所下属的时代电气公司副总经理兼总工程师刘可安说："高效节能是永磁牵引系统最突出的优势。"数据显示，株洲所研发的690kW永磁同步电机，比目前主流的异步电机功率提高60%，电机损耗降低70%。

根据沈阳地铁2号线的实际运行数据，刘可安算了一笔账：一条地铁每年可节能折合400万元，"这就是利润，哪家单位会不愿意用？"

刘可安拿出的一份业内分析报告显示：到2020年前后，全国将建设约100条城市轨道交通线路。如果新建线路60%采用永磁牵引系统，预期的产值将达到100亿元，全国每年新线运营能耗将节约2.4亿元。

永磁系统在中央空调领域也展现出极强的替代优势。基于永磁变频传动系统的中央空调可实现节能40%。一台240 kW的中央空调，若每年运行4个月，一年至少可节约用电11.52万度。按全国40 000台中央空调测算，则一年即可节约用电46亿度，少排放46万吨二氧化碳。

自2009年启动研发以来，株洲所成功研制了世界上第一套中央商用空调永磁高速直驱系统，成为国内外唯一一家中央空调永磁驱动系统的供应商。截至2015年4月底，株洲所永磁系统在中央空调上已应用400多套。在今年4月的中国制冷展上，格力电器就将装载永磁同步变频热泵离心机的中央空调作为其高端产品推向市场。

永磁牵引系统的高效节能，让株洲所在电动汽车、风力发电、100%低地板现代有轨电车等领域也占据了市场竞争的高点。

冯江华称，永磁牵引系统的研发与产业化应用还在起步阶段，"今后，株洲所一方面是

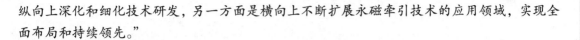

纵向上深化和细化技术研发，另一方面是横向上不断扩展永磁牵引技术的应用领域，实现全面布局和持续领先。"

多媒体链接

　　永磁同步高铁电机　　　　"大国工匠"——大勇不惧

项目 4
单相交流电动机的控制与调速技术

【知识目标】

1. 掌握单相交流电动机的组成结构与工作原理。
2. 掌握单相交流电动机的常用控制与调速方法。
3. 掌握单相交流电动机的常用控制、调速电路的安装与调试。
4. 掌握单相交流电动机的日常维护和常见故障检修方法。

【技能目标】

1. 学会安装调试单相交流电动机常用控制电路与调速电路。
2. 学会调试单相交流电动机控制、调速电路。
3. 学会对单相交流电动机进行日常维护。
4. 学会对常见故障进行检修。

【素质目标】

1. 培养良好的职业道德意识，培树良好的敬业精神；
2. 端正学风，培养热爱科学、不断进取、实事求是的求知精神；
3. 增强质量意识、效益意识和新技术意识，培养积极服务社会的责任感。

任务导入

　　单相异步电动机具有结构简单、成本低廉、运行可靠和维护方便等优点，并且可以直接在单相 220 V 交流电源上使用，因此被广泛用于办公场所、家用电器、医用电器等方面，并在工农业生产、商业以及其他领域中的应用也越来越广泛，如电风扇、洗衣机、电冰箱、吸尘器、抽排油烟机、电钻、小型机床、医疗器械等均需要由单相异步电动机驱动。家用单相异步电动机如图 4-1～图 4-4 所示。

图 4-1　壁扇电动机

图 4-2　台扇电动机

图 4-3　全自动洗衣机电动机

图 4-4　转页扇电动机

　　单相异步电动机的不足之处是与同容量的三相异步电动机相比，单相异步电动机体积较大、运行性能较差、效率较低。因此一般只制成小型和微型系列，所以单相异步电动机的容量较小，一般功率在几瓦到几百瓦之间。

　　本项目主要介绍单相异步电动机的控制与调速技术。

任务 4.1　单相异步电动机常用控制技术

4.1.1　任务目标

（1）了解单相异步电动机的结构与工作原理。

（2）掌握单相异步电动机常用控制线路的安装与调试。

4.1.2　任务内容

（1）了解单相异步电动机的结构原理。

（2）了解单相异步电动机的分类与启动方法。

（3）学会单相异步电动机启动控制电路的安装与调试。

（4）学会单相异步电动机反向运行控制电路的安装与调试。

4.1.3　必备知识

3.1.3.1　单相异步电动机的结构和工作原理

1. 单相异步电动机的结构

单相异步电动机的结构与三相笼型异步电动机相似，亦由定子和转子两大部分组成，还包括机壳、端盖、轴承等部件。但由于单相异步电动机往往与它所拖动的设备组合成一个整体，因此其结构各异。最典型的结构是它的转子为笼型结构，定子采用在定子铁芯槽内嵌放单相定子绕组的方式，如图 4-5 所示。

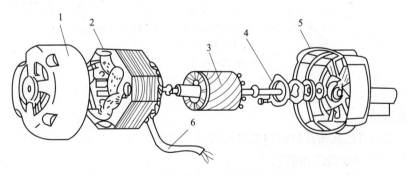

图 4-5　单相异步电动机的基本结构

1—前端盖；2—定子；3—转子；4—轴承盖；5—后端盖；6—导线

（1）定子。

单相异步电动机的定子由定子铁芯和定子绕组构成，如图 4-6 所示。

（2）转子。

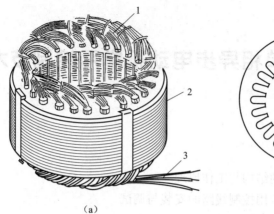
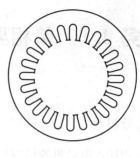

（a）　　　　　　　　　　　　　　　（b）

图 4-6　定子的结构及铁芯形状

（a）定子的结构；（b）定子铁芯硅钢片形状

1—定子绕组；2—定子铁芯；3—电源线

单相异步电动机的转子由转子铁芯、转子绕组和转轴构成，如图 4-7 所示。

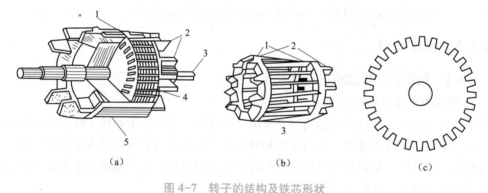

（a）　　　　　　　　　（b）　　　　　　　　　（c）

图 4-7　转子的结构及铁芯形状

（a）转子结构；

1—铝条；2—风叶；3—转轴；4—端环；5—转子铁芯

（b）笼型转子；

1—端环；2—风叶；3—铝条

（c）转子铁芯硅钢片形状

（3）其他部件。

单相异步电动机的其他部件还包括机壳和前、后端盖等。

2. 单相异步电动机的工作原理

单相异步电动机属于感应电动机，其工作原理与三相异步电动机一样，必须首先建立一个旋转磁场，才能驱动笼型转子旋转。单相异步电动机的电源是单相正弦交流电，当定子绕组中通过单相交流电时，其铁芯内产生一个交变的脉动磁场。这个磁场的磁感应强度的大小随着绕组上电流瞬时值的变化而变化，方向也随着电流方向的改变而改变，但磁场的方向始终与绕组轴线平行，并不会旋转。单相异步电动机定子绕组产生的磁场如图 4-8 所示。

由图 4-8 可知，定子绕组通电后产生的磁场是一个交变磁场，不是旋转磁场，故转子是不会转动的。也就是说：单相异步电动机没有启动转矩，不能自行启动。

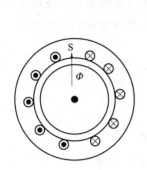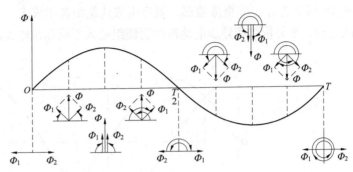

图 4-8　单相绕组的定子磁场

但是，我们可以将交变磁场分解成两个大小相等、方向相反的旋转磁场，如正向旋转的磁场对转子产生的转矩为 T_1，反向旋转的磁场对转子产生的转矩为 T_2，转子未转动时，正、反旋转磁场的转差率是相同的，都为 1。如图 4-9 所示，其 T_1、T_2 大小相等、方向相反，两转矩相互抵消。

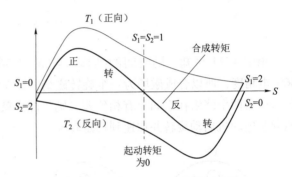

图 4-9　单相异步电动机的转矩特性

如果我们利用一个外力，使转子正向转一下，则两边的旋转磁场的转差率就不相等了，此时 $S_1<1$，而 $S_2>1$，$T_1>T_2$，其合成转矩不等于零，所以转子受到正向的转矩而转动起来。

我们可以给出以下结论：

（1）当转子静止时，单相异步电动机无启动转矩，若不采取其他措施，电动机不能启动。

（2）单相异步电动机一旦启动旋转，当合成转矩大于负载转矩时，则电动机在撤销启动措施后将自行加速并在某一稳定转速下运行。

（3）单相异步电动机稳定运行的旋转方向由电动机启动方向确定。

（4）由于存在反向转矩 T_2，起制动作用，使合成转矩减小，所以单相异步电动机的过载能力、效率、功率因素等均低于同容量的三相异步电动机，且机械特性变软、转速变化较大。

3.1.3.2　单相异步电动机的分类和启动方法

由于单相异步电动机的启动转矩为 0，所以需采用其他途径产生启动转矩。按照启动方法与相应结构不同，单相异步电动机可分为分相式或罩极式。

1. 单相分相式异步电动机

这种电动机是在电动机定子上安放两套绕组，一个是工作绕组 U1-U2，另一个是启动绕组 V1-V2，这两个绕组在空间上相差 90°电角度。启动绕组 V1-V2 串联适当的电阻或电容器后再与工作绕组 U1-U2 并联于单相交流电源上，并尽量设计成在 U1-U2 与 V1-V2 绕组中流进大小相等、相位相差 90° 电角度的正弦电流，即 $i_U = I_m\sin\omega t$，$i_V = I_m\sin(\omega t + 90°)$。图 4-10 所示为 i_U、i_V 电流波形。规定电流从绕组首端流入、末端流出时为正，选取几个不同的时刻，来分析单相异步电动机两套绕组通入不同相位电流时，产生合成磁场的情况。

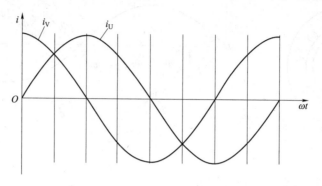

图 4-10　i_U、i_V 电流波形

由图 4-11 可知，随时间的推移，当 ωt 经 360° 电角度后，合成磁场在空间也转过了 360° 电角度，所以合成磁场为一个旋转磁场。该旋转磁场的旋转速度也为 $n_1 = 60f_1/p$。同理可知，若两个绕组在空间上有相位差，则气隙中就会产生旋转磁场。在旋转磁场作用下，单相异步电动机启动旋转并加速到稳定转速。

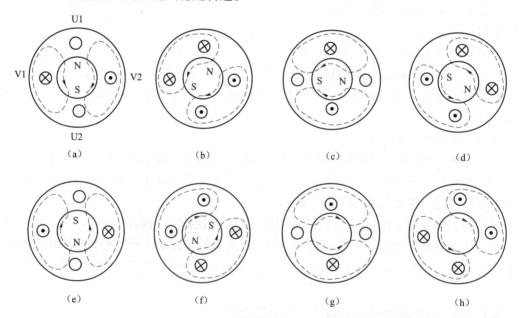

图 4-11　单相异步电动机的旋转磁场

（a）$\omega t = 0$；（b）$\omega t = \dfrac{\pi}{4}$；（c）$\omega t = \dfrac{\pi}{2}$；（d）$\omega t = \dfrac{3\pi}{4}$；（e）$\omega t = \pi$；（f）$\omega t = \dfrac{5\pi}{4}$；（g）$\omega t = \dfrac{3\pi}{2}$；（h）$\omega t = \dfrac{7\pi}{4}$

启动绕组一般按短时运行设计，故在启动绕组中串有离心开关或继电器触头，在电动机转速达到 75%～80% 额定转速时，开关自动断开，使启动绕组脱离电源，以后由工作绕组单独运行。图 4-12 所示为离心开关结构示意图。

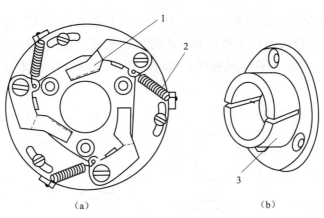

图 4-12 离心开关结构示意图

（a）旋转部分；（b）静止部分

1—指形铜触片；2—拉力弹簧；3—半圆形铜环

单相分相异步电动机按其串接在启动绕组中的元件不同，有电阻分相式与电容分相式两种。

1）单相电阻分相式异步电动机

这种电动机工作绕组 U1-U2 导线粗、电阻小，启动绕组 V1-V2 导线细、电阻大，或在启动绕组支路中串入适当电阻来增加该支路电阻值，然后并接于同一单相交流电源上。如图 4-13（a）所示，图中 R 为外串电阻，S 为离心开关动断触头。

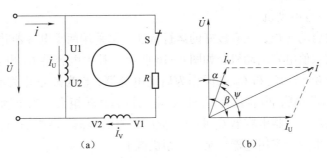

图 4-13 单相电阻分相式异步电动机

（a）接线图；（b）向量图

启动时，由于工作绕组和启动绕组两条支路阻抗不同，流过两个绕组的电流 $\dot{I}_U$、$\dot{I}_V$ 相位不同，从图 4-13（b）可以看出，$\dot{I}_U$ 与 $\dot{I}_V$ 之间的相位差小于 90° 电角度，故可以产生椭圆形旋转磁场，产生的启动转矩较小，启动电流却较大。电动机启动后，当转速达到一定值时，离心开关 S 触头打开，将启动绕组从电源上切除，剩下工作绕组正常工作，单相异步电动机进入稳定运行状态。

2）单相电容分相式异步电动机

这种电动机启动绕组串接一个电容器后与工作绕组并接在同一单相交流电源上，如图 4-14（a）所示。如果电容器电容量选择适当，可使启动绕组中的电流 $\dot{I}_V$ 超前于工作

绕组中电流 $\dot{I}_U$ 90°电角度，如图 4-14（b）所示。这就能在启动时获得一个较接近圆形的旋转磁场，从而获得较大的启动转矩和较小的启动电流。当转速达到一定值时，离心开关 S 动断触头断开，将启动绕组从电源上切除，剩下工作绕组，单相异步电动机进入稳定运行状态。

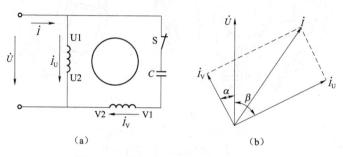

图 4-14　单相电容分相式异步电动机

（a）接线图；（b）向量图

3）单相电容运转电动机

若将电容分相式电动机的启动绕组设计成长期工作制，且在启动绕组支路中不串接离心开关常闭触头，就成为单相电容运转电动机，如图 4-15 所示。此种电动机定子气隙磁场较接近圆形旋转磁场，所以其运行性能有较大改善，无论效率、功率因数、过载能力都比普通单相电动机高，运行也较平稳。一般 300 mm 以上的电风扇电动机和空调器压缩机电动机均采用这种运行方式的电动机。

4）单相双值电容电动机

为获得较大的启动转矩，又有较好的运行特性，常采用两个电容器并联后再与启动绕组串联，这就是单相双值电容电动机，如图 4-16 所示。其中电容器 C_1 电容量较大；C_2 为运行电容器，电容量较小。C_1 和 C_2 共同作为启动电容器，S 为离心开关动断触头，启动时，C_1 和 C_2 两个电容器并联，电容量为 C_1+C_2，电动机启动转矩大。当电动机转速达到一定值时，离心开关触头断开，将电容器 C_1 断开，此时只有电容器 C_2 接入运行。因此电动机具有良好的运行性能，常用于家用电器、泵、小型机械上。

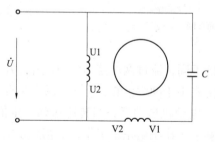

图 4-15　单相电容运转电动机

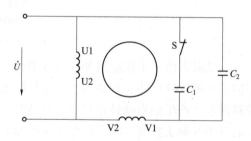

图 4-16　单相双值电容电动机

2. 单相罩极式异步电动机

单相罩极式异步电动机按磁极形式分，有凸极式与隐极式两种，其中以凸极式最为常见，如图 4-17 所示。这种电动机定、转子铁芯均由 0.5 mm 厚的硅钢片叠制而成，转子为笼型结构，定子做成凸极式，在定子凸极上装有单相集中绕组，即为工作绕组。在磁极极靴的 1/3～1/4 处开有小槽，槽中嵌有短路铜环，短路环将部分磁极罩起来，这个短路铜环称为罩极线圈。

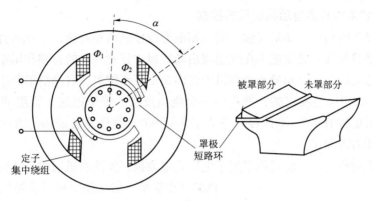

图 4-17 单相罩极凸极式异步电动机

当工作绕组通入单相交流电流时，产生脉振磁通 $\dot{\Phi}$，$\dot{\Phi}=\dot{\Phi}_1+\dot{\Phi}_2$，其中 $\dot{\Phi}_1$ 为由工作绕组产生的穿过未罩部分极面的磁通，$\dot{\Phi}_2$ 为由工作绕组产生穿过罩极线圈包围极面的磁通，$\dot{\Phi}_2$ 将在罩极线圈中产生感应电动势 $\dot{E}_K$，流过感应电流 $\dot{I}_K$，由 $\dot{I}_K$ 产生磁通 $\dot{\Phi}_K$。这样，使穿过罩极线圈罩住极面的磁通 $\dot{\Phi}_2'=\dot{\Phi}_2+\dot{\Phi}_K$，而穿过未罩极面的磁通仍为 $\dot{\Phi}_1'$，其结构示意图如图 4-18（a）所示，磁通向量分析如图 4-18（b）所示。由图 4-18（b）可知，$\dot{\Phi}_1'$ 与 $\dot{\Phi}_2'$ 在空间上处于不同位置，在时间上也有时间差，所以它们的合成磁场是旋转的，只是一个椭圆形旋转磁场，整个磁极的磁力线从未罩着的部分移向罩着的部分。在该磁场作用下，电动机将获得一定的启动转矩，使电动机启动旋转。因此这种电动机的旋转方向总是从磁极的未罩部分转向磁极被罩部分，其转向是不能改变的。

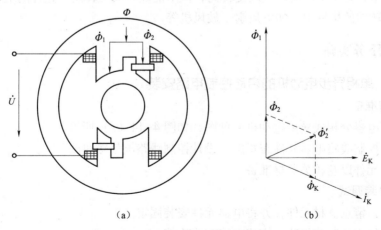

图 4-18 单相罩极凸极式异步电动机原理分析图

（a）结构示意图；（b）磁通向量图

单相罩极式异步电动机结构简单，制造方便，噪声小，且允许短时过载运行。但启动转矩小，且不能实现正反转，常用于小型电风扇上。

3.1.3.3 单相异步电动机的反转

1. 对分相式单相异步电动机的反转控制

对于三相异步电动机，如果将输入的三相电源线任意两相对调，电动机就可以反转。若使单相异步电动机反转，必须把工作绕组或启动绕组中任意一个的首端和尾端对调，方能使电动机反转。这是因为，单相异步电动机的转向是由工作绕组、启动绕组产生的磁场在时间上有接近于90°的相位差决定的，把其中一个绕组反接，等于把这个绕组的磁场相位改变180°。如果原来是超前90°，则改接后变成了滞后90°，这样旋转磁场的方向就改变了，转子的转向也就跟着改变了。

单相异步电动机的正反转控制多用于电容式电动机，如洗衣机用的电动机。电容式电动

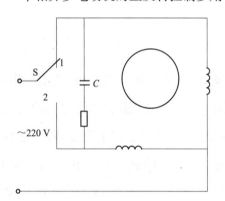

图4-19 单相异步电动机的正反转原理图

机的工作绕组、启动绕组可以交换使用，把启动绕组当成工作绕组使用时，它的旋转磁场改变了旋转方向，电动机也就改变了转向。单相电容式电动机的控制电路也比较简单，它的正反转控制接线图如图4-19所示。如果开关S接触点1为正转，那么开关S接触点2电动机就反转。这样接，相当于每变化一次工作绕组（或启动绕组）就反接一次。

2. 对罩极式单相异步电动机的反转控制

罩极式单相异步电动机的转向由定子磁极的结构决定，一般情况下，不能用改变外部接线的方法改变电动机的转向。尤其是凸极式，罩极部分已经固定，如果一定要改变转向，在允许和可能的情况下将定子铁芯从机座中抽出，调转180°再装进去，这样就可以使凸极式罩极异步电动机反转了。对于隐极式罩极电动机，还可以通过改变启动绕组在定子槽内的位置改变转向，但不能随时改变转向。这样的电动机一般都装在不需要改变转向的机械中，如电风扇、鼓风机等。

4.1.4 任务实施

4.1.4.1 单相异步电动机的启动控制电路安装

1. 安装前准备

（1）单相电容分相式异步电动机原理图，如图4-14（a）所示。

（2）设计控制线路电器元件布置图，设计控制线路电气接线图。

（3）电器元件以及相关器材准备。

2. 电路安装调试

（1）检查、清点器材元件，并将电器元件安装固定。

（2）按电气安装工艺规范，实施电路布线连接。

（3）检查无误后，经过老师复查，并在老师指导下通电试验。

（4）将S常闭触头断开，再通电试验，记录结果并分析。

3. 试验结束

拆除各接线，然后整理训练场地，恢复原状。

4.1.4.2 单相异步电动机正反向运行的控制电路安装

1. 用倒顺开关控制单相异步电动机正反向运行控制电路的安装

（1）倒顺开关接线图，如图4-20所示。

（2）电动机接线图，如图4-21所示。

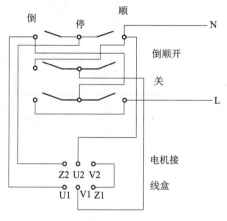

图4-20 倒顺开关接线图

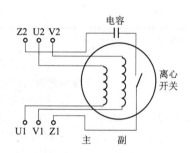

图4-21 电动机接线图

（3）按照工艺要求，安装接线。

（4）安装完毕的控制线路板，必须按要求进行认真检查，确保无误后才允许通电试车。

（5）等电动机停转后，先拆除电源线，再拆除电动机接线，然后整理训练场地，恢复原状。

2. 用接触器控制单相异步电动机正反向运行的控制电路安装

（1）控制接线原理图，如图4-22所示。

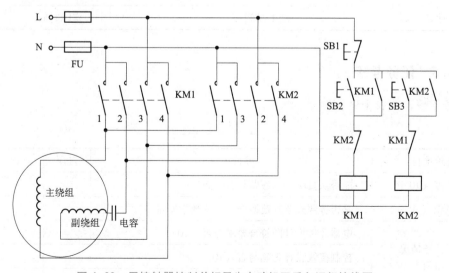

图4-22 用接触器控制单相异步电动机正反向运行接线图

（2）设计控制线路电器元件布置图，设计控制线路电气接线图。

（3）准备电器元件、线材等并清点、检查。

（4）按照工艺要求，安装接线。

（5）安装完毕的控制线路板，必须按要求进行认真检查，确保无误后才允许通电试车。如若在通电试验过程中出现故障，学生应独立进行调试、排故。

（6）等电动机停转后，先拆除电源线，再拆除电动机接线，然后整理训练场地，恢复原状。

4.1.4.3 评分标准

电气安装调试评分，如表4-1所示。

表4-1 安装接线评分

项目内容	配分	评分标准	扣分	得分
安装接线	40分	1. 按照元件明细表配齐元件并检查质量，因元件质量问题影响通电，一次扣10分。 2. 不按电路图接线，每处扣10分。 3. 不按工艺要求接线，每处扣5分。 4. 接点不符合要求，每处扣2分。 5. 损坏元件，每个扣5分。 6. 损坏设备此项分全扣		
通电试车	40分	1. 通电一次不成功，扣10分。 2. 通电二次不成功，扣20分。 3. 通电三次不成功，扣40分		
安全文明操作	10分	视具体情况扣分		
操作时间	10分	规定时间为120 min，每超过5 min扣5分		
说明	除定额时间外，各项目的最高扣分不应超过配分数		成绩	
开始时间		结束时间	实际时间	

4.1.5 任务考核

任务考核，按表4-2实施。

表4-2 任务考核评价

评价项目	评价内容	自评	互评	师评
学习态度（10分）	能否认真听讲、答题是否全面			
安全意识（10分）	是否按照安全规范操作并服从教学安排			
完成任务情况（70分）	电器元件设计图符合要求与否（10）			
	控制接线设计正确与否（10）			
	电器元件准备正确与否（10）			

续表

评价项目	评价内容	自评	互评	师评
完成任务情况 （70分）	电路安装正确与否（10）			
	试车操作过程正确与否（10）			
	调试过程中出现故障检修正确与否（10）			
	通电试验后各项工作完成如何（10）			
协作能力（10分）	与同组成员交流讨论解决了一些问题			
总评	好（85～100），较好（70～85），一般（少于70）			

4.1.6　复习思考

1. 判断题

（1）单相异步电动机没有启动转矩。（　　）

（2）单相异步电动机是不能自行转动的。（　　）

（3）要使单相异步电动机反转，只需将交流电源 L、N 二根线对调即可。（　　）

（4）单相电容电动机启动后进入正常运行，若此时启动绕组断线，则电动机将停止运行。（　　）

（5）单相电容启动电动机启动后进入正常运行，若此时启动绕组开路，则电动机转子转速会减慢。（　　）

（6）凸极式罩极单相异步电动机，由于它的结构决定，一般是不能改变电动机转向的。（　　）

2. 选择题

单相异步电动机通电后产生的磁场是（　　）。

A. 旋转磁场　　　　B. 恒定磁场　　　　C. 脉动磁场　　　　D. 不定磁场

3. 简答题

（1）简述单相异步电动机的基本结构组成。

（2）单相分相式异步电动机有哪几种启动形式？

（3）离心开关是如何切除启动绕组的？

（4）请简述用接触器控制单相异步电动机正反向运行原理。

任务 4.2　单相交流电动机的调速技术

4.2.1　任务目标

（1）掌握单相异步电动机常用调速控制方法。

（2）能安装调试单相异步电动机常用调速电路。

4.2.2　任务内容

（1）了解单相异步电动机调速原理和方法。
（2）学会安装调试电感调速控制电路。
（3）学会安装调试晶闸管调速控制电路。

4.2.3　必备知识

单相异步电动机可以通过改变电源电压或改变电动机结构参数的方法，来改变电动机转速。常用的调速方法有两种：一是外电路降压法；二是通过改变定子绕组的匝数调速。

1. 外电路降压调速

（1）串联电抗调速。如图4-23所示，将电动机工作绕组、启动绕组并联后再与电抗器串联。当调速开关接高速挡时，电动机绕组直接接电源，转速最高；当调速开关接中、低速挡时，电动机绕组串联不同的电抗器，总电抗有所增大，转速降低。

用此方法调速比较灵活，电路结构简单，维修方便，但需要专用电抗器，成本高，耗能大，低速启动性能差。

（2）采用PTC零件调速。图4-24所示为具有微风挡的电风扇调速电路。微风是指风扇在500 r/min以下送出的风，如果采用一般的调速方法，电动机在这样低的转速下很难启动。常温下PTC电阻很小，电动机在微风挡直接启动，启动后，PTC阻值增大，使电动机进入微风挡运行。

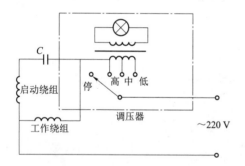

图4-23　串联电抗法调速原理图

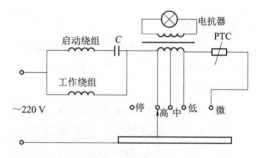

图4-24　采用PTC零件调速的原理图

（3）晶闸管调压调速。晶闸管调压调速是通过改变晶闸管的导通角 α 来改变电动机的电压（其电压波形如图4-25所示），从而改变电压的有效值，以达到调速的目的。图4-26所示为吊扇使用的双向晶闸管调压调速电路。

2. 绕组抽头法调速

绕组抽头法调速实际上是把电抗器调速法的电抗嵌入定子槽中，通过改变中间绕组与工作绕组、启动绕组的连接方式，来调整磁场的大小和椭圆度，从而调节电动机的转速。采用这种方法调速，节省了电抗器，成本低、功耗小、性能好，但工艺较复杂。实际应用中有L形和T形绕组抽头调速两种方法。

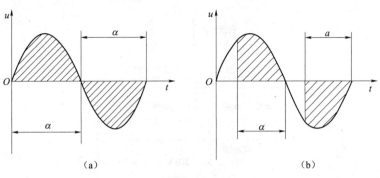

图4-25 改变晶闸管导通角 α 的电压波形

(a) $\alpha=180°$；(b) $\alpha<180°$

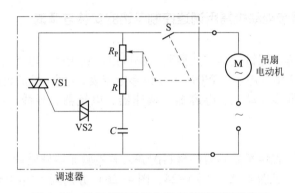

图4-26 吊扇使用的双向晶闸管调压调速电路

（1）L形绕组的抽头调速原理如图4-27（a）～图4-27（c）所示。

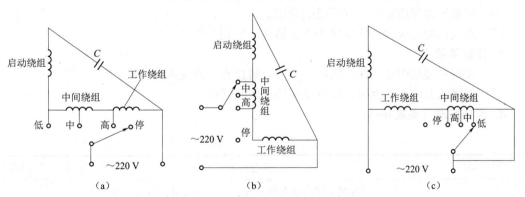

图4-27 L形绕组的抽头调速原理

(a) L-1形；(b) L-2形；(c) L-3形

（2）T形绕组的抽头调速原理如图4-28所示。

3. 其他调速方法

其他调速方法还有自耦变压器调压调速、串电容器调速和变极调速等。

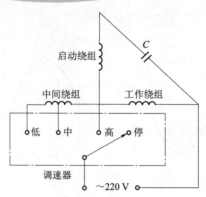

图 4-28　T 形绕组的抽头调速原理图

4.2.4　任务实施

4.2.4.1　单相异步电动机常用调速控制电路的安装与调试

1. 设备器材

（1）工具：测电笔、螺钉旋具、尖嘴钳、斜口钳、剥线钳、电工刀等。

（2）仪表：MF 47 型万用表、T301-A 型钳形电流表、5050 型兆欧表。

（3）器材：单相异步电动机、电容器、调速器、电抗器、导线、编码套管及各种规格的紧固件等辅材若干。

2. 训练步骤

（1）按元器件明细表将所需元器件材料配齐，并检验元器件质量。

（2）根据电路图（见图 4-23、图 4-24、图 4-26）分别画出接线图。

（3）根据接线图按照工艺要求进行规范安装布线。

（4）自检安装布线的正确性和美观性。

（5）可靠连接电动机及元器件不带电金属外壳的保护接地线。

（6）经指导教师检查后，方可通电调试。

（7）通电试验完成后，拆除导线及元器件，整理工作台。

3. 注意事项

（1）在整个过程中必须保证清洁、干净，防止有杂物进入电动机。

（2）连接线必须正确无误，而且要牢固并包好绝缘。

4. 评分标准（见表 4-3）

表 4-3　电路安装接线评分

项目内容	配分	评分标准	扣分	得分
安装接线	60 分	1. 按照元件明细表配齐元件并检查质量，因元件质量问题影响通电一次扣 10 分。 2. 不按电路图接线扣 10 分。 3. 不按工艺要求接线每处扣 10 分。 4. 接点不符合要求每处扣 5 分。 5. 损坏元件每个扣 10 分。 6. 损坏设备此项分全扣		

续表

项目内容	配分	评分标准	扣分	得分
通电试车	20 分	1. 通电一次不成功扣 10 分。 2. 通电二次不成功扣 20 分		
安全文明操作	10 分	视具体情况扣分		
操作时间	10 分	规定时间为 80 min，每超过 5 min 扣 5 分		
说明	除定额时间外，各项目的最高扣分不应超过配分数		成绩	
开始时间		结束时间	实际时间	

4.2.4.2　单相异步电动机晶闸管调速电路的安装与调试

1. 简易调速电路安装与调试

（1）简易调速电路原理图，如图 4-29 所示。

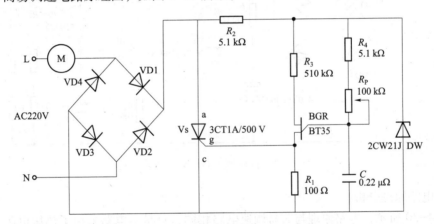

图 4-29　单相异步电动机简易调速电路原理图

（2）电路原理分析。

VD1～VD4 构成一个桥式全波整流电路，电桥与电动机串联在电路中，电桥对可控硅 Vs 提供全波整流电压。当 Vs 接通时，电桥呈现本电动机串联的低阻电路。电动机两端的电压大小主要决定于可控硅 Vs 的导通程度，只要改变可控硅的导通角，就可以改变 Vs 的压降，电动机两端的电压也会发生变化，达到调压调速的目的。

可控硅 Vs 的触发脉冲，依靠单结晶体管 BGR 触发电路产生。稳压管 DW 电压提供触发电路电源。电容器 C 通过电阻 R_4 和电位器 R_P 充电，当 C 充电到单结晶体管的峰点电压时，单结晶体管就触发，输出脉冲而使可控硅导通，使得电动机转动。调节 R_P 可以调节电动机转速。

（3）电器元件的准备。

（4）电器元件的安装。

① 清点、检查器材元件。

② 设计单相异步电动机调速电器元件布置图。

③ 根据工艺规范安装电路。

（5）调速电路通电试验、调试排故。

① 安装完毕控制电路后，必须按要求进行认真检查，确保无误后才允许通电试车。

② 经指导教师复查认可，且在场监护的情况下进行通电试验。

③ 如若在通电试验过程中出现故障，学生应独立进行调试、排故。

④ 等电动机停转后，先拆除电源线，再拆除电动机接线，然后整理训练场地，恢复原状。

2. 电风扇自动调速电路安装与调试

（1）自动调速电路原理图，如图 4-30 所示。

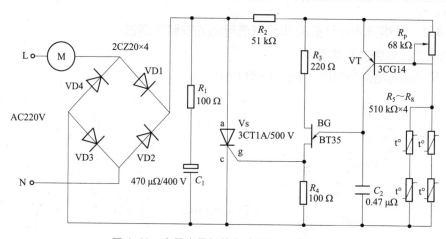

图 4-30　电风扇晶闸管自动调速电路原理图

（2）电路原理分析。

如图 4-30 所示，电路原理与简易调速电路相同，只是本电路采用了热敏电阻 $R_5 \sim R_8$，当环境温度上升或下降时，其电阻值发生变化，导致 VT 的电压不断变化，促使可控硅导通角前后移动，从而改变了电扇两端的电压，风扇电动机的转速即随之变化。当环境温度上升时，电风扇转速高，反之则低。

（3）电器元件的准备。

（4）电器元件的安装：

① 清点、检查器材元件。

② 设计电风扇晶闸管自动调速电路电器元件布置图。

③ 根据工艺规范安装电路。

（5）调速电路通电试验、调试排故。

① 安装完毕控制电路后，必须按要求进行认真检查，确保无误后才允许通电试车。

② 经指导教师复查认可，且在场监护的情况下进行通电试验。

③ 如若在通电试验过程中出现故障，学生应独立进行调试、排故。

④ 等电动机停转后，先拆除电源线，再拆除电动机接线，然后整理训练场地，恢复原状。

（6）注意：模拟环境温度升高，可以用一把热的电烙铁靠近热敏电阻，热敏电阻变高时，风扇转速变快。电烙铁离开热敏电阻，温度降低，转速应变慢，工作时 R_P 应调到适当位置。

（7）评分标准（略）。

4.2.5　任务考核

任务考核按表 4-4 进行。

表 4-4　任务考核评价

评价项目	评价内容	自评	互评	师评
学习态度（10分）	能否认真听讲、答题是否全面			
安全意识（10分）	是否按照安全规范操作并服从教学安排			
完成任务情况 （70分）	安装接线图设计符合要求与否（10）			
	电器线路安装正确与否（10）			
	电子电路安装正确与否（10）			
	通电试验正确与否（10）			
	电器元件识别与测量正确与否（10）			
	调试过程中出现故障检修正确与否（10）			
	通电试验后各项工作完成如何（10）			
协作能力（10分）	与同组成员交流讨论解决了一些问题			
总评	好（85～100），较好（70～85），一般（少于70）			

4.2.6　复习思考

1. 判断题

（1）串联稳压电路的输出电压可以任意调节。（　　）

（2）我们知道，电流表应该串于电路中才能测量，可是钳形电流表就不需要。（　　）

2. 选择题

（1）在图 4-29 电路中，电阻 R_2 的作用是（　　）。

A. 既限流又降压　　　　　　　　　　B. 既限流又调压

C. 既降压又调压　　　　　　　　　　D. 既调压又调流

（2）电子设备的输入电路与输出电路尽量不要靠近，以免发生（　　）。

A. 短路　　　　　B. 击穿　　　　　C. 自激振荡　　　　　D. 人身事故

（3）线圈自感电动势的大小与（　　）无关。

A. 线圈中电流的变化率　　　　　　　B. 线圈的匝数

C. 线圈周围的介质　　　　　　　　　D. 线圈的电阻

（4）电子设备防外界磁场的影响一般采用（　　）材料做成磁屏蔽罩。

A. 顺磁　　　　　B. 反磁　　　　　C. 铁磁　　　　　D. 绝缘

3. 简答题

（1）单相异步电动机有哪几种调速方法？

（2）简述晶闸管简易调速电路原理。

（3）电抗器的作用是什么？

任务4.3　单相交流电动机的维护与检修技术

4.3.1　任务目标

（1）进一步掌握单相异步电动机的结构。

（2）掌握单相异步电动机日常维护与常见故障检修方法。

4.3.2　任务内容

（1）能够拆装单相异步电动机。

（2）学会检查分析单相异步电动机在运行中的故障。

（3）能够用适当的方法排除单相异步电动机常见故障。

（4）能够正常维护单相异步电动机。

4.3.3　必备知识

这里仅介绍单相异步电动机的维修和分相式单相异步电动机的常见故障检修，其他可以举一反三。

4.3.3.1　单相异步电动机的维修

单相异步电动机的运行维护和保养与三相异步电动机基本相似。但是单相异步电动机在结构上有它的特殊性：有启动装置，包括离心开关和启动继电器；有启动绕组和启动电容器；电动机功率小，定、转子间气隙也小。所以其具体维护保养和故障检修的方法，也有别于三相异步电动机。

1. 维修注意事项

（1）改变分相式单相异步电动机的旋转方向，应在电动机静止时或电动机的转速降低到离心开关的触点闭合后，再改变电动机的接线。

（2）单相异步电动机接线时，应正确区分主、副绕组，并注意它们的首尾端。若绕组出线端的标志已脱落，电阻大的绕组一般为副绕组。

（3）更换电容时，应注意电容器的型号、电容量和工作电压，使之与原规格相符。

（4）拆装离心开关时，用力不能过猛，以免离心开关失灵或损坏。

（5）离心开关与后端盖必须紧固，开关板与定子绕组的引线焊接必须可靠。

（6）紧固后端盖时，应注意避免后端盖的止口将离心开关的开关板与定子连接的引线切断。

2. 离心开关的检修

（1）离心开关短路的检修。

如果离心开关短路，将会造成副绕组烧毁。

造成离心开关短路的原因：有可能是机械构件磨损、变形；有可能是动、静触头烧熔黏结；也有可能是簧片式开关的簧片过热失效、弹簧过硬；还有可能是甩臂式开关的铜环极间绝缘击穿以及电动机转速达不到额定转速的80%等。

离心开关短路故障检修：将电流表串入在副绕组线路中，电动机运行时副绕组中仍有电流通过，说明离心开关触头失灵。此时应查明原因进行修理。

（2）离心开关断路的检修。

离心开关断路，电动机将无法启动。

造成离心开关断路的原因：触头簧片过热失效、触头烧坏脱落；弹簧失效以致无足够张力使触头闭合；机械机构卡死；动、静触头接触不良；接线螺钉松动或脱落，以及触头板断裂等。

离心开关断路故障检修：正常副绕组的电阻为几百欧左右，如果用万用表测出电阻很大，说明启动回路有断路现象。可以拆开端盖，直接测量副绕组的电阻，如果电阻值正常，说明离心开关发生断路故障，再查明原因，寻找出故障点，修复。

3. 电容器的检修

（1）电容器常见故障。

① 击穿：电容器长期工作在超额电压状态下，使电容器绝缘介质被击穿而造成短路。

② 断路：电容器由于使用、维护不当，致使引线、引线端头等受潮腐蚀、霉烂等，引起接触不良或断路。

（2）检查方法。

将万用表接到"R×10 kΩ"或"R×1 kΩ"挡，先用导线或其他金属短接电容器进行放电，再用万用表两表笔测电容器两出线端。根据指针摆动可以判断：

① 指针先大幅摆向电阻零位，再慢慢返回∞处，说明电容器完好。

② 若指针不动，说明电容器已断路。

③ 若指针摆到电阻零位不返回，说明电容器已被击穿。

④ 若指针摆到某较小电阻处不再返回，说明电容器漏电流较大。

4.3.3.2　分相式单相异步电动机常见故障及排除

1. 电源电压正常，电动机不能启动

故障原因分析：

（1）电动机引出线或绕组断路；

（2）离心开关的触点闭合不上；

（3）电容器短路、断路或电容量不够；

（4）轴承严重损坏；

（5）电动机严重过载；

（6）转轴弯曲。

故障排除方法：

（1）认真检查引出线、工作绕组、启动绕组，将断路处重新焊接好；

（2）修理触点或更换离心开关；

（3）更换同型号的电容器；

（4）更换新轴承；

（5）检查负载，寻找过载原因，消除过载现象；

（6）消除弯曲或更换转子。

2. 电动机能启动或在外力下能启动，但启动迟缓且转向不定

故障原因分析：

（1）启动绕组断路；

（2）离心开关上触点闭合不上；

（3）电容器断路；

（4）主电极断路。

故障排除方法：

（1）查出断路处，重新焊接好；

（2）检修调整触点或更换离心开关；

（3）更换同型号电容器；

（4）检查断路处，重新焊接好。

3. 电动机转速低于正常转速

故障原因分析：

（1）电源电压过低；

（2）工作绕组接地或短路；

（3）启动后离心开关触头断不开，启动绕组未脱离电源；

（4）工作绕组接线错误；

（5）电动机负载过大或电动机定子与转子相擦；

（6）电动机轴承损坏。

故障排除方法：

（1）检查电源，恢复正常供电；

（2）检查短路处，给予修复或重绕；

（3）检查调整触点或更换离心开关；

（4）检查错误并更正；

（5）检查过载原因并消除；

（6）更换新轴承。

4. 启动后电动机很快发热，甚至烧毁

故障原因分析：

（1）工作绕组接地或短路或与启动绕组短路；

（2）启动后，离心开关的触点断不开，使启动绕组长期运行而发热，甚至烧毁；

（3）两个绕组相互接错；

（4）电源电压过高或过低；

（5）电动机严重过载；

（6）电动机环境温度过高；

（7）电动机通风不畅；

（8）电动机受潮或浸漆后未烘干；

（9）定、转子铁芯相互摩擦或轴承损坏。

故障排除方法：

（1）查出短路处，修复或重绕绕组；

（2）修整离心开关的触点或更换离心开关；

（3）检查二绕组的接线，纠正；

（4）检查电源，待恢复后再使用；

（5）检查过载原因并消除；

（6）降低环境温度或降低电动机的容量使用；

（7）清理通风道，恢复被损坏的风叶、风罩等；

（8）重新进行烘干；

（9）检查相擦原因，予以排除或更换轴承。

4.3.4 任务实施

4.3.4.1 电扇电动机的拆卸安装与维护保养

1. 设备器材

（1）工具：测电笔、螺钉旋具、尖嘴钳、斜口钳、剥线钳、电工刀、木槌、拉马、绕线机、刮线板等。部分工具如图4-31所示。

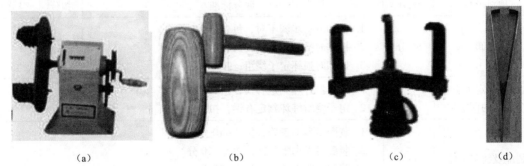

（a） （b） （c） （d）

图4-31 单相异步电动机拆装工具

（a）绕线机；（b）木槌；（c）拉马；（d）刮线板

（2）仪表：MF47型万用表、T301-A型钳形电流表、5050型兆欧表。

（3）设备器材：单相异步电动机及导线、编码套管等辅材若干。

2. 电扇电动机的拆卸

（1）拆除上下端盖之间的紧固螺钉。

（2）取出上端盖。

（3）取出内定子铁芯和定子绕组组件。

（4）使外转子与下端盖脱离。

（5）取出滚动轴承。

3. 维护保养

（1）检查启动电容器的好坏。

（2）测定定子绕组绝缘电阻值，将测得的绝缘电阻值记入表4-5中。

表4-5　测得的绝缘电阻值

项目	工作绕组、启动绕组之间	工作绕组对地	启动绕组对地
绝缘电阻值			

（3）滚动轴承的清洗及加润滑油。

（4）各部分清洗干净，并检查完好。

4. 装配

按与拆卸相反的步骤进行装配。

5. 确认

装配好后确认装配及接线无误后可通电试运转，观测电动机的启动、转向情况。

6. 注意事项

（1）在拆卸时注意记录电源及电容的接线方式，以免出错。

（2）拆装时不可用力过猛，以免损坏零部件。

（3）装配好后调试时注意电动机的转向及转速。

7. 评分标准（见表4-6）

表4-6　风扇电机拆装与保养试运行评分

项目内容	配分	评分标准	扣分	得分
拆卸	30分	1. 拆卸方法步骤不对，每处扣5~10分。 2. 拆卸时损坏零部件，每处扣5~20分。 3. 拆卸时损坏定子绕组，扣10~30分		
电容器及定子绕组好坏的评定	10分	1. 电容器好坏判定有误，扣5~10分。 2. 定子绕组好坏判定有误，扣5~10分		
装配及线路连接	40分	1. 装配步骤不正确，扣5~10分。 2. 装配时损失零部件，扣5~20分。 3. 装配线路不正确，扣5~10分。 4. 装配质量不合格，扣5~10分		
装配后的试运转	10分	通电运行不正常，每次扣10分		
安全文明操作	10分	视具体情况扣分		
操作时间	10分	规定时间为120 min，每超过5 min扣5分		
说明	除定额时间外，各项目的最高扣分不应超过配分数		成绩	
开始时间		结束时间	实际时间	

4.3.4.2　单相异步电动机故障检修

前面介绍了单相异步电动机故障检修的方法，下面通过实例来进行检修。

1. 检修启动绕组断路或电容器损坏造成电动机的不启动

单相电容启动式电动机接通电源后，不启动而且几乎没有任何声响。此时可以用万用表电阻"R×1 Ω"挡检查启动绕组电路是否不通。不通的原因有绕组或接线断开，也可能是电容器损坏断路。

在没有万用表的现场，可用下述简单的方法检查启动绕组或电容器是否有断路故障。

（1）在断电的情况下，用导线或其他导电器具（例如螺丝刀）将电容器的两个电极短路，进行放电，防止在电容器没有损坏的情况下具有储存电荷，使人体接触时触电（若此时有较强的放电现象，则可排除电容器损坏的问题）。之后，解开电容器与电动机之间的连线并用绝缘材料包好。

（2）将电动机的负载卸掉（例如拆下传动带。对要求启动转矩较小的负载，若去掉负载较困难，则可不卸掉），然后给电动机通电（注意做好绝缘工作），用手（或工具）拧动转轴，目的是让电动机朝一个方向旋转，如图4-32所示。若此时电动机的转子顺势旋转起来，并且自动加速直至达到正常的转速，则断电，待电动机停转后再通电，用手（或工具）拧动转轴，向相反的方向旋转电动机，若电动机转子同样顺势转动起来，则基本可以确定是启动绕组或电容器断路造成的不启动。

（3）进一步检查是电容器还是绕组（含连线）发生了断路故障。

2. 电容器好坏的简易判断

在检查已使用过的电容器时，应先用导线（或其他金属）将其两极相连放电，以免因其内部储存的电荷对试验人员产生电击损伤。

（1）用万用表检查电容器的好坏

根据前面介绍的方法，并参看图4-33。

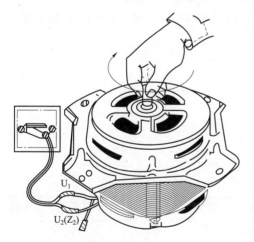

图4-32 不用万用表检查电动机不启动

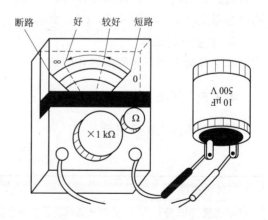

图4-33 用万用表检测电容器好坏

将万用表设置在电阻"R×1 kΩ"挡。用两只表笔分别接触被测电容器的两个电极，观看表针的反应，并按反应情况确定电容器的质量状态。

① 指针很快摆到零位（0 Ω处）或接近零位，然后慢慢地往回走（向∞一侧），走到某处后停下来。说明该电容器是基本完好的，返回停留位置越接近∞点，其质量越好，离得较

远，说明漏电较多。

② 指针很快摆到零位（0 Ω 处）或接近零位之后就不动了，说明该电容器的两极板之间已发生了短路故障，该电容器不可再用。

③ 表笔与电容器的两个电极开始接通时，指针根本就不动，说明该电容器的内部连线已断开，自然不可再使用。

（2）用充、放电法判断电容器的好坏。

用充、放电的方法粗略地检查电容器的好坏。所用的直流电源，电压不应超过被检电容器的耐压值，常用 3～6 V 的干电池或 24 V、48 V 电动自行车及汽车用蓄电池。

电容器两端接通直流电源后，等待少许时间就将电源断开，然后用一段导线，一端与电容器的一个极相接，另一端接电容器的另一个电极，同时观看电极与导线之间是否有放电火花，如图 4-34 所示。

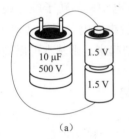   

（a）　　　　　　　（b）　　　　　　（c）　　　　　　　（d）

图 4-34　充、放电法检测电容器好坏

（a）充电；（b）火花大；（c）火花弱；（d）不放电

有较大放电火花并且发出噼啪的放电声，说明电容器是好的，如图 4-34（b）所示；放电火花且放电声小的，说明电容器质量已不太好，如图 4-34（c）所示；没有放电火花，说明电容器是坏的，如图 4-34（d）所示。

3. 学生分组试验

学生分组实训，老师指导并记录。

4.3.5　任务考核

任务考核按表 4-7 进行。

表 4-7　任务考核评价

评价项目	评价内容	自评	互评	师评
学习态度（10 分）	能否认真听讲、答题是否全面			
安全意识（10 分）	是否按照安全规范操作并服从教学安排			
完成任务情况（70 分）	根据现象分析故障符合要求与否（10）			
	拆卸风扇电动机正确与否（10）			
	保养、测试电动机正确与否（10）			
	安装调试电动机正确与否（10）			

续表

评价项目	评价内容	自评	互评	师评
完成任务情况 （70分）	检修不启动操作正确与否（10）			
	测试电容器操作正确与否（10）			
	通电试验后各项工作完成如何（10）			
协作能力（10分）	与同组成员交流讨论解决了一些问题			
总评	好（85～100），较好（70～85），一般（少于70）			

4.3.6　复习思考

1. 判断题

（1）家用吊扇的电容器损坏拆除后，启动时可以用手拨一下风扇叶，电风扇就会朝拨动的方向正常运行起来。（　　）

（2）单相交流电流通往单相异步电动机定子绕组就可以产生旋转磁场。（　　）

（3）单相异步电动机定子绕组接上电容后就可以产生启动转矩。（　　）

（4）罩极式异步电动机的旋转方向总是由磁极的未罩部分转向磁极被罩部分。（　　）

（5）单相电容运行异步电动机，因主绕组与副绕组中的电流是同相的，所以叫单相异步电动机。（　　）

（6）电阻分相单相异步电动机主绕组和副绕组中的阻抗都是感性的，所以两相电流的相位差不可能达到90°电角度。（　　）

2. 选择题

（1）单相异步电动机不能自行启动的原因是（　　）。

A. 磁极数太低　　　　　　　　　　B. 功率太小

C. 转速太低　　　　　　　　　　　D. 空气隙中产生的是脉动磁场

（2）单相异步电动机最经济的调速方法是（　　）。

A. 串电抗器调速　　　　　　　　　B. 串电阻调速

C. 用晶闸管调速　　　　　　　　　D. 用自耦变压器调速

（3）分相式单相异步电动机，在轻载运行时，若两绕组之一断开，则电动机（　　）。

A. 立即停转　　　　　　　　　　　B. 继续转动

C. 有可能继续转动　　　　　　　　D. 无关

3. 简答题

电源电压正常，电动机不能启动，其故障原因有哪些？

阅读拓展

晒晒咱的国之重器：国产最大直径盾构机"京华号"

人送外号"工程机械之王"

挖一条隧道，有多难？

"钢钎加大锤、打眼又放炮"，在40年前的中国，那可是成百上千人力接续、花费数年的巨大工程。然而，有了盾构机，只出一天，就能凿穿一座小山。

今年7月，北京东六环改造工程地下现场，我国迄今研制的最大直径盾构机"京华号"开始"开疆拓土"。"腰围"直径超过5层楼、身长相当于7节地铁车厢、体重高达4 300吨，这个由10万个精密部件组成的"大块头"，号称"工程机械之王"。它犹如一条钢铁穿山甲，能在山间、水底和城市地下钻出一条条隧道，既高效，又安全。砌、封固，一气呵成，隧道主体结构一次成型。

盾构机怎么干活？

说起来，它的工作原理类似于穿山甲挖洞。盾构机顶端，巨型刀盘上的刀具，单体最轻的，都有200斤，相当于穿山甲锋利的前爪，挖土碎石不在话下；刀盘后粗壮的盾相当于穿山甲的躯干，用来支撑挖好的洞，以免塌方；后方的出土系统相当于穿山甲的后爪，用来把挖出的砂土泥浆送出洞外；最后端的管片则相当于穿山甲闭合的鳞片，用来加固洞穴。开挖、排土、出渣、支护、衬砌、封固，一气呵成，隧道主体结构一次成型。但，谁能想到，西方已应用百年的这个"地下神器"，咱中国人却长期看不到、摸不着。直到20世纪90年代末，为开凿西康铁路秦岭隧道，我国才头一次从欧洲买回了两台，这一下子竟花费了6亿多元。

"盾构机受制于人，严重影响我国基建效率。"中铁工程装备集团有限公司设计研究总院党委书记李光这样回忆，"盾构机，咱们自己造！"

2002年列入国家重点项目，一穷二白、摸爬滚打，仅仅6年，首台具有中国自主知识产权的复合式土压平衡盾构机横空出世。突破核心技术封锁，此后10多年间，中国这个后来者，持续刷新着世界盾构领域的纪录。

思考："国之重器"对于增强民族自豪感的意义？

多媒体链接

单相交流电机百科

单相交流异步电动机的
结构和原理

全球十大盾构机

项目 5

直流电动机的控制与调速技术

【知识目标】

1. 了解直流电动机的基本结构及其工作原理。
2. 掌握直流电动机的常用控制方法和原理。
3. 掌握直流电动机的常用调速方法和原理。

【技能目标】

1. 会对直流电动机常用启动、反转、制动控制电路进行安装与调试。
2. 会对直流电动机电枢串阻调速控制电路进行安装和调试。
3. 会对直流电动机弱磁调速控制电路进行安装和调试，并能够分析其特性。
4. 会对直流电动机降压调速控制电路的故障进行检修，并能够分析其特性。
5. 运用 MATLAB/Simulink 软件对直流电动机常用控制调速电路进行仿真，并对图形进行分析。

【素质目标】

1. 培养良好的职业道德意识，培树良好的敬业精神；
2. 端正学风，培养热爱科学、不断进取、实事求是的求知精神；
3. 增强质量意识、效益意识和新技术意识，培养积极服务社会的责任感。

任务导入

　　直流电机是实现电能与机械能之间相互转换的电力机械，按照用途可以分为直流电动机和直流发电机两大类。直流电动机是工矿、交通、建筑等行业中的常见动力机械，是机电行业人员的重要工作对象之一。

　　直流电动机的型式是多样的，但其基本结构原理是一致的，图 5-1 所示为直流电动机的结构示意图，图 5-2 所示为其横截面示意图。直流电动机主要由定子和转子两大部分组成。

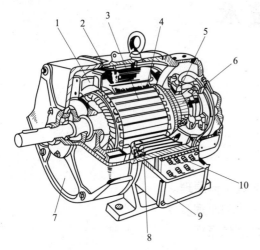

图 5-1　直流电动机的结构示意图

1—风扇；2—机座；3—电枢；4—主磁极；

5—电刷架；6—换向器；7—端盖；

8—换向极；9—出线盒；10—接线板

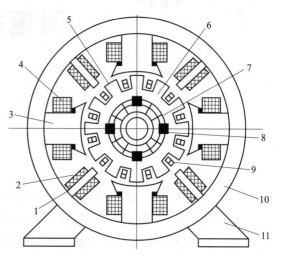

图 5-2　直流电动机横截面示意图

1—换向极铁芯；2—换向极绕组；3—主磁极铁芯；

4—励磁绕组；5—电枢齿；6—电枢铁芯；

7—换向器；8—电刷；9—电枢绕组；

10—机座；11—底脚

　　（1）定子：定子通常指磁路中静止部分及其机械支撑，包括机座、主磁极、换向极和电刷装置等。

　　（2）转子：转子部分包括电枢铁芯、电枢绕组、换向器、风扇、转轴和轴承等。

　　直流电动机和交流电动机相比，具有优良的调速和启动性能，直流电动机具有宽广的调速范围，平滑的无级调速特性，可实现频繁的无级快速启动、制动和反转；过载能力大，能承受频繁的冲击负载；能满足自动化生产系统中各种特殊运行的要求。

　　由于直流电动机具有优良的调速和启动性能，常应用于启动和调速要求较高的场合。如大型可逆式轧钢机、矿井卷扬机、宾馆高速电梯、龙门刨床、电力机车、内燃机车、城市电车、地铁列车、电动自行车、造纸和印刷机械、船舶机械、大型精密机床和大型起重机等生产机械中，其应用实例如图 5-3 所示。

　　作为一名电气控制技术人员必须熟悉直流电动机的结构、工作原理和性能特点，掌握主要参数的分析计算，并能正确、熟练地操作使用直流电动机。本项目主要介绍直流电动机的常用控制和调速技术。

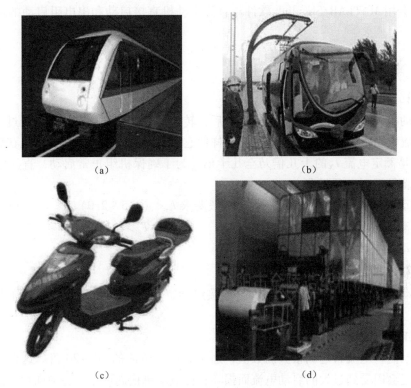

图 5-3 直流电动机应用实例图

（a）地铁列车；（b）城市电车；（c）电动自行车；（d）造纸机

任务 5.1 直流电动机常用控制电路的安装与调试

5.1.1 任务目标

（1）掌握直流电动机启动、反接、制动的工作要求和工作原理。

（2）掌握直流电动机启动、反接、制动的常用控制方法。

（3）能用 MATLAB/Simulink 软件对直流电动机控制电路进行仿真。

5.1.2 任务内容

（1）了解直流电动机启动、反接、制动的常用控制方法。

（2）学会正确识读、分析直流电动机常用控制电路图。

（3）学会按照工艺要求安装调试直流电动机常用控制电路。

（4）学会用 MATLAB/Simulink 软件对直流电动机直接启动和串电阻启动的运行特性进行分析。

5.1.3 必备知识

5.1.3.1 直流电动机的启动

直流电动机的启动是指电动机接通电源后，转速由零上升到稳定转速的全过程。要正确使用一台直流电动机，首先碰到的问题是怎样使它启动，这是因为直流电动机在启动时，其启动电流 I_{st} 是额定电流 I_N 的十几倍乃至几十倍。为了确保机组正常启动，直流电动机在启动时，必须满足下列三项要求：

（1）启动电流要限制在安全范围内，一般要求 $I_{st} < (1.5 \sim 2.0) I_N$。

（2）启动转矩足够大，以保证正常启动，一般要求 $T_{st} > 1.1 T_L$。

（3）启动设备简单、可靠、经济。

5.1.3.2 直流电动机的启动方法

直流电动机的启动方法有三种，即：直接启动、电枢回路串电阻启动和降低电枢电压启动。

1. 直流电动机直接启动

直接启动时，电流将达到很大的数值，通常为额定电流的 10～20 倍。这么大的启动电流，电枢绕组会因受到过大的启动电流而损坏；使电动机换向困难，在换向片表面产生强烈的火花，甚至形成环火；会影响电网电压冲击，使其短暂并显著地降低，进而影响其他用电设备；启动转矩也会很大，通常为额定转矩的 10～20 倍，会使传动机构受到很大的冲击，过大的启动转矩会损坏变速等传动部件。

因此，只有额定功率在几百瓦以下的直流电动机才可以采取直接启动，而容量较大的电动机启动时必须采取措施限制启动电流。为了限制启动电流，通常采取电枢回路串电阻启动和降低电枢电压启动的方法。

【例 4-1】

一台他励直流电动机参数：$P_N = 10$ kW，$U_N = 220$ V，$n_N = 1\ 500$ r/min，$I_N = 53.8$ A，$R_a = 0.286\ \Omega$。试计算：

（1）直接启动时的启动电流；

（2）在额定磁通下启动的启动转矩。

解：（1）
$$I_{st} = I_a = \frac{U_N}{R_a} = \frac{220}{0.286} = 769.2 \ (\text{A})$$

（2）
$$T_{st} = CT\Phi I_{st}$$

$$\frac{T_{st}}{T_N} = \frac{I_{st}}{I_N} = 14.3$$

$$T_N = 9\ 550 \frac{P_N}{n_N} = 63.7 \ (\text{N} \cdot \text{m})$$

$$T_{st} = 14.3\ T_N = 910.4 \ (\text{N} \cdot \text{m})$$

从计算结果可以看出，启动电流非常大，相比于额定电流扩大了十几倍，对于电动机有很大损害。

2. 直流电动机降压启动

1）直流电动机电枢回路串电阻启动

电枢回路串电阻启动，是指启动时在电枢回路中串入电阻来限制启动电流。用来启动电动机的电阻器叫启动电阻器（又称启动器）。启动器实际上是一个多级电阻，启动时，将启动电阻全部串入，当转速上升时再将电阻分级逐步切除，直到电动机的转速上升到稳定值，启动过程结束。

以他励直流电动机电枢串三级启动电阻为例，如图 5-4（a）所示。KM 为接通电源的接触器，KM1、KM2、KM3 为启动过程中切除启动电阻的三个接触器的主触点，$R_1 = R_a + R_{st1} + R_{st2} + R_{st3}$ 为电枢电路总电阻。启动时使励磁绕组有额定电流流入，然后将接触器 KM 主触点闭合，接通电枢电源，此时 KM1、KM2、KM3 全部断开，启动电阻全部串入电枢启动。随着 KM1、KM2、KM3 相继接通，R_{st1}、R_{st2}、R_{st3} 逐个被切除，直流电动机的转速沿着固有特性继续上升，直至 $n = n_N$，启动过程结束。启动过程机械特性如图 5-4（b）所示。

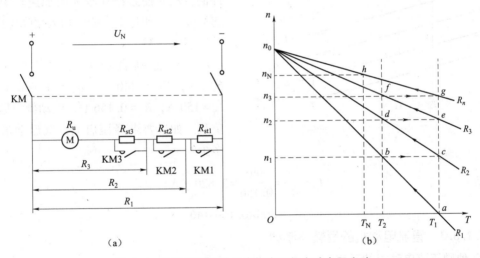

图 5-4　他励直流电动机电枢串三级启动电阻启动

（a）电路图；（b）机械特性

这种启动方式广泛用于各种中、小型直流电动机，但在启动过程中能量消耗较大，不适用于经常启动的大、中型电动机。

【例 4-2】

一台他励直流电动机参数：$P_N = 10$ kW，$U_N = 220$ V，$n_N = 1\ 500$ r/min，$I_N = 53.8$ A，$R_a = 0.286\ \Omega$。试计算：若限制启动电流不超过 100 A，采用电枢回路串电阻启动，则开始时应串入多大电阻？

解：
$$I'_{st} = \frac{U_N}{R_a + R_{st}} \leq 100\ \text{A}$$

$$R_{st} \geqslant \frac{U_N}{I'_{st}} - R_a = \frac{220}{100} - 0.286 = 1.914 \ (\Omega)$$

2）直流电动机降低电枢电压启动

降低电枢电压启动简称降压启动，是指在启动前将施加在电动机电枢两端的电源电压降低，以减小启动电流 I_{st}。为了获得足够大的启动转矩，启动电流通常限制在（1.5～2）I_N 内，则启动电压应为

$$U_{st} = I_{st}R = (1.5\text{～}2) \ I_N R \tag{4-1}$$

启动过程中，随着转速 n 上升，电枢电动势 E_a 升高，I_a 相应减小，启动转矩也减小。为使此时 I_{st} 保持在（1.5～2）I_N 范围内，即保证有足够大的启动转矩，启动过程中电压 U 必须逐渐升高，直到升至额定电压 U_N，电动机进入稳定状态，启动过程结束。常用晶闸管整流装置自动控制启动电压。

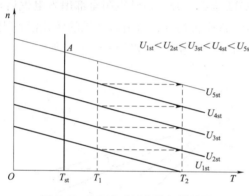

图 5-5　降压启动过程的机械特性

降压启动过程的特性如图 5-5 所示。在整个启动过程中，利用自动控制方法，使电压连续升高，保持电枢电流为最大允许值，从而使系统在较大的加速转矩下迅速启动。自动化生产线中均采用降压启动。

【例 4-3】

一台他励直流电动机参数：$P_N = 60$ kW，$U_N = 440$ V，$n_N = 1\ 000$ r/min，$I_N = 150$ A，$R_a = 0.156$ Ω，驱动额定恒转矩负载。如果要求降压启动，则启动电压是多少？

解：

$$I_{st} = \frac{U_N}{R_a} = \frac{440}{0.156} = 2\ 820 \ (A)$$

$$U_{st} = I_{st}R_a = 300 \times 0.156 = 46.8 \ (V)$$

5.1.3.3　直流电动机的反转与制动

1. 他励直流电动机的反转

他励直流电动机反转，也就是使电磁转矩方向改变，而电磁转矩的方向是由磁通方向和电枢电流方向决定的。所以，只要将磁通 Φ 和 I_a 任意一个参数改变方向，就能改变电磁转矩的方向。实现直流电动机反转的方法有两种：

（1）改变电枢电压极性。保持励磁绕组电压极性不变，将电动机电枢绕组反接，电枢电流 I_a 即改变方向。

（2）改变励磁电流方向。保持电枢两端电压极性不变，将电动机励磁绕组反接，改变励磁电流方向，从而使磁通 Φ 方向改变。

由于他励直流电动机的励磁绕组匝数多、电感大，励磁电流从正向额定值变到负向额定值的时间长，反向过程缓慢，而且在励磁绕组反接断开瞬间，绕组中将产生很大的自感电动势，可能造成绝缘击穿。所以实际应用中大多采用改变电枢电压极性的方法来实现电动机的反转。

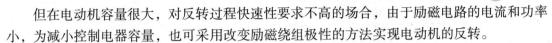
但在电动机容量很大，对反转过程快速性要求不高的场合，由于励磁电路的电流和功率小，为减小控制电器容量，也可采用改变励磁绕组极性的方法实现电动机的反转。

2. 他励直流电动机的制动

在电力拖动系统中，电动机经常需要工作在制动状态。例如：起重机放下重物，为了获得稳定的下放速度，电动机必须运行在制动状态。

制动的方法有机械制动和电气制动两种。机械制动是指制动转矩靠摩擦获得，常见的机械制动装置是抱闸；电气制动是使电动机产生一个与旋转方向相反的电磁转矩，阻碍电动机转动。

他励直流电动机常用的电气制动方法有能耗制动、反接制动和回馈制动。

1）能耗制动

（1）能耗制动的原理。

图 5-6 所示为能耗制动的电路图。如图 5-6（a）所示，开关合到 1 的位置为电动状态；如图 5-6（b）所示，开关合到 2 的位置，电动机便进入能耗制动状态。

能耗制动的方法是将正在运转的电动机转子两端从电源上断开，并接到一个制动电阻 R_z 上构成闭合的回路，这样电动机就从电动状态变为发电状态，将其动能转变为电能消耗在电阻上，故称为能耗制动。由于此时电动机的电压 $U=0$，则电枢电流为

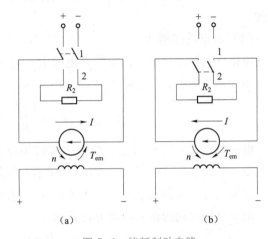

图 5-6　能耗制动电路

（a）电动状态；（b）能耗制动状态

$$I_a = \frac{U-E_a}{R_z} = -\frac{E_a}{R_z} \tag{4-2}$$

此时的电枢电流与电动机运行状态的电枢电流方向相反，由此产生的电磁转矩也与电动机运行状态的电磁转矩方向相反，变为制动转矩，使电动机很快减速直至停转。

（2）能耗制动的机械特性。

在能耗制动时，因为 $U=0$，$n_0=0$，所以电动机的机械特性方程为

$$n = -\frac{R_a+R_z}{C_e\Phi}I_a = -\frac{R_a+R_z}{C_e C_T \Phi^2}T \tag{4-3}$$

能耗制动时机械特性曲线为通过原点的直线，它的斜率 $\beta = -\dfrac{R}{C_e C_T \Phi^2}$ 与电枢回路总电阻成正比，机械特性曲线位于第二象限。从图 5-7 中绘出的不同制动电阻的机械特性可以看出，在一定的转速下，电枢总电阻越大，制动电流和制动转矩就越小。因此，在电枢回路中串接不同阻值的电阻，可满足不同的制动要求。当确定了制动时最大允许电流 I_{amax} 时，可由式（4-4）计算出电阻 R_z 的数值。

由于

$$R = R_z + R_a = -\frac{E_a}{I_a}$$

故 $$R_z = \frac{E_a}{I_a} - R_a = \frac{C_e \Phi n}{I_a} - R_a \quad (4-4)$$

式中，E_a——制动起始时的电枢电动势；

n——制动起始时的电动机转速；

I_a——制动起始时的制动电流。

能耗制动适用于不可逆运行、制动减速要求较平稳的情况。

2）反接制动

反接制动有电枢反接制动和倒拉反接制动两种。

（1）电枢反接制动。

电枢反接制动是将电枢反接在电源上，同时电枢回路要串联制动电阻 R_z。电枢电流为

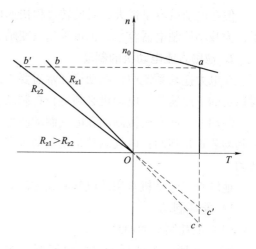

图 5-7 能耗制动的机械特性

$$I_a = \frac{-U - E_a}{R} = -\frac{U + E_a}{R} \quad (4-5)$$

电磁转矩方向随 I_a 改变，此时电磁转矩反向，起制动作用，使转速迅速下滑。由于这时电枢电路的电压（$U + E_a$）$\approx 2U$，因此在反接电枢的同时必须在电枢回路中串入制动电阻 R_z，以限制过大的制动电流。这个电阻 R_z 一般约等于启动电阻的两倍。

电枢反接制动的机械特性方程式为

$$n = \frac{-U}{C_e \Phi} - \frac{R_a + R_z}{C_e C_T \Phi^2} T = -n_0 - \frac{R_a + R_z}{C_e C_T \Phi^2} T \quad (4-6)$$

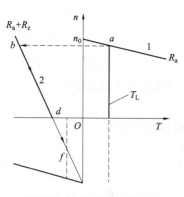

图 5-8 电枢反接机械特性

电枢反接制动的机械特性曲线如图 5-8 所示。在制动前，电动机运行在固有特性曲线 1 的 a 点上，当串加电阻 R_z 并将电枢反接的瞬间，电动机工作点变到曲线 2 的 b 点上，电磁转矩变为制动转矩$-T$，使工作点沿曲线 2 开始减速。当 $n = 0$ 时，如果是反抗性负载，当电磁转矩小于负载转矩，即 $|-T| < T_L$ 时，电动机便停止不动；当电磁转矩大于负载转矩，即 $|-T| > T_L$ 时，在反向电磁转矩的作用下，电动机将由反向启动进入反向电动运行状态，如图 5-8 中的 df 段。如果是位能负载，当 T_L 大于拖动系统空载的摩擦转矩时，则不管电动机在 $n = 0$ 时电磁转矩有多大，电动机都反向旋转。要避免电动机反转，必须在 $n = 0$ 瞬间及时切断电源，并使机械抱闸动作，保证电动机准确停车。

（2）倒拉反接制动。

这种制动方法一般用在提升重物转为下放重物的情况下。控制电路如图 5-9 所示。

图 5-9（a）中的电动机在提升负载，电动机以逆时针方向旋转，稳定运行于图 5-10 中固有特性曲线 a 点。

如果在电枢电路中串联大电阻 R_z，电枢电流减小，电动机变到该机械特性曲线上的 b 点运行。这时 $T \leqslant T_L$，电动机的转速下降，转速与转矩的变化沿着该曲线箭头所示的方向。当转速降至零时，若仍有 $T \leqslant T_L$，则在负载位能转矩作用下，将电动机倒拉反转，其旋转方向变为下放重物的方向，如图 5-9（b）所示。此时，电动势方向与电源电压方向相同，于是电枢电流为

$$I_a = \frac{U - (-E_a)}{R} = \frac{U + E_a}{R} \qquad (4-7)$$

由于 I_a 方向不变，电磁转矩 T 方向也不变，但因旋转方向已改变，所以电磁转矩变成了阻碍反向运动的制动转矩。如略去 T_0，当 $T = T_L$ 时，就制止了重物下放速度的继续增加，可稳定运行于图 5-10 所示机械特性曲线的 c 点上。

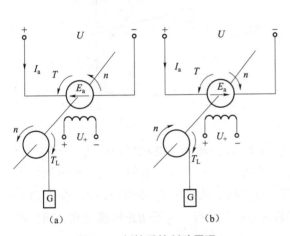

图 5-9　倒拉反接制动原理

（a）电动状态；（b）倒拉反转反接制动状态

图 5-10　倒拉反接制动机械特性

倒拉反接制动时机械特性方程式为

$$n = \frac{U}{C_e \Phi} - \frac{R_a + R_z}{C_e C_T \Phi^2} T = n_0 - \frac{R_a + R_z}{C_e C_T \Phi^2} T \qquad (4-8)$$

由于串入大电阻，$\dfrac{R_a + R_z}{C_e C_T \Phi^2} T$ 大于 n_0，所以 n 为负值，特性曲线应在第四象限内。

图 5-10 中画出了不同电枢电阻下反接制动的机械特性。可以看出，在同一转矩下，电阻越大，机械特性越软，稳定的倒拉转速越高。

3）回馈制动

当起重机下放重物或电机车下坡时，电动机的转速都可能超过 n_0，这时电动机将处于回馈制动状态。

图 5-11 所示为起重装置示意图。重物下放时，习惯以提升方向为正，可设电动机做反向电动机运行。在图 5-11（a）中标出了电动机电流和转矩的方向，这时机械特性和电源反接制动机械特性相同，位能负载转矩仍为正值。如图 5-12 所示，在电动机电磁转矩和位能负载转矩的作用下，电动机沿特性曲线 2 在 d 点反向启动并加速。当转速达到某一数值，如

图 5-12 特性曲线 2 上的 f' 点时，可将串在电枢的外电阻切除，使电动机工作点由 f' 点变换到反向固有特性曲线 3 上 f 点并继续升速。当下放转速超过理想空载转速时，电动机工作点进入第四象限的回馈制动状态。

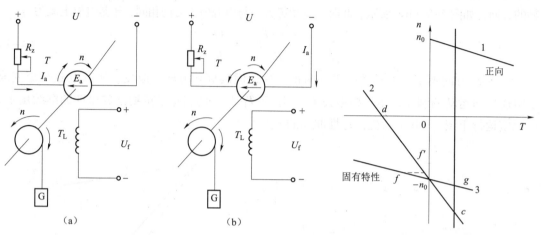

图 5-11　起重装置示意图

（a）反向电动；（b）反向回馈制动状态

图 5-12　反向回馈的机械特性

当 $|-n| > |n_0|$、$E_a > U$ 时，电动机的 I_a 与 E_a 方向相同，电磁转矩随 I_a 改变方向，变为制动转矩，于是电动机变为发电机状态，把系统的机械能变为电能，反馈回电网。此时，电动机稳定在 g 点上运转，以 n_g 速度稳定下放重物。从图 5-12 中可以看到，如果电枢电路中保留外接电阻，电动机将稳定在较高的转速 c 点上运行。为了防止转速过高，减少电阻损耗，在回馈制动时，不宜接入制动电阻。

综上所述，起重装置的电动机回馈制动时，若把提升作为运动的正方向，则下放重物的回馈制动就是反向的制动，机械特性在第四象限。如果把下放方向定在正方向，则应把图 5-12 所示的特性曲线图转过 180°，成为正向的回馈制动，特性曲线在第二象限。

反向回馈制动的稳定转速为

$$n = -n_0 - \frac{R}{C_e C_T \Phi^2} T \tag{4-9}$$

5.1.4　任务实施

5.1.4.1　并励直流电动机手动启动控制电路的安装与调试

1. 任务实施准备

（1）工具：测试笔、螺钉旋具、斜口钳、尖嘴钳、剥线钳、电工刀等。

（2）仪表：兆欧表、万用表。

（3）器材：并励直流电动机一台，手动启动控制器一套，其他器材若干。

2. 直流电动机手动启动控制器电路图

（1）手动启动控制器，如图 5-13 所示。

（2）电气原理图识读与分析。

直流电动机手动启动控制电路如图 5-14 所示。

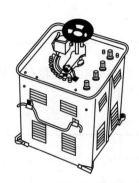

图 5-13 手动启动器外观

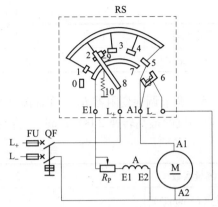

图 5-14 直流电动机手动启动控制电路

1，2，3，4，5—静触头；6—电磁铁；7—弧形铜条；
8—手轮；9—衔铁；10—复位弹簧

线路工作原理分析如下：

启动前，检查启动器 RS 和变阻器 R_P，其中变阻器 R_P 应处于短接状态，启动器 RS 的手轮置于 0 位。

合上电源开关 QF，接通直流电源：

① 启动：慢慢旋转手轮 8，使手轮从 0 位转到静触头 1→此时启动阻器 RS 的全部电阻接入电枢电路→电动机开始启动旋转→将手轮依次转到静触头 2、3、4、5 等位置，使启动电阻逐级切除直至完全切除→此时电磁铁 6 吸住手轮衔铁 9，直流电动机启动完毕，进入正常运转状态。

② 调速：本启动电路也可以对直流电动机进行简单的调速。调节变阻器 R_P，逐渐增大其阻值→减小了电动机励磁绕组的阻值→电动机实现弱磁调速→电动机转速逐渐升高。但要注意转速不能调节得过高，以防止出现"飞车"事故。

③ 停止：断开电源开关 QF，切断直流电源，电磁铁 6 由于线圈断电吸力消失，在复位弹簧 10 的作用下，手轮自动返回 0 位，为下次启动做准备。

3. 任务实施内容与步骤

（1）检查电器元件与设备。

（2）电气控制电路连接。

根据手动启动控制电路图，按电气安装工艺规范实施电路布线连接。

（3）电气控制电路通电试验、调试排故。

① 学生先按图检查接线正确性。

② 经指导教师复查认可，且在场监护的情况下进行通电校验。

（4）通电校验的操作顺序如下：

① 合上电源开关 QF 前，先检查启动变阻器 RS 的手轮是否置于最左端的 0 位；调速变阻器 R_P 的阻值调到零。

② 合上电源开关 QF。

③ 慢慢转动启动变阻器手轮 8，使手轮从 0 位逐步转至 5 位，逐级切除启动电阻。在每切除一级电阻后要停留数秒中，用转速表测量其转速，并填入表 5-1 中。用钳形电流表测

量电枢电流以观察电流的变化情况。

表 5-1　手轮和转速测量结果

手轮位置	1	2	3	4	5
转速/(r·min⁻¹)					

（5）调节调速变阻器 R_P，在逐渐增大其阻值时，要注意测量电动机转速，其转速不能超过电动机的最高转速 2 000 r/min，将测量结果填入表 5-2 中。

表 5-2　测量次数及转速测量结果

测量次数	1	2	3	4	5
转速/(r·min⁻¹)					

4. 通电结束、检修工作

（1）停转时，切断电源开关 QF，将调速变阻器 R_P 的阻值调到零，并检查启动变阻器 RS 是否自动返回到起始位置。

（2）如若在校验过程中出现故障，学生应独立进行调试、排故。

（3）断开电源，先拆除电源线，再拆除电动机接线，然后整理训练场地，恢复原状。

5.1.4.2　直流电动机正反转及反接制动控制电路安装与调试

1. 任务实施准备

（1）工具：测试笔、螺钉旋具、斜口钳、尖嘴钳、剥线钳、电工刀等。

（2）仪表：MF47 万用表、5050 兆欧表。

（3）器材：电工试验板、导线、紧固件、线槽、号码套管等，其他见表 5-3。

表 5-3　直流电动机反接制动控制电路安装器材

序号	符号	名称	型号	规　格	数量
1	QS1	组合开关	HZ10-10/2		1
2	FU1	螺旋式熔断器	RL1-15	3 A	2
3	FU2	瓷插式熔断器	RC1-5A	3 A	2
4	KV	电压继电器	JT4-ZP	220 V，	7
5	KM	直流接触器	CJX2-D0910	220 V，KM1、KM2、KM3、KM4、KM5、KM6、KM7	7
6	KT	时间继电器	JS20	220 V，KT1、KT2	2
7	SB	按钮开关	LA10-3H	220 V，5 A，按钮数3，SB1、SB2、SB3	1
8	M	直流电动机	并励	220 V，1.1 A，185 W，1 600 r/min	1
9	R1，R2	启动电阻		90 Ω，1.3 A	2
10	R	放电电阻		180 Ω	1
11	RB	制动电阻		180 Ω	1

2. 直流电动机反接制动控制电路原理图

（1）直流电动机反接制动控制电路图，如图 5-15 所示。图中 KM1、KM2 为正反转控制接触器，KM3、KM4、KM5 为反接制动接触器，KM6、KM7 为降压启动接触器，KV 为电压继电器，$R_{制}$ 为反接制动电阻，$R_{放}$ 为励磁绕组放电电阻。

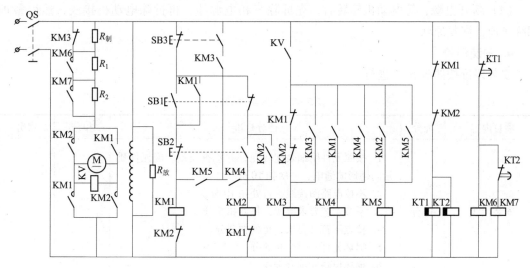

图 5-15　直流电动机反接制动控制电路图

（2）电路动作过程。

接通直流电源 220 V：励磁绕组通，开始励磁；KT1、KT2 吸合，保证 KM6、KM7 不通，其中延时时间 T（KT2）$>T$（KT1）。此时电路处于准备工作状态。

启动：按 SB1，正转 KM1 动作，电动机 M 串入 R_1、R_2 进行二级启动，KM1 动作同时使 KT1、KT2 断电；经延时闭合，KM6、KM7 先后获电动作，并逐级切除启动电阻 R_1 和 R_2，使得直流电动机进入正常运行状态。

制动准备：电动机的转速升高而建立反电势后，KV 获电动作，使得 KM4 获电动作，为电动机反接制动做好准备。

反接制动：按停止按钮 SB3，KM1 断电释放，KM3 得电使得 KM2 也得电，电枢电流反向，产生制动转矩 M 迅速停车。制动开始时，由于电动机转速很高，电枢中的反电势仍很大，所以电压继电器 KV 不会断电释放以保证 KM3、KM4 不失电，实现反接制动。但当转速降低近于零时，KV 断电释放，使得 KM3、KM4 和 KM2 断电释放，为下次启动做好准备。

反向过程，请自行分析。

3. 任务实施内容与步骤

1）电器元件安装固定

（1）清点、检查器材元件。

（2）根据电气安装工艺规范安装固定元器件。

2）电气控制电路连接

（1）设计三相异步电动机正反转控制线路电气接线图。

（2）按电气安装工艺规范实施电路布线连接。

3）电气控制电路通电试验、调试与排故

（1）安装完毕的控制线路板，必须按要求进行认真检查，确保无误后才允许通电试车。

（2）经指导教师复查认可，且在场监护的情况下进行通电校验。

（3）如若在校验过程中出现故障，学生应独立进行调试、排故。

（4）断开电源，等电动机停转后，先拆除三相电源线，再拆除电动机接线，然后整理训练场地，恢复原状。

4. 安装评价

安装评价按照表5-4进行。

表 5-4　安装接线评分

项目内容	配分	评分标准	扣分	得分
安装接线	40分	1. 按照元件明细表配齐元件并检查质量，因元件质量问题影响通电，一次扣10分。 2. 不按电路图接线，每处扣10分。 3. 不按工艺要求接线，每处扣5分。 4. 接点不符合要求，每处扣2分。 5. 损坏元件，每个扣5分。 6. 损坏设备此项分全扣		
通电试车	40分	1. 通电一次不成功，扣10分。 2. 通电二次不成功，扣20分。 3. 通电三次不成功，扣40分		
安全文明操作	10分	视具体情况扣分		
操作时间	10分	规定时间为：120 min，每超过5 min扣5分		
说明	除定额时间外，各项目的最高扣分不应超过配分数		成绩	
开始时间		结束时间		实际时间

5.1.4.3　直流电动机启动控制电路仿真

1. 仿真简介

仿真是系统分析设计的重要手段和方法，在直流电动机运行前需要对系统的特性进行试验研究，判断系统性能指标与参数是否达到预期要求。随着计算机技术的飞速发展，人们更多采用计算机对试验装置进行数学仿真，只有运用计算机对系统进行模拟实验研究，且在计算机上能很好的运行后，才能将设计好的系统放到实际的应用中去。

本任务运用 MATLAB 6.5 仿真软件对直流电动机的运行特性进行仿真。首先通过 Simulink 建立仿真模型来研究直流电动机的直接启动。图 5-16 所示为 Simulink 模块库浏览界面。

2. 直流电动机直接启动和电枢回路串电阻启动仿真

1）直流电动机直接启动仿真。

直接启动仿真电路模型如图 5-17 所示。图中主要包括直流电动机模块、直流电源模

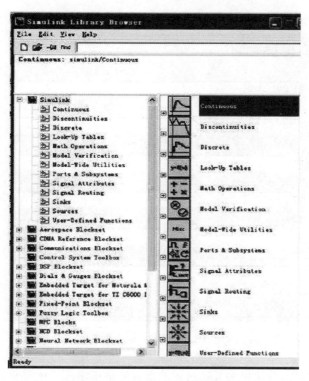

图 5-16　Simulink 模块库浏览界面

块、理想开关模块、开关模块、增益模块、电阻模块和示波器模块等。图 5-18 所示为电动机参数设置界面，具体设置为：电枢电阻 0.5 Ω，电抗 0.01 H，励磁电阻 240 Ω，励磁电抗 120 H，电枢与励磁之间的互感为 1.8 H，初始转动惯量为 0.05 kg·m²，摩擦系数为 0.02 N·ms，空载阻转矩为 0 N·m，初始速度为 1 rad/s。

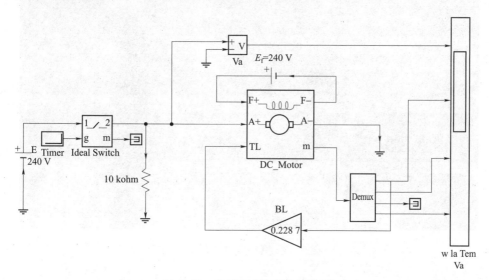

图 5-17　直接启动仿真电路模型

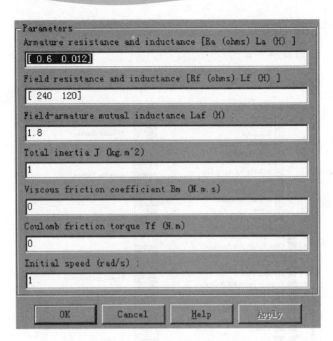

图 5-18　电动机参数设置界面

　　建立模型后，即可运行该模型并通过示波器观察电枢电压、电动机转速、电枢电流和电磁转矩的波形，如图 5-19 所示，从仿真结果的波形可以看出启动电流冲击很大，同时电磁转矩的冲击也很大，这会对电动机有很大损耗，同时，转速能够在较短的时间内达到稳定。仿真波形与理论分析相一致。

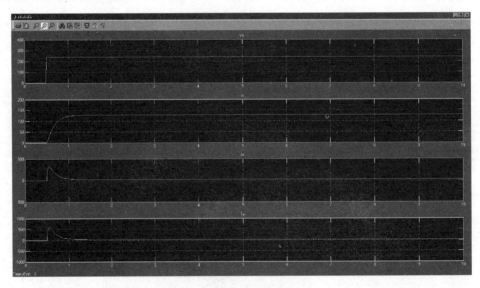

图 5-19　直接启动仿真波形

　　2）直流电动机电枢回路串电阻启动电路仿真

　　直流电动机电枢回路串电阻启动电路仿真模型如图 5-20 所示。图中主要包括直流电动机模块、直流电源模块、理想开关模块、启动变阻箱模块、增益模块、电阻模块和示波器模块等。图 5-21 所示为启动变阻箱模块，由三个电阻组成，在每个电阻两端并联一个理想开关，通过设置开关不同的导通时间来切除电阻。其工作过程为：启动瞬间，三个开关全部断开，此时电阻最大。一定时间后第一个开关导通，第一个电阻被切除。以此类推，达到限制电流和保证足够转矩的目的。在本例中，设置第一个电阻切除时间为 2.8 s，阻值为 3.66 Ω；第二个电阻切除时间为 4.8 s，阻值为 1.64 Ω；第三个电阻切除时间为 6.8 s，阻值为 0.74 Ω。阻值依次减小，电压和转速变化较平滑。

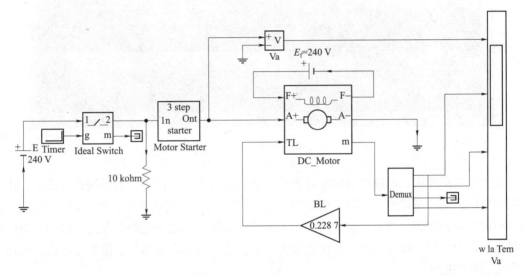

图 5-20　直流电动机电枢回路串电阻启动电路仿真模型

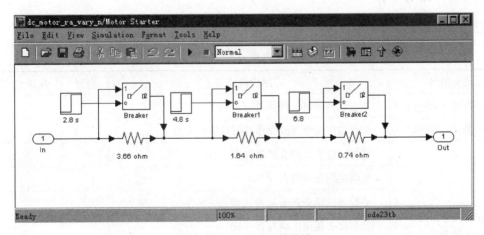

图 5-21　启动变阻箱模块

　　建立模型后，即可运行该模型并通过示波器观察电枢电压、电动机转速、电枢电流和电磁转矩的波形，如图 5-22 所示。从仿真结果的波形可以看出，通过设定合适的串联启动电阻的投入时间，启动电流可以限制在一定范围内，同时电磁转矩也能够达到有效的降低，但转速需要在较长时间内达到稳定。仿真波形与理论分析相一致。

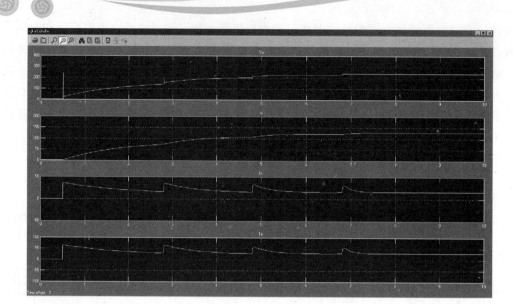

图 5-22　电枢回路串电阻启动仿真模型

　　与直接启动相比，电枢串电阻很好地将启动电流过大和转矩过大的问题都解决了，由于采用串电阻启动，每切除一电阻，就会导致这一时刻的电压突然升高，导致冲击电流很大，这样对设备是不利的，为避免这种情况，通常采用逐级切除启动电阻的方法来启动。电枢串电阻启动设备简单，操作方便，但能耗较大，不宜用于频繁启动的大、中型电动机，可用于小型电动机的启动。

5.1.5　任务考核

　　任务考核按表 5-5 进行。

表 5-5　直流电动机常用控制电路装调完成任务评价

评价项目	评价内容	自评	互评	师评
学习态度（10分）	能否认真听讲、答题是否全面			
安全意识（10分）	是否按照安全规范操作并服从教学安排			
完成任务情况（70分）	电器元件安装符合要求与否（10）			
	电路接线正确与否（10）			
	参数测试结果正确与否（10）			
	仪器仪表使用正确与否（10）			
	调试过程和仿真过程结果正确与否（10）			
	调试过程中出现故障检修正确与否（10）			
	通电试验后各项工作完成如何（10）			
协作能力（10分）	与同组成员交流讨论解决了一些问题			
总评	好（85~100），较好（70~85），一般（少于70）			

5.1.6 复习与思考

1. 填空题

（1）启动电流很大，通常为额定电流的＿＿＿＿＿＿倍。

（2）直流电动机的启动方法有：＿＿＿＿＿＿、＿＿＿＿＿＿、＿＿＿＿＿＿。

（3）所谓直流电动机的启动，是指电源接通以后，直流电动机的转速从零上升到＿＿＿＿＿＿的过程。启动时，应让启动电磁转矩＿＿＿＿＿＿，而启动电流＿＿＿＿＿＿。

2. 选择题

（1）欲使电动机能顺利启动达到额定转速，要求（　　）电磁转矩大于负载转矩。

A. 平均　　　　　　B. 瞬时　　　　　　C. 额定　　　　　　D. 最大

（2）启动直流电动机时，磁路回路应（　　）电源。

A. 与电枢回路同时接入　　　　　　B. 比电枢回路先接入

C. 比电枢回路后接入　　　　　　　D. 无先后关系

（3）直流电动机启动时，电枢回路串入电阻是为了（　　）。

A. 增加启动转矩　　　　　　B. 限制启动电流

C. 增加主磁通　　　　　　　D. 减少启动时间

3. 简答题

（1）流电动机为什么不允许直接启动？

（2）直流电动机启动时，必须满足哪三项要求？

（3）限制直流电动机的启动电流是否越小越好？

（4）他励直流电动机有哪些启动方法？哪一种启动方法性能较好？

任务 5.2　直流电动机电枢串阻调速控制电路的安装调试

5.2.1 任务目标

（1）掌握直流电动机电枢串阻调速的特点及其应用场合。

（2）掌握直流电动机电枢串阻调速控制的基本原理和方法。

（3）能对直流电动机电枢串阻调速控制电路进行装调以及用 MATLAB/Simulink 软件对直流电动机串阻调速控制电路进行仿真。

5.2.2 任务内容

（1）了解直流电动机电枢串阻调速控制电路的结构及控制方法。

（2）会按照工艺要求安装调试直流电动机串阻调速控制电路。

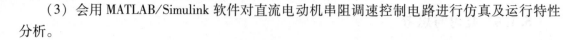

（3）会用 MATLAB/Simulink 软件对直流电动机串阻调速控制电路进行仿真及运行特性分析。

5.2.3 必备知识

5.2.3.1 直流电动机的调速

电力拖动系统的调速可以采用机械调速、电气调速或二者配合起来调速。通过改变传动机构比进行调速的方法称为机械调速；通过改变电动机参数进行调速的方法称为电气调速，这里只介绍他励直流电动机的电气调速。

根据他励直流电动机的转速公式

$$n = \frac{U}{C_e \Phi} - \frac{R}{C_e C_T \Phi^2} T \tag{4-10}$$

可知，他励直流电动机的调速方法有三种：改变电枢电路电阻调速、改变磁通调速和改变电压调速。为了评价各种调速方法的优缺点而提出的一定的技术经济指标，称为调速性能指标。电动机速度调节性能的好坏，常用下列各项指标来衡量。

1. 调速范围

调速范围是指电动机在额定负载下可能达到的最高转速和最低转速之比，通常用 D 来表示，即

$$D = \frac{n_{\max}}{n_{\min}} \tag{4-11}$$

2. 调速的平滑性

在一定的调速范围内，调速的级数越多，则认为调速越平滑。平滑性用平滑系数 K 来衡量，它是相邻两级转速之比，即

$$K = \frac{n_i}{n_{i-1}} \tag{4-12}$$

K 值越接近于 1，调速的平滑性越好。无级调速，即转速可以连续调节。调速不连续时，级数有限，称为有极调速。

3. 调速的相对稳定性

调速的相对稳定性是指负载转矩发生变化时，电动机转速随之变化的程度。常用静差率来衡量调速的相对稳定性，它是指电动机在某一机械特性曲线上运转时，在额定负载下的转速降对理想空载转速 n_0 的百分比，即静差率

$$S = \frac{\Delta n_N}{n_0} \times 100\% = \frac{n_0 - n_N}{n_0} \times 100\% \tag{4-13}$$

4. 调速的经济性

主要考虑调速设备的初投资、调速时电能的损耗及运行时的维修费用等。

5.2.3.2 直流电动机电枢串阻调速

电枢回路串电阻调速时，保持电枢电压和励磁磁通为额定值不变，在电枢回路中串联不同的调速电阻，即可调节电动机的转速。调速前，他励直流电动机工作在固有特性曲线 a 点上，如图 5-23 所示。这时电动机的转速为 n_N，电枢电流为 I_N。当电枢串入调速电阻后，电

枢电流为

$$I_a = -\frac{U_N - C_e \Phi_N n}{R_a + R_t} \qquad (4-14)$$

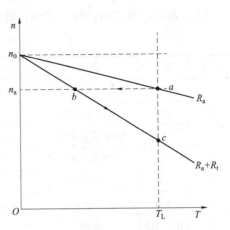

图 5-23　电枢串电阻调速的机械特性

在此瞬间，由于系统的机械惯性，电动机转速来不及变化，因此电枢电流将随电枢回路电阻增大而减小，因为磁通不变，故电磁转矩必然减小。这时运行点由 a 点变换到人为特性曲线的 b 点上。由于负载转矩 T_L 不变，故在 b 点的电磁转矩 $T < T_L$，电动机减速。随着转速 n 的降低，电动机的电动势与转速成正比地减少，使电枢电流和对应的电磁转矩又逐渐增大，一直到工作点移动到人为机械特性 c 点，$T = T_L$ 电动机就以较低的转速 n_c 稳定运行，此时新的稳定转速为

$$n = n_0 - \frac{(R_a + R_t)}{C_e C_T \Phi^2} T \qquad (4-15)$$

这种调速方法的特点如下：
（1）调速的平滑性差；
（2）低速时，特性较软，稳定性较差；
（3）轻载时调速效果不大；
（4）串入的电阻损耗大，效率越低；
（5）电动机的转速不宜调节得太低，因此调速范围小，一般 $D = 2 \sim 3$。

但这种调速方法具有设备简单、操作方便的优点，适于短时调速，在起重和运输牵引装置中得到了广泛的应用。

【例 4-4】

一台他励直流电动机参数为：$P_N = 22$ kW，$U_N = 220$ V，$I_N = 115$ A，$n_N = 1\ 500$ r/min，$R_a = 0.125\ \Omega$，现拖动恒转矩负载在额定工作点稳定运行，要求电动机转速降为 1 000 r/min，需在电枢电路中串入多大的调速电阻？

解：
$$C_e \Phi_N = \frac{U_N - R_a I_N}{n} = \frac{220 - 0.125 \times 115}{1\ 500} = 0.137$$

由于拖动恒转矩负载，且磁通不变，根据 $T_E = CTI_a = T_L = C$ 可知，调速前后电枢电流不变，故转速为 1 000 r/min 时，应串联的电阻值为

$$R_a = -\frac{U_N - C_e \Phi_N n}{I_N} - R_a = \frac{220 - 0.137 \times 1\ 000}{115} - 0.125 = 0.6\ (\Omega)$$

5.2.4　任务实施

5.2.4.1　并励直流电动机电枢串电阻调速电路安装调试

1. 任务实施准备

（1）工具：测试笔、螺钉旋具、斜口钳、尖嘴钳、剥线钳、电工刀等。

（2）仪表：MF47 万用表、5050 兆欧表。

（3）器材：电工试验板、导线、紧固件、线槽、号码套管等，其他见表 5-6。

表 5-6　直流电动机反接制动控制电路安装器材

序号	符号	名称	型号	规　　　格	数量
1	QS1	低压断路器	DZ47	5 A/3 P	1
2	QS2	低压断路器	DZ47	3 A/2 P	1
3	FU1	螺旋式熔断器	RL1-15	熔芯，3 A	2
4	FU2	瓷插式熔断器	RC1-5A	2 A	2
5	KM	交流接触器	CJ46	380 V，KM1、KM2、KM3、KMA	4
6	KT	时间继电器	JS7-3A	AC380 V，KT1、KT2（断电延时）	2
7	R1，R2	电阻		90 Ω，1.3 A	2
8	SA	万转开关	LW5-16/H1196		1
9	KI1	过电流继电器	JL14-11Z	2.5 A	1
10	KI2	欠电流继电器	DL-13	0.08～0.16 A	1
11	M	直流电动机	并励	220 V，1.1 A，185 W，1 600 r/min	1
12	V	二极管	2CZ	1 000 V，5 A	1
13	R	电阻	BX7D-1/6	180 Ω	1

2. 并励直流电动机电枢串电阻调速电路图

（1）并励直流电动机电枢串电阻调速电路原理图，如图 5-24 所示。

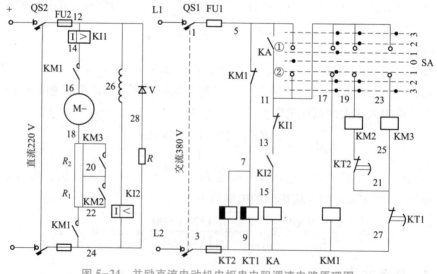

图 5-24　并励直流电动机电枢串电阻调速电路原理图

主令开关 SA 是一万能转换开关，可以控制 M 的正常启动，还可以对 M 进行调速。

（2）工作过程。

① 准备：SA 手柄置于零位，通电 220 V、380 V。这时，KT1、KT2 吸合，KT 延时触头

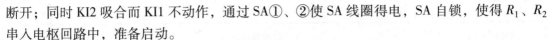

断开；同时 KI2 吸合而 KI1 不动作，通过 SA①、②使 SA 线圈得电，SA 自锁，使得 R_1、R_2 串入电枢回路中，准备启动。

② 启动：SA 手柄置于 3 位，KM1 通电，M 通电启动。这时 KT1、KT2 断电，一段时间后 KT1、KT2 先后复位，使得 R_1、R_2 分别被切除。启动完成。

③ 调速：通过主令开关 SA 可以方便地对 M 进行调速。若将 SA 置于 2，是将二段电阻串入工作；若将 SA 置于 1，是将一段电阻串入工作；显然 SA 置于 3，M 的速度是最高的。

④ 保护：电动机发生过载或短路时，KI1 将动作保护；当 M 励磁电路欠电流时，KI2 起保护作用。

当主令 SA 置于零位时，KA 才能接通，否则无法启动电动机。R 是放电电阻。

3. 任务实施内容与步骤

1）电器元件安装固定

（1）清点、检查器材元件。

（2）根据电气安装工艺规范安装固定元器件。

2）电气控制电路连接

（1）设计三相异步电动机正反转控制线路电气接线图。

（2）按电气安装工艺规范实施电路布线连接。

3）检测与调试

（1）过电流继电器 KI1 的调节：调节直流电流在 A 时不动作，大于 1.5 A 时应该动作。

（2）欠电流继电器 KI2 的调节：调节直流电流在小于 0.05 A 时动作。

（3）KT1、KT2 的时间调节：KT1 约 8 s 延时闭合；KT2 约 15 s 延时闭合。

（4）分别通入直流 220 V 电源及交流 380 V 电源，操作主令开关 SA 从零位到 1、2、3 位观察 M 的启动与调速是否正常。

4）电气控制电路通电试验与排故

（1）安装完毕的控制线路板，必须按要求进行认真检查，确保无误后才允许通电试车。

（2）经指导教师复查认可，且在场监护的情况下进行通电校验。

（3）如若在校验过程中出现故障，学生应独立进行调试、排故。

（4）断开电源，等电动机停转后，先拆除三相电源线，再拆除电动机接线，然后整理训练场地，恢复原状。

4. 安装评价

安装评价按照表 5-7 进行。

表 5-7　安装接线评分

项目内容	配分	评分标准	扣分	得分
安装接线	40 分	1. 按照元件明细表配齐元件并检查质量，因元件质量问题影响通电，一次扣 10 分。 2. 不按电路图接线，每处扣 10 分。 3. 不按工艺要求接线，每处扣 5 分。		

续表

项目内容	配分	评分标准		扣分	得分
安装接线	40分	4. 接点不符合要求，每处扣2分。 5. 损坏元件，每个扣5分。 6. 损坏设备此项分全扣			
通电试车	40分	1. 通电一次不成功，扣10分。 2. 通电二次不成功，扣20分。 3. 通电三次不成功，扣40分			
安全文明操作	10分	视具体情况扣分			
操作时间	10分	规定时间为120 min，每超过5 min扣5分			
说明	除定额时间外，各项目的最高扣分不应超过配分数			成绩	
开始时间		结束时间		实际时间	

5.2.4.2 电枢回路串电阻调速仿真

电枢回路串电阻调速仿真如图5-25所示。图中主要包括直流电动机模块、直流电源模块、理想开关模块、变阻箱模块、电阻模块和示波器模块等。电枢回路串电阻调速在电源和电枢绕组之间串联电阻，因此在结构模型上，通过变阻箱直接串接在电源和电枢绕组之间。图5-26所示为变阻箱结构模型图，由于电枢回路串电阻，与电枢回路串电阻启动原理相类似，也是通过电枢的电阻值的变化进行控制，因此其设置的结构一致。

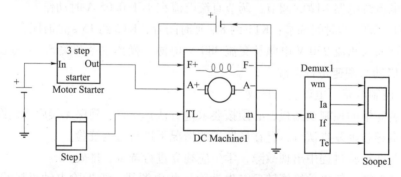

图5-25 电枢回路串电阻调速仿真

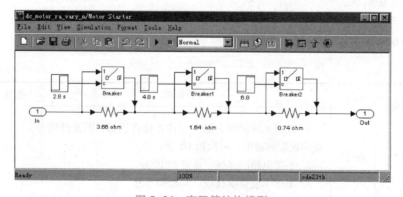

图5-26 变阻箱结构模型

建立模型后，即可运行该模型并通过示波器观察电枢电压、电动机转速、电枢电流和电磁转矩的波形（见图5-27），从仿真结果的波形可以看出，通过设定合适的串联电阻的投入，速度在电阻发生变化时其值也在发生相应变化，达到了调速的目的。仿真波形与理论分析相一致。

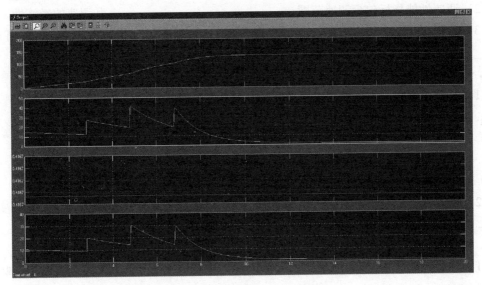

图 5-27　电枢回路串电阻调速波形

5.2.5　考核评价

任务考核按表5-8进行。

表 5-8　直流电动机串阻调速控制电路装调工作评价

评价项目	评价内容	自评	互评	师评
学习态度（10分）	能否认真听讲、答题是否全面			
安全意识（10分）	是否按照安全规范操作并服从教学安排			
完成任务情况（70分）	电器元件安装符合要求与否（10）			
	电路接线正确与否（10）			
	电器参数整定正确与否（10）			
	仪器仪表使用正确与否（10）			
	调试过程和仿真过程结果正确与否（10）			
	调试过程中出现故障检修正确与否（10）			
	通电试验后各项工作完成如何（10）			
协作能力（10分）	与同组成员交流讨论解决了一些问题			
总评	好（85～100），较好（70～85），一般（少于70）			

5.2.6 复习思考题

1. 填空题

（1）他励直流电动机的机械特性方程是_____。

（2）调速性能指标包含调速范围、_____、_____和调速的经济性。

（3）他励直流电动机在总负载转矩不变时，在电枢回路增加调节电阻可使转速_____。

2. 选择题

（1）直流电动机电枢回路总电阻改变后，其机械特性曲线是（　　）。

A. 由 $(0, n_0)$ 出发的一簇向下倾斜的直线

B. 一簇平行于固有特性曲线的人为特性曲线

C. 由 $(0, n_0)$ 出发的一簇向上倾斜的直线

D. 不确定

（2）直流电动机在串电阻调速过程中，若负载转矩保持不变，则保持（　　）不变。

A. 输入功率　　　　B. 输出功率　　　　C. 电磁功率　　　　D. 电动机的效率

3. 简答题

（1）一台他励直流电动机所拖动的负载转矩 T_L = 常数，当电枢电压或电枢附加电阻改变时，能否改变其运行状态下电枢电流的大小？为什么？这个拖动系统中哪些要发生变化？

（2）调速范围与静差率有什么关系？为什么要同时提出才有意义？

任务 5.3　直流电动机弱磁调速控制电路的安装与测试

5.3.1　任务目标

（1）掌握直流电动机弱磁调速控制的特点及其应用场合。

（2）掌握直流电动机弱磁调速控制的基本原理和方法。

（3）能够进行直流电动机弱磁调速电路的安装与测试以及用 MATLAB/Simulink 软件对直流电动机调磁调速控制电路进行仿真。

5.3.2　任务内容

（1）了解直流电动机弱磁调速控制电路的结构及控制方法。

（2）学会按照工艺要求安装测试直流电动机调磁调速控制电路。

（3）学会用 MATLAB/Simulink 软件对直流电动机调磁调速控制电路进行仿真及运行特性分析。

5.3.3 必备知识

1. 直流电动机弱磁调速

减弱磁通调速是保持电动机电源电压为额定值不变，而在励磁回路中串入调节电阻或降低励磁电压减弱励磁磁通，来调节电动机的转速。由于励磁回路中串联电阻是比较简便的方法，故本任务就此方法减弱磁通调速来进行介绍，原理如图5-28所示。

如果端电压$U = U_N$，在负载转矩$T_L = T_N$不变的条件下，电动机稳定运行在图5-29中的固有特性曲线a点上。改变磁通调速时，增加励磁调速电阻，使励磁电流和磁通减小，电动势随之减小。虽然电动势减小得不多，但由于电枢内电阻很小，电枢电流将增加很多，电磁转矩也增加。在这一瞬间运行点由固有特性曲线上a点，变换到人为特性曲线上的b点。此时，由于$T > T_L$，电动机的转速开始上升，电动势随之增加，使电枢电流逐渐减小，当电磁转矩和转速沿着人为特性从b点变化c点时，电磁转矩恢复到$T_{em} = T_L$，这时转速便稳定在n_1。

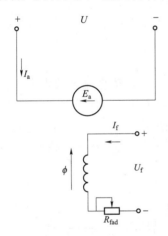

图5-28 他励电动机改变磁通调速接线

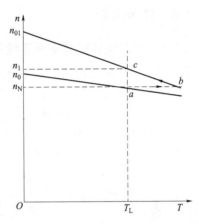

图5-29 改变磁通调速机械特性

弱磁调速的 M 转速是往上调的，以电动机的额定转速n_N为最低转速，最高转速受电动机的换向条件及机械强度的限制。同时若磁通过电枢反应的去磁作用显著，将使电动机运行的稳定性受到破坏。这种调速方法不适合于恒转矩调速，因为在恒定负载条件下，磁通减小、转速升高时，电枢电流将增大，而要使电动机在弱磁调速过程中，电枢电流保持额定值不变，在弱磁时，则要求负载相应减小，所以弱磁调速适合于恒功率负载。

2. 直流电动机弱磁调速的特点及其应用场合

这种调速方法的优点是：

（1）理想空载转速随磁通减弱而上升；

（2）斜率随磁通的减弱而增大，机械特性变软；

（3）电阻能连续调节，可实现无级调速，调速平滑；

（4）励磁电流小，能量损耗少，调速前后电动机的效率基本不变，经济性比较好；

（5）机械特性较硬，转速稳定；

（6）在各种转速下，能输出相同的功率，为恒功率调速；

（7）调速范围不广。普通电动机$D = 1.2 \sim 2$，特殊设计的弱磁调速电动机D可达到$3 \sim 4$。

167

由于弱磁调速的相对稳定性和平滑性较好，同时调速设备投资少、电能损耗少、经济效果较高，且控制比较容易，可以平滑调速，因而得到广泛应用。

【例 4-5】

一台他励直流电动机参数为：$P_N = 22$ kW，$U_N = 220$ V，$I_N = 115$ A，$n_N = 1\ 500$ r/min，$R_a = 0.125$ Ω，拖动恒转矩负载运行于额定状态，当磁通率为 $\Phi = 0.8\Phi_N$ 时，电动机转速为多少？电动机能否长期运行于弱磁状态？

解：由于负载为恒转矩负载，由转矩平衡方程式可得 $C_T\Phi_N I_N = C_T 0.8\Phi_N I_a$，所以

$$I_a = 1.25 I_N = 1.25 \times 115\ \text{A} = 143.75\ \text{A}$$

由于电动机在弱磁状态下的电枢电流是额定电流值得 1.25 倍，故不能长期使用，此时电动机的转速为

$$n = \frac{U_N - R_a I_N}{C_e \Phi_N} = \frac{220 - 0.125 \times 143.75}{0.8 \times 0.137} = 1\ 843\ \text{（r/min）}$$

5.3.4　任务实施

5.3.4.1　直流电动机弱磁调速控制电路仿真

直流电动机弱磁调速仿真模型如图 5-30 所示。图中主要包括直流电动机模块、直流电源模块、理想开关模块、电阻模块和示波器模块等。在电枢电压为额定值时，调节励磁电流，进而改变励磁磁通，本例采用改变励磁电压的方法进行弱磁调速。图 5-31 所示为通过改变励磁电压设置界面图，在 0～10 s 时，励磁电压设置为 240 V，10 s 后励磁电压降为 180 V。

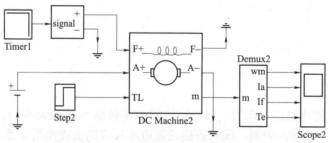

图 5-30　减弱励磁调速仿真模型

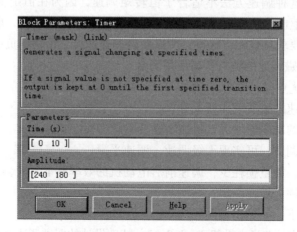

图 5-31　励磁电压降低设置界面

建立模型后，即可运行该模型并通过示波器观察电枢电压、电动机转速、电枢电流和电磁转矩的波形（见图 5-32），在 10 s 时，励磁电压从 240 V 变为 180 V，此时电动机的转速随励磁电流的改变而改变，当减小励磁电流（即减弱磁通）时电动机的转速将随之上升。通过仿真可以看出，电动机正常启动后，保持电枢电压额定不变，以降低励磁电压的方式减弱励磁磁通，使电动机的转速逐步升高，而且具有良好的动态性能。

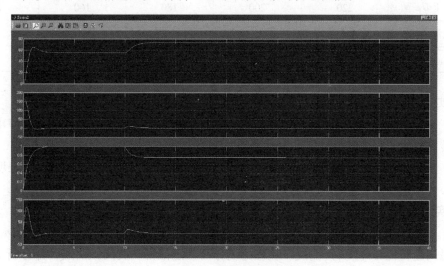

图 5-32　减弱励磁调速仿真

5.3.4.2　他励直流电动机弱磁调速控制电路的特性检测

1. 实训器材

直流可调电源 2 组，他励电动机 1 台，扭矩传感器 1 台，磁粉制动器 1 台。

2. 测试电路

测试电路如图 5-33 所示。

3. 他励直流电动机的调磁调速特性的测试

（1）在恒定电枢电压（一般为额定电压，即 $U_a = U_{aN} = 220$ V）的条件下，在励磁回中串入可调变阻器，用来改变励磁电流。可调电阻从最小逐渐增加，观看电动机转速的变化情况，并用转速表进行测量，记录。

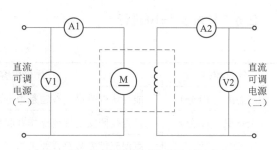

图 5-33　直流电动机调磁调速测试电路

（2）在图 5-33 的电路中，保持电枢电压 $U_a = U_{aN} = 220$ V 不变。分挡减少励磁电压 U_f，使 U_f 由 220 V（U_{fN}）、200 V、180 V、160 V 逐步减小，此时电动机转速 n 将相应增加。此时，若负载转矩不变，则输出的机械功率将超过额定值，它将导致电动机的电枢电流超过额定值，电动机发热严重，而这是不允许的。为此，在弱磁升速时，为使电动机的功率不超过额定值，必须人为自觉地降低负载转矩 T_L。这意味着，弱磁升速是在恒功率条件下进行的，即它属恒功率调速。

他励直流电动机调磁调速特性

$$n=f\left(T_{\mathrm{L}}\right) \ U_{\mathrm{a}}=U_{\mathrm{aN}}=220 \ \mathrm{V}, \ I_{\mathrm{a}}=0.9 \ （保持恒量）$$

弱磁调速记录见表 5-9。

表 5-9　弱磁调速记录

励磁电压 $U_{\mathrm{F}}/\mathrm{V}$	220	200	180	160	140
励磁电流 $I_{\mathrm{F}}/\mathrm{A}$					
转速 $n/(\mathrm{r \cdot min^{-1}})$					

4. 实训注意事项

（1）通电前务必关掉直流可调电源开关及制动器加载电源开关，并将其调节电位器逆时针旋转到底，防止他励电动机飞车及堵转对电动机造成损坏。

（2）实训时，需要注意机组的运转是否平滑，有无噪声。若振动过大，则表明机组对接不同心，要重新调整。

5. 实训报告

（1）根据磁弱调速特性实训数据，在坐标纸上，以励磁电流为横轴、转速 n 为纵轴，画出调磁调速特性 $n=f\left(I_{\mathrm{f}}\right)$ 曲线。从理论上分析其近似哪一类圆锥曲线，并分析为什么通常不采用弱磁降速的方案。

（2）对照实训中的 $n=f\left(U_{\mathrm{a}}\right)$ 与本实训中的 $n=f\left(I_{\mathrm{f}}\right)$，分析调压、调磁两种调速方案各有哪些优缺点，各用在什么场合。

（3）根据弱磁条件下的机械特性实训数据，在坐标纸上，画出机械特性 $n=f\left(T_{\mathrm{L}}\right)$，并在同一张坐标纸上，也画出机械特性曲线（额定励磁电压），对照两根曲线，分析它们的优缺点。

5.3.5　考核评价

任务考核按表 5-10 进行。

表 5-10　直流电动机弱磁调速任务工作评价

评价项目	评价内容	自评	互评	师评
学习态度（10分）	能否认真听讲、答题是否全面			
安全意识（10分）	是否按照安全规范操作并服从教学安排			
完成任务情况 （70分）	电器元件安装符合要求与否（10）			
	电路接线正确与否（10）			
	测量数据测量值正确与否（10）			
	仪器仪表使用正确与否（10）			
	调试过程和仿真过程结果正确与否（10）			
	调试过程中出现故障检修正确与否（10）			
	通电试验后各项工作完成如何（10）			

续表

评价项目	评价内容	自评	互评	师评
协作能力（10分）	与同组成员交流讨论解决了一些问题			
总评	好（85～100），较好（70～85），一般（少于70）			

5.3.6 复习思考题

1. 填空题

（1）直流电动机励磁电流减小至0时，转速会迅速_____。（降低/升高）

（2）他励直流电动机在总负载转矩不变时，在励磁回路增加调节电阻可使转速_____。

（3）他励直流电动机调速方法包含：_____、_____和_____。

2. 选择题

（1）直流电动机的励磁回路应设有（   ）保护。

A. 过流保护　　　　B. 欠流保护　　　　C. 过载保护　　　　D. 短路保护

（2）下列不可用于他励直流电动机调速的方法是（   ）。

A. 改变电枢回路的电阻　　　　　　　　B. 改变电枢回路的总电感

C. 改变电枢两端电压的大小　　　　　　D. 改变励磁电流

3. 简答题

（1）调速范围与静差率有什么关系？为什么要同时提出才有意义？

（2）电动机的调速方式为什么要与负载性质匹配？不匹配时有什么问题？

（3）当电动机的负载转矩和电枢端电压不变时，减小励磁电流会引起转速的升高，为什么？

任务 5.4　直流电动机降压调速控制电路的安调与故障检修

5.4.1 任务目标

（1）掌握直流电动机降压调速控制的特点及其应用场合。

（2）掌握直流电动机降压调速控制的基本原理和方法。

（3）掌握直流电动机降压调速控制电路故障检修方法。

（4）掌握直流电动机降压调速电路装调以及用 MATLAB/Simulink 软件对直流电动机降压调速控制电路进行仿真。

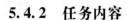
5.4.2 任务内容

（1）了解直流电动机降压调速控制电路的结构及控制方法。

（2）学会对典型晶闸管直流调速电路进行故障检修。

（3）学会用 MATLAB/Simulink 软件对直流电动机降压调速控制电路进行仿真及运行特性分析。

5.4.3 必备知识

1. 直流电动机降压调速

降低电枢电压调速是保持励磁磁通为额定值不变，电枢回路不串入电阻，当改变电枢电压时，使电动机拖动负载运行于不同的转速上。由于直流电动机的工作电压不允许超过额定电压，因此电枢电压只能在额定电压以下进行调节。

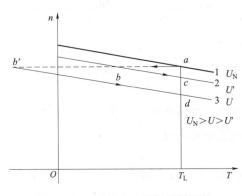

图 5-34 改变电枢电压的机械特性

设电动机拖动恒转矩负载转矩 T_L 在图 5-34 所示固有特性曲线 1 上的 a 点运行，若电枢两端电压降低至 U，在此瞬间电动机的转速没有变化，电动势也没有变化，电枢电流将减小，必将导致电磁转矩减小，运行点由 a 点变换到人为特性曲线 2 上的 b 点，如图 5-34 所示。这时 $T < T_L$，转速开始下降，电动势 E_a 也随之减小，又使电磁转矩和电枢电流逐渐增大，工作点由 b 点向 c 点变化，当电磁转矩一直增加到 $T = T_L$ 时，电动机就稳定在人为特性曲线 2 上的 c 点上运行。同样道理，若电枢两端电压降至 U'，运行点由 a 点变换到人为特性曲线 3 上的 b' 点，沿曲线 3 向 d 点变化，最后稳定运行在 d 点。

2. 降压调速的特点及其应用场合

直流电动机降压调速的特点是：

（1）理想空载转速 n_0 与电枢电压 U 成正比；

（2）转速只能从额定转速往下调；

（3）调速前、后机械特性斜率不变，机械特性硬度高，速度稳定性好，调速范围广，转速与最低转速之比可达 10 倍以上；

（4）当电压连续调节时，转速也连续调节，可实现无级调速；

（5）降压调速是通过减小输入功率来降低转速的，故调速时损耗减小，调节经济性好；

（6）在各种转速下，能输出相同的转矩，为恒转矩调速；

（7）要有电压可调的直流电源，设备多，较复杂，初次投资大。

此种调速方法性能好，适用于调速性能要求较高的场合，广泛应用于自动控制系统中，例如车床、轧钢机、龙门刨床等。在他励直流电动机电力拖动系统中，常常把降压和弱磁两种调速方法结合起来，在额定转速以下采用降压调速，在额定转速以上采用弱磁调速。这样可以扩大调速范围，调速损耗小，运行效率高，能很好地满足各种生产机械对调速的要求。

【例 4-6】

一台他励直流电动机参数为：$P_N = 22$ kW，$U_N = 220$ V，$I_N = 115$ A，$n_N = 1\,500$ r/min，$R_a = 0.125\,\Omega$，电动机拖动恒转矩负载运行于额定状态，要使电动机转速降为 $1\,000$ r/min，电枢电压应降到多少伏？

解： 由于拖动恒转矩负载，且磁通不变，根据 $T_e = CT\Phi I_a = C$ 可知，调速前后电枢电流不变，故转速降为 $1\,000$ r/min 时，电枢电压为

$$U_1 = C_E\Phi_N n + R_a I_N = 0.137 \times 1\,000 + 0.125 \times 115 = 151 \text{（V）}$$

3. 降压调速系统应用

晶闸管直流调速系统就是一个典型的应用，如图 5-35 所示。晶闸管直流调速系统可分为有静差直流调速系统和无静差直流调速系统。这里简单介绍几种晶闸管有静差直流调速系统。

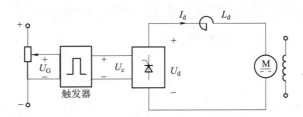

图 5-35　简单的晶闸管直流调速系统

（1）具有转速负反馈的直流调速系统，如图 5-36 所示。

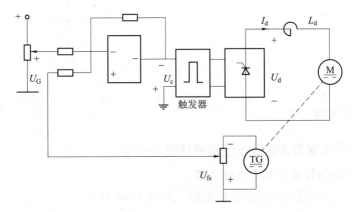

图 5-36　具有转速负反馈的直流调速系统

（2）具有电压负反馈的直流调速系统，如图 5-37 所示。

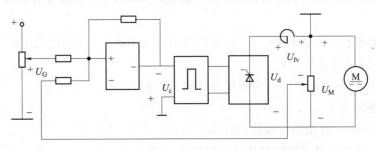

图 5-37　具有电压负反馈的直流调速系统

（3）具有电压负反馈加电流正反馈的直流调速系统，如图5-38所示。

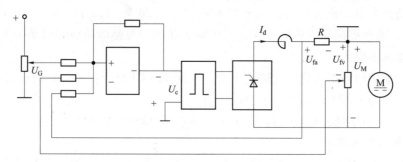

图5-38 具有电压负反馈加电流正反馈的直流调速系统

（4）具有电流截止负反馈的直流调速系统，如图5-39所示。

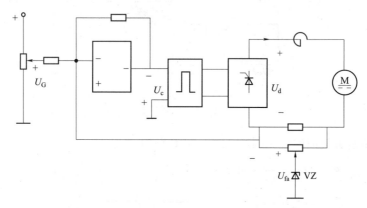

图5-39 具有电流截止负反馈的直流调速系统

5.4.4 任务实施

5.4.4.1 晶闸管直流调速系统的故障诊断与检修

1. KZD-Ⅱ型晶闸管直流调速系统介绍

（1）KZD-Ⅱ型晶闸管直流调速系统电路，如图5-40所示。

（2）结构特点和技术指标。

该系统装置适用于4 kW以下的直流电动机调速。该装置的主回路采用单相桥式半控整流电路，控制电路采用单结晶体管触发电路，具有电压负反馈、电流正反馈和电流截止负反馈环节。

该装置的电源电压为单相200 V，输出电压为直流160 V，输出最大电流为30 A，励磁电压为180 V，励磁电流为1 A。

电动机的调速范围为10∶1，调速精度即静差率$\delta \leqslant 10\%$。

2. 任务实施准备

（1）仪表：MF47万用表、双踪示波器。

（2）器材：直流调速系统模拟机床、直流电动机。

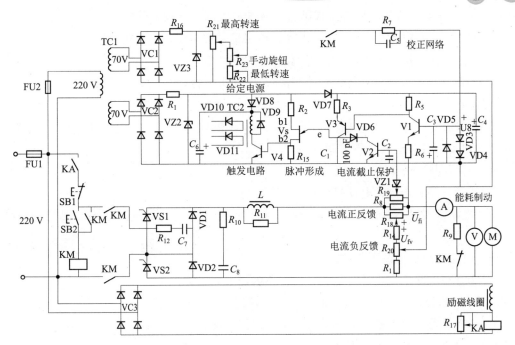

图 5-40　KZD-II 型直流调速装置电路

（3）工具：一套。

3. 任务实施内容和步骤

（1）励磁回路故障：

① 整流二极管中有开路，则输出电压下降一半或无输出电压。

② 整流二极管中有短路，则电流被短路。

③ 励磁线圈开路，KA 不吸合，整个电路开不出（不工作）。

④ 励磁线圈局部短路，励磁电流偏大，有可能使整流二极管损坏。

（2）给定信号部分故障：

① 整流二极管开路，则电路 R_{16} 上的电压将下降。

② 稳压二极管 VZ3 开路，输出电压将升高；若 VZ3 被击穿，则无输出电压，所有的电压将降在 R_{16} 上（有 60～50 V，发热、烫手）。

③ 分压电阻 R_{21} 开路，则无给定信号。

④ 分压电阻 R_{22} 开路，则给定电压上升，电动机高速运转，且不可调。

⑤ 分压电阻 R_{23} 接触不好，则无给定（电压）信号，或时有时无，电动机转速将失控。

（3）主电路故障分析：

① 整流元件损坏，电动机达不到额定转速，则元件有开路或电源短路，电动机被击穿了。

② 阻容吸收回路电容被击穿，则电阻会烧坏（$C_7\downarrow$，$R_{12}\downarrow$）→$U\uparrow$。

（4）反馈部分的故障分析：

① R_{13} 开路或接触不良，使电压负反馈信号消失，电路转速上升且不可调。

② R_{20}（R_{18}）接触不好将使给定信号回路断路，电动机将不转。

（5）给定信号放大器、脉冲形成部分、脉冲放大部分的故障分析。

① 钳位二极管 VD3、VD4、VD5 击穿，给定信号被短路，电动机停转。

② C_3 电容短路击穿，给定信号被短路，电动机不转。

③ V1 管开路，电动机不转；V1 管击穿，电动机不转。

④ V1 管漏电，但是 V3 管仍工作在放大区，电动机将高速运转，但转速不可调。

⑤ V3 管开路，电动机不转；V3 管击穿，C_1 上的电压上升，电动机不转；V3 管漏电，Vs 正常，电动机高速运转且不可调。

⑥ Vs 管开路、击穿，电动机不转。

⑦ V4 管开路、击穿，电动机不转。

（6）电路中接触不良，造成故障分析。根据电路正常时的数据与故障时测得的数据进行对比，分别处理。

（7）电流截止负反馈环节故障分析：

① V2 管在电路工作正常时是截止的，不参与电路工作。

② 当 V2 管漏电时，电动机将达不到额定转速。

③ V2 管开路，主电路电流上升时，则无保护功能。

④ V2 管击穿，电动机将不转。

⑤ 检查 VD6 管两端的电压，V2 管正常时，VD6 管两端无电压；V2 管工作或击穿时，VD6 管两端有电压。

4. 注意事项

（1）检修前要认真阅读电路图，掌握系统的构成、工作原理及接线方式。

（2）检修过程中，故障分析、排除故障的思路和方法要正确，严禁扩大和生产新的故障。

（3）仪表使用要正确，带电检修故障时必须有指导教师在现场监护，以确保用电安全。

5. 检修故障完成评分标准

具体内容和评分标准，见表 5-11。

表 5-11　检修故障完成评分

序号	考核项目	配分	评分标准	实际排故情况	扣分
1	第一处故障排除	30	一次报验合格得分 30 分；二次报验合格得分 20 分	1. 第____次报验合格； 2. 非责任间断工作时间：____	
2	第二故障排除	30	二次报验合格得分 20 分；三次报验合格得分 10 分	1. 第____次报验合格； 2. 非责任间断工作时间：____	
3	排故思路	25	一处不能按正常排故顺序进行，排除故障属于偶然，得 13 分	记载左侧评分序号及其他有关内容	
4	操作熟练程度	10	1. 用表使用正确，得 5 分； 2. 操作不熟练，万用表操作错误，扣 2 分	记载左侧评分序号及其他有关内容	

序号	考核项目	配分	评分标准	实际排故情况	扣分
5	符合安全操作规程	3	按电工有关操作考核，凡有违反者不得分	记载违反具体内容	
6	防护用品使用	2	按有关规定考核，凡有违反者扣 2 分	记载违反具体内容	
其他项目扣分		1. 发生触电事故一次扣 50 分； 2. 熔芯爆损一次扣 20 分； 3. 万用表烧毁或表针打坏扣 20 分			
得分		评分员	负责人	排故日期　　年　月　日	

5.4.4.2　直流电动机降压调速仿真

降低电枢电压调速仿真模型如图 5-41 示。图中主要包括直流电动机模块、直流电源模块、理想开关模块、电阻模块和示波器模块等。改变电枢电压调速是电动机调速最广泛的一种方法，在电枢电阻和励磁电流一定时，改变电枢电压，电动机的理想空载转速发生变化。图 5-42 所示为在 0～10 s 时，电枢电压为 240 V，10 s 后励磁电压降为 180 V。

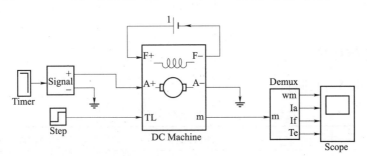

图 5-41　降低电枢电压调速仿真模型

图 5-42　降低电枢电压设置

建立模型后，即可运行该模型并通过示波器观察电枢电压、电动机转速、电枢电流和电磁转矩的波形如图5-43所示，从仿真结果的波形可以看出，在电枢电压改变的过程中，会引起电枢电流和电磁转矩的冲击。改变电枢电压能够实现转速的改变。

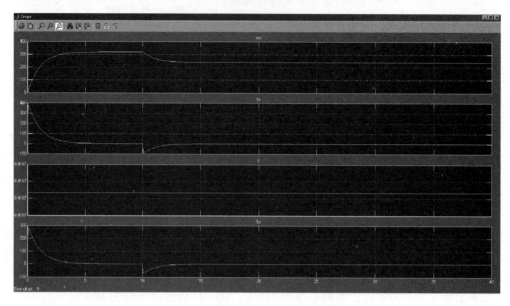

图5-43 降低电枢电压调速仿真模型

5.4.5 考核评价

任务考核按表5-12进行。

表5-12 直流电动机弱磁调速任务工作评价

评价项目	评价内容	自评	互评	师评
学习态度（10分）	能否认真听讲、答题是否全面			
安全意识（10分）	是否按照安全规范操作并服从教学安排			
完成任务情况（70分）	故障现象判断正确与否（10）			
	故障范围分析正确与否（10）			
	故障排除方法正确与否（10）			
	仪器仪表使用正确与否（10）			
	仿真过程、结果分析正确与否（10）			
	操作安全符合规程与否（10）			
	操作试验后各项工作完成如何（10）			
协作能力（10分）	与同组成员交流讨论解决了一些问题			
总评	好（85~100），较好（70~85），一般（少于70）			

5.4.6　复习思考题

1. 填空题

（1）三种调速方法中，其中使电动机转速降低的有＿＿＿＿＿＿和＿＿＿＿＿＿，使电动机转速升高的有＿＿＿＿＿＿。

（2）他励直流电动机在总负载转矩不变时，在电枢回路增加调节电阻可使转速＿＿＿＿。

2. 选择题

（1）在他励直流电动机的机械特性曲线中，与固有特性曲线相比，保持"n_0"不变的有（　　）；斜率不变的有（　　）；斜率变大的有（　　）。

  A. 降低电压　　　　　　　　　　B. 电枢串电阻

  C. 电枢串电阻又降压　　　　　　D. 减小励磁

（2）直流电动机当降低电枢两端的电压后，其人为的机械特性曲线是（　　）。

  A. 由（0，n_0）出发的一簇向下倾斜的直线

  B. 一簇平行于固有特性曲线的人为特性曲线

  C. 由（0，n_0）出发的一簇向上倾斜的直线

  D. 不确定

（3）若他励直流发电机转速升高 10%，则空载时发电机的端电压将升高（　　）。

  A. 10%　　　　　　B. 15%　　　　　　C. 小于 10%　　　　　　D. 20%

3. 简答题

（1）什么是调速？直流电动机有哪几种调速方法？

（2）画出各种调速方法所对应的机械特性曲线，并画出固有机械特性曲线。

阅读拓展

你听过"扁担电机"吗？这个故事要从《解放日报》的一篇报道说起

在上海电机厂展示中心门口，一台古铜色的电机格外引人注目。这台电机本是榨糖用的直流电动机，并无什么特别之处，但是对于上电人而言，却意义非凡。

时间回到上世纪 80 年代。1981 年，在改革开放春风的吹拂下，广东全省迎来了甘蔗大丰收。但是，当时糖厂的设备陈旧，加工能力跟不上，急需技术改造。上海电机厂的技术人员

实地调研后，提出了用直流电机代替蒸汽机的改造方案。然而，更大的难题在于要和时间赛跑，因为距离开榨季节很近，只有往常电机生产周期一半不到的时间。上海电机厂建厂初期只能制造、修理中小型交直流电机。

糖厂厂长忧心忡忡："糖厂开榨以后，农民每天用几百条船运甘蔗过来，万一设备还没

装好，甘蔗处理不了就会烂掉。那时候，只怕农民会拿扁担打我们！"

时任上海电机厂厂长李文华听了，拍着胸脯说："万一发生这种情况，您打电报来，我一定赶到顺德，陪您一起挨扁担！"

两位厂长的对话很快传开了，大家把这批电机叫做"扁担电机"，在它的任务单前面打上紧急订货符号，一路开绿灯。设计人员昼夜埋头伏案，生产工人更是争分夺秒，当年8月份，所有电机如期送达糖厂，并且一次试车成功，甘蔗按期开榨。糖厂工人高兴地说："我们从蒸汽时代进入了电气时代。"

1982年11月29日，《解放日报》最早刊发出《李文华和"扁担电机"——上海电机厂搞活经营的一个故事》一文，提道："通过'扁担电机'的考验，全厂确实从思想上到组织上转到了'以经营为中心'，大大提高了企业在国家计划指导下的市场竞争能力。"1983年元旦，时任国务院副总理万里阅读《解放日报》刊登的"扁担电机"通讯后，有感而发，撰写了《赞"扁担电机"精神》的署名文章，高度赞扬上海电机厂全心全意为用户服务的精神，并称之为"扁担电机"精神。

上海电机厂党委书记周炳千总结道，"扁担电机"精神，就是用优质产品全心全意为用户服务，就是对客户怀有一颗感恩的心，尊重、理解客户，从客户需求出发，维护客户利益，用心为客户服务。

从1954年制造成功我国第一台6 000千瓦空冷汽轮发电机，结束了我国不能制造汽轮发电机的历史；到1981年顺利交付广东顺德糖厂一批急需的替代老式蒸汽机的榨糖用直流电动机，开创"扁担电机"精神；再到2020年国内首台38 MW级异步电动机和51.2 MW级同步电动机研制成功。伴随上海电机厂展示中心门口的这台电机孕育出的"扁担电机"精神，一代代上电人不断挑战自我，创造了一个又一个"上电速度"。

近年来，上电发挥自身在电机及变频系统上的技术优势，通过在冶金、水利行业的应用及改造，实现了电气传动系统的绿色高效，特别是由上电成套的印度西塔拉玛水利项目，实现了6台40 MW立式同步电机加变频驱动系统的"一站式"交付目标，为上电赢得了国际声誉及口碑。

思考：什么是新时期的"扁担精神"作为新时代的职校生如何技术服务人民？

 多媒体链接

直流电动机

直流电动机行业产量分析

交、直流电机哪个好？

"扁担电机"精神视频

项目 6

伺服电动机的控制与调速技术

【知识目标】

    1. 掌握伺服电动机的结构与工作原理。

    2. 了解伺服电动机的控制方式和运行特性。

【技能目标】

    1. 会装调直流伺服电动机控制与调速电路以及对其进行特性测试。

    2. 会装调交流伺服电动机控制与调速电路。

    3. 会对伺服电动机以及控制线路故障进行检修。

【素质目标】

    1. 培养良好的职业道德意识,培树良好的敬业精神;

    2. 端正学风,培养热爱科学、不断进取、实事求是的求知精神;

    3. 增强质量意识、效益意识和新技术意识,培养积极服务社会的责任感。

![任务导入]

随着自动控制技术的不断发展，对电动机也提出了各种各样的特殊要求。因此，在普通电动机的基础上又发展出许多种具有特殊功能的小功率控制电动机。普通电动机，断电后会

因为自身的惯性继续旋转，而伺服电动机当信号电压为零时却无自转现象，因此伺服电动机得到广泛应用。图 6-1 所示为交流伺服电动机外观图。

"伺服"一词源于希腊语"奴隶"的意思，反映人们希望"伺服机构"是个得心应手的驯服工具，服从控制信号的要求而动作。在信号来到之前，转子静止不动；信号来到之后，转子立即转动；当信号消失后，转子能即时自行停转。由于它的"伺服"性能，因此而得名。

图 6-1　交流伺服电动机外观图

"伺服系统"是使物体的位置、方位、状态等输出被控量能够跟随输入目标（或给定值）任意变化的自动控制系统。伺服的主要任务是按控制命令的要求，对功率进行放大、变换与调控等处理，使驱动装置输出的力矩、速度和位置控制非常灵活方便。

伺服电动机又称执行电动机，在自动控制系统中用作执行元件，把所收到的电信号转换成电动机轴上的角位移或角速度输出。其主要特点是：当信号电压为零时无自转现象，转速随着转矩的增加而匀速下降。

伺服电动机可分为直流和交流伺服电动机两大类。交流伺服要好一些，因为是正弦波控制，转矩脉动小。直流伺服是梯形波控制，但直流伺服比较简单、便宜。直流伺服电动机又分为有刷和无刷电动机。有刷电动机成本低，结构简单，启动转矩大，调速范围宽，控制容易，维护方便（换炭刷），易产生电磁干扰，对环境有要求。因此它可以用于对成本敏感的普通工业和民用场合。

伺服电动机的应用领域极广，只要是有动力源而且对精度有要求的一般都可能涉及伺服电动机。如机床、印刷设备、包装设备、纺织设备、激光加工设备、机器人、自动化生产线等对工艺精度、加工效率和工作可靠性等要求相对较高的设备中，都使用了伺服电动机。

任务 6.1　直流伺服电动机控制与调速电路的安装及特性测试

6.1.1　任务目标

（1）掌握直流伺服电动机的结构与工作原理。

（2）掌握直流伺服电动机的控制方式和控制特性。

（3）学会安装和操作直流伺服电动机的控制系统。

6.1.2　任务内容

（1）了解直流伺服电动机的结构原理。

（2）了解直流伺服电动机的控制方式和控制特性。

（3）认识直流伺服电动机的特性参数。

（4）会装调直流伺服电动机控制与调速电路的安装及对其进行特性测试。

6.1.3　必备知识

直流伺服电动机具有良好的启动、制动和调速特性，可很方便地在宽范围内实现平滑无级调速，故多应用于对调速性能要求较高的生产设备中。

6.1.3.1　直流伺服电动机的结构与工作原理

1. 直流伺服电动机的分类

直流伺服电动机按结构可分为传统型直流伺服电动机、盘形电枢直流伺服电动机、空心杯电枢直流伺服电动机、无槽电枢直流伺服电动机等几种。

2. 直流伺服电动机的结构

直流伺服电动机的结构和普通小功率直流电动机结构相同。

1）传统型直流伺服电动机

传统型直流伺服电动机的结构形式和普通直流电动机基本相同，也是由定子、转子两大部分组成，按照励磁方式不同，又可分为永磁式（代号 SY）和电磁式（代号 SZ）两种：永磁式直流伺服电动机是在定子上装置由永久磁铁做成的磁极，其磁场不能调节；电磁式直流伺服电动机的定子通常由硅钢片冲制叠装而成，磁极和磁轭整体相连，在磁极铁盘形电枢芯上套有励磁绕组。如图 6-2 所示。

2）盘形电枢直流伺服电动机

盘形电枢直流伺服电动机的结构如图 6-3 所示。

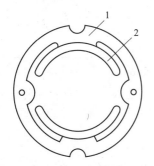

图 6-2　传统型伺服电动机定子结构

1—磁轭；2—磁极

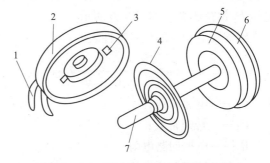

图 6-3　盘形电枢直流伺服电动机结构

1—引线；2—前盖；3—电刷；4—盘形电枢；5—磁钢；

6—后盖；7—转轴

3）空心杯电枢直流伺服电动机

空心杯电枢直流伺服电动机的结构如图 6-4 所示。

4）无槽电枢直流伺服电动机

无槽电枢直流伺服电动机的结构如图 6-5 所示。

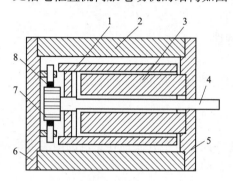

图 6-4　空心杯电枢直流伺服电动机结构

1—电枢；2—外定子；3—内定子；4—转轴；5—后盖；
6—前盖；7—换向器；8—电刷

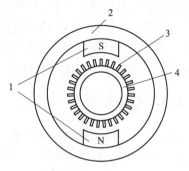

图 6-5　无槽电枢直流伺服电动机结构

1—磁极；2—定子；3—电枢绕组；4—转子

3. 直流伺服电动机的工作原理

直流伺服电动机的工作原理与一般直流电动机的工作原理完全相同，他励直流电动机转子上的载流导体（即电枢绕组），在定子磁场中受到电磁转矩 M 的作用，使电动机转子旋转。

6.1.3.2　直流伺服电动机的控制方式和控制特性

1. 直流伺服电动机的控制方式

直流伺服电动机的控制方式有两种：一种称为电枢控制，在电动机的励磁绕组上加上恒压励磁，将控制电压作用于电枢绕组上来进行控制；一种称为磁场控制，在电动机的电枢绕组上施加恒压，将控制电压作用于励磁绕组上来进行控制。由于电枢控制的特性好、电枢控制中回路电感小、响应快，故在自动控制系统中多采用电枢控制。

在电枢控制方式下，作用于电枢的控制电压为 U_c，励磁电压 U_f 保持不变，如图 6-6 所示。

直流伺服电动机的机械特性表达式为

$$n = \frac{U_c}{C_e \Phi} - \frac{R_a}{C_e C_T \Phi^2} T_{em} \qquad (5\text{-}1)$$

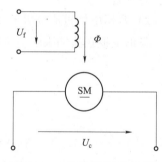

图 6-6　电枢控制的直流伺服
电动机原理图

式中，C_e——电势常数；

　　　C_T——转矩常数；

　　　R_a——电枢回路电阻。

由于直流伺服电动机的磁路一般不饱和，我们可以不考虑电枢反应，认为主磁通 Φ 大小不变。

由式（5-1）可知，调节电动机的转速有三种方法：

（1）改变电枢电压 U_c。调速范围较大，直流伺服电动机常用此方法调速。

（2）改变磁通量 Φ。改变励磁回路的电阻 R_f 以改变励磁电流 I_f，可以达到改变磁通量的目的；调磁调速因其调速范围较小常常作为调速的辅助方法，而主要的调速方法是调压调速。若采用调压与调磁两种方法互相配合，可以获得很宽的调速范围，又可充分利用电动机的容量。

（3）在电枢回路中串联调节电阻 R_t，此时有

$$n = [U - I_a(R_a + R_t)] / K_e \tag{5-2}$$

由式（5-2）可知，在电枢回路中串联电阻的办法，转速只能调低，而且电阻上的铜损较大，这种办法并不经济，仅用于较少的场合。

2. 直流伺服电动机的机械特性

伺服电动机的机械特性，是指控制电压一定时转速随转矩变化的关系。当作用于电枢回路的控制电压 U_c 不变时，转矩 T 增大，转速 n 降低，转矩的增加与电动机的转速降成正比，转矩 T 与转速 n 之间呈线性关系，在不同控制电压作用下的机械特性如图 6-7 所示。其机械特性表达式为

$$n = \frac{U_c}{K_e} - \frac{R_a}{K_e K_T} T_{em} \tag{5-3}$$

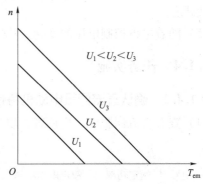

图 6-7　电枢控制直流伺服电动机的机械特性

电枢控制直流伺服电动机时，电枢绕组为控制绕组，式（5-3）可写成：电枢控制直流伺服电动机的机械特性 $n = f(T_{em})$ 和调节特性 $n = f(U_c)$。

直流伺服电动机的机械特性的特点有：

（1）机械特性是线性关系，转速随输出转矩的增加而降低。

（2）电磁转矩等于零时，直流伺服电动机的转速最高。

（3）曲线的斜率反映直流伺服电动机的转速随转矩变化而变化的程度，又称为特性硬度。

（4）随着电枢控制电压的变化，特性曲线平行移动但斜率保持不变。

3. 直流伺服电动机的调节特性

伺服电动机的调节特性是指在一定的负载转矩下，电动机稳态转速随控制电压变化的关系。当电动机的转矩 T 不变时，控制电压的增加与转速的增加成正比，转速 n 与控制电压 U_c 也呈线性关系。不同转矩时的调节特性如图 6-8 所示。由图可知，当转速 $n=0$ 时，不同转矩 T 所需要的控制电压 U_c 也是不同的，只有当电枢电压大于这个电压值时，电动机才会转动，调节特性与横轴的交点所对应的电压值称始动电压。负载转矩 T_L 不同时，始动电压也不同，T_L 越大，始动电压越高，死区越大。负载越大，死区越大，伺服电动

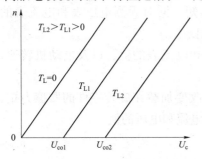

图 6-8　电枢控制直流伺服
电动机的调节特性

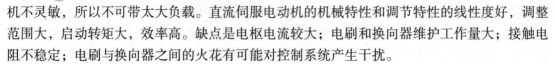

机不灵敏，所以不可带太大负载。直流伺服电动机的机械特性和调节特性的线性度好，调整范围大，启动转矩大，效率高。缺点是电枢电流较大；电刷和换向器维护工作量大；接触电阻不稳定；电刷与换向器之间的火花有可能对控制系统产生干扰。

直流伺服电动机调节特性的特点有：

（1）当负载转矩一定时，转速与控制电压为线性关系，即控制电压增加、转速增加。

（2）启动时，不同的负载转矩需有不同的启动电压 U_{co}，当控制电压小于启动电压 U_{co} 时，电枢控制直流伺服电动机就不会启动。

（3）启动电压与负载转矩成正比。

（4）曲线的斜率反映直流伺服电动机的转速随控制电压变化而变化的程度，也称为调节特性硬度。

（5）随着电枢控制电压的变化，特性曲线平行移动但斜率保持不变。

6.1.4 任务实施

6.1.4.1 确认直流伺服电动机特性参数

（1）查看直流伺服电动机铭牌，填写表 6-1。

表 6-1 电动机铭牌参数

电动机型号	额定功率	额定电枢电压	额定电枢电流	额定转速	额定转矩	励磁方式

（2）结合实际接线，画出直流伺服电动机控制接线图。

6.1.4.2 测定直流伺服电动机的机械特性

1. 操作步骤

（1）将直流伺服电动机动力线接到直流电源，编码器接到示波器输入端。

（2）电压表及电流表接在直流稳压电源上。

（3）将力矩装置的传动轴与直流伺服电动机轴用联轴器相连，传动轴外侧装有圆形的旋转零件，旋转零件外侧套有一个加力矩附件，加力矩附件的顶针压在零件上（顶针外边缘和附件侧面的最小刻度线对齐，此时弹簧处于自然状态，没有任何变形，因此不会产生力矩）。

（4）打开电源开关，调节电源输出电压和负载转矩，同时观测电压表和电流表的值，运行过程中，数据会有所波动，可以以数据的平均值记录。

（5）准备好示波器，打开电源，同时观测电压表和电流表的值，以及电动机转速，并做记录。

（6）固定电枢电压，加力矩附件的顶针向下旋，改变加载在旋转零件的摩擦力矩，记录此时所转过的刻度值。重复步骤 5、6 次，得到 5 组电流和电压的值，

2. 数据分析

记录并填写表 6-2，根据数据进行分析。

表6-2 数据分析

电压值/V	负载转矩（刻度）	电流值/A	电动机转速/(r·min⁻¹)

6.1.4.3 测量与研究直流伺服电动机调节特性

1. 操作步骤

（1）调整附加接线柱的跳线，将力矩装置的传动轴与直流伺服电动机轴用联轴器相连，传动轴外侧装有圆形的旋转零件，旋转零件外套有一个加力矩附件，加力矩附件的顶针压在零件上（顶针外边缘和附件侧面的最小刻度线对齐，此时弹簧处于自然状态，没有任何变形，因此不会产生力矩）。

（2）加力矩附件的顶针向下旋，改变加载在旋转零件的摩擦力矩，注意在实验过程中不改变摩擦力矩的值。

（3）准备好示波器，打开电源，测量电动机转速及电枢电压值并做记录。

（4）改变直流稳压电源的输出电压（直流电动机电枢电压，电压差为3～5 V）。测量电动机转速及电枢电压值并做记录。重复4次得到五组数据。

（5）关断电源，将设备恢复初始状态。

2. 数据处理

将所得数据填入表6-3，根据数据进行分析。

表6-3 数据处理

总负载力矩（刻度）	电枢电压值/V	电动机转速/(r·min⁻¹)

续表

总负载力矩（刻度）	电枢电压值/V	电动机转速/(r·min⁻¹)

注：电动机速度是示波器所测实际速度。

3. 实验报告要求

（1）填写表6-1，结合实际接线，画出直流伺服电动机控制接线图。

（2）填写表6-2。

（3）填写表6-3，根据表6-3中数据绘制调节特性曲线图，并说明电动机速度和电枢（供电）电压之间的关系。

6.1.5　任务考核

任务考核，按表6-4来实施。

表6-4　任务考核评价

评价项目	评价内容	配分	扣分说明	得分
学习态度	能否认真听讲、答题是否全面	10		
安全意识	是否按照安全规范操作并服从教学安排	10		
完成任务情况	能正确认识电动机铭牌并填写表6-1	20		
	能否按照规范正确画出直流伺服电动机控制接线图	10		
	能否根据实验步骤完成机械特性和调节特性的测量并记录所测数据	30		
	能否正确分析所测数据，并绘制调节特性曲线图	10		
协作能力	与同组成员交流、讨论并解决了一些问题	10		
总评	好（85～100分），较好（75～85分），一般（少于70分）			

6.1.6　习题

1. 判断题

（1）伺服电动机是一种执行元件（功率元件），它用于把输入的电信号变成电动机转轴

的角位移或者角转速输出。（　　）

（2）直流伺服电动机分为永磁式和电磁式两种基本结构，其中永磁式直流伺服电动机可看作他励式直流电动机。（　　）

（3）伺服电动机负载转矩一定时，转速与电压为非线性关系。（　　）

（4）直流伺服电动机的电气制动有能耗、回馈和反接。（　　）

（5）伺服电动机启动电压与负载转矩成反比。（　　）

2. 选择题

（1）伺服电动机将输入的电压信号变换成（　　），以驱动控制对象。

A. 动力　　　　　　B. 位移　　　　　　C. 电流　　　　　　D. 转矩和速度

（2）直流伺服电动机在低速运转时，由于（　　）波动等原因可能造成转速时快时慢，甚至暂停的现象。

A. 电流　　　　　　B. 电磁转矩　　　　C. 电压　　　　　　D. 温度

（3）直流伺服电动机在自动控制系统中用作（　　）。

A. 放大元件　　　　B. 测量元件　　　　C. 执行元件　　　　D. 控制元件

3. 简答题

（1）直流伺服电动机的控制方式有哪些？

（2）伺服电动机的机械特性的特点是什么？

任务 6.2　交流伺服电动机控制系统的安装

6.2.1　任务目标

（1）掌握交流伺服电动机的结构与工作原理。

（2）知道交流伺服电动机的控制方式和控制特性。

（3）学会安装和操作交流伺服电动机的控制系统。

6.2.2　任务内容

（1）了解交流伺服电动机的结构原理。

（2）了解直流伺服电动机的控制方式和控制特性。

（3）会安装与操作交流伺服电动机控制系统。

6.2.3　必备知识

6.2.3.1　交流伺服电动机的结构

交流伺服电动机的结构主要包括三大部分，基本结构由定子和转子构成，还包括电刷与换向片，如图 6-9 所示。定子铁芯用硅钢片叠成，其表面的槽内嵌有两相绕组，一相是励磁绕组，另一相是控制绕组，两相绕组在空间位置上互差 90°电角度。工作时励磁绕组 f 与交流励磁电源相连，控制绕组 C 加控制信号电压。

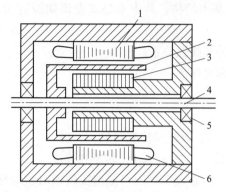

图 6-9　杯形转子伺服电动机结构

1—外定子铁芯；2—杯形转子；3—内定子铁芯；
4—转轴；5—轴承；6—定子绕组

交流伺服电动机的转子通常做成鼠笼式，但为了使伺服电动机具有较宽的调速范围、线性的机械特性、无"自转"现象和快速响应的性能，它与普通电动机相比，应具有转子电阻大和转动惯量小这两个特点。目前应用较多的转子结构有两种形式：一种是采用高电阻率导电材料做成的高电阻率导条的鼠笼转子，为了减小转子的转动惯量，转子做得细长；另一种是采用铝合金制成的空心杯形转子，杯壁很薄，仅 $0.2\sim0.3$ mm，

为了减小磁路的磁阻，要在空心杯形转子内放置固定的内定子。空心杯形转子的转动惯量很小，反应迅速，而且运转平稳，因此被广泛采用。

6.2.3.2　交流伺服电动机工作原理

交流伺服电动机实际上就是两相异步电动机，所以有时也叫两相伺服电动机。如图 6-10 所示，电动机定子上有两相绕组，一相叫励磁绕组 f，接到交流励磁电源 U_f；另一相为控制绕组 C，接入控制电压 U_c。两绕组在空间上互差 90°电角度，励磁电压 U_f 和控制电压 U_c 频率相同。

交流伺服电动机的工作原理与单相异步电动机有相似之处。当交流伺服电动机的励磁绕组接到励磁电流 U_f 上时，若控制绕组加上的控制电压 U_c 为 0 V（即无控制电压），则所产生的是脉振磁通势，所建立的是脉振磁场，电动机无启动转矩；当控制绕组加上的控制电压 $U_c\neq0$，且产生的控制电流与

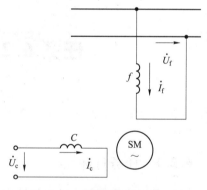

图 6-10　交流伺服电动机原理

励磁电流的相位不同时，建立起椭圆形旋转磁场（若 $\dot I_c$ 与 $\dot I_f$ 相位差为 90°，则为圆形旋转磁场），于是产生启动转矩，电动机转子转动起来。如果电动机参数与一般的单相异步电动机一样，那么当控制信号消失时，电动机转速虽会下降些，但仍会继续不停地转动。伺服电动机在控制信号消失后仍继续旋转的失控现象称为"自转"。怎么样消除"自转"这种失控现象呢？

从单相异步电动机理论可知，单相绕组通过电流产生的脉振磁场可以分解为正向旋转磁场和反向旋转磁场，正向旋转磁场产生正转矩 T_+，起拖动作用；反向旋转磁场产生负转矩 T_-，起制动作用。正转矩 T_+ 和负转矩 T_- 与转差率 S 的关系如图 6-11 虚线所示，电动机的电磁转矩 T 应为正转 T_+ 和负转矩 T_- 的合成，在图中用实线表示。

交流伺服电动机的电动机参数与一般的单相异步电动机一样，转子电阻较小，其机械特性如图 6-11（a）所示，当电动机正向旋转时，$S_+<1$，$T_+>T_-$，合成转矩即电动机电磁转矩

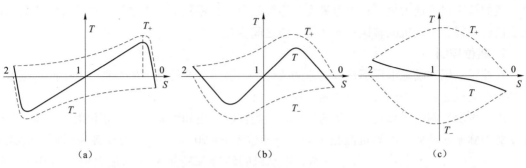

图 6-11　交流伺服电动机自转的消除

$T=T_+-T_->0$，所以，即使控制电压消失后，即 $U_c=0$，电动机在只有励磁绕组通电的情况下运行，仍有正向电磁转矩，电动机转子仍会继续旋转，只不过电动机转速稍有降低而已，于是产生"自转"现象而失控。

"自转"的原因是控制电压消失后，电动机仍有与原转速方向一致的电磁转矩。消除"自转"的方法是消除与原转速方向一致的电磁转矩，同时产生一个与原转速方向相反的电磁转矩，使电动机在 $U_c=0$ 时停止转动。

可以通过增加转子电阻的办法来消除"自转"。增加转子电阻后，正向旋转磁场所产生的最大转矩 T_{m+} 时的临界转差率 S_{m+} 为

$$S_{m+}\approx\frac{r_2'}{x_1+x_2'}$$

S_{m+} 随转子电阻 r_2' 的增加而增加，而反向旋转磁场所产生的最大转矩所对应的转差率 $S_{m-}=2-S_{m+}$ 相应减小，合成转矩即电动机电磁转矩则相应减小，如图 6-11（b）所示。如果继续增加转子电阻，使正向磁场产生最大转矩时的 $S_{m+}\geqslant1$，正向旋转的电动机在控制电压消失后的电磁转矩为负值，即为制动转矩，使电动机制动到停止；若电动机反向旋转，则在控制电压消失后的电磁转矩为正值，也为制动转矩，也使电动机制动到停止，从而消除"自转"现象，如图 6-11（c）所示。所以要消除交流伺服电动机的"自转"现象，在设计电动机时，必须满足：

$$S_{m+}\approx\frac{r_2'}{x_1+x_2'}\geqslant1$$

而 $r_2'\geqslant x_1+x_2'$，即 $r_2'\geqslant x_2'$。

增大转子电阻 r_2'，使 $r_2'\geqslant x_1+x_2'$ 不仅可以消除"自转"现象，还可以扩大交流伺服电动机的稳定运行范围。但转子电阻过大，会降低启动转矩，从而影响快速响应性能。

6.2.3.3　交流伺服电动机的控制方法

交流伺服电动机的控制方法有幅值控制、相位控制和幅相控制三种。

1. 幅值控制

只使控制电压的幅值变化，而控制电压和励磁电压的相位差保持 90° 不变，这种控制方法叫作幅值控制。

当控制电压为零时，伺服电动机静止不动；当控制电压和励磁电压都为额定值时，伺服

电动机的转速达到最大值，转矩也最大；当控制电压在零到最大值之间变化，且励磁电压取额定值时，伺服电动机的转速在零和最大值之间变化。

2. 相位控制

在控制电压和励磁电压都是额定值的条件下，通过改变控制电压和励磁电压的相位差来对伺服电动机进行控制的方法叫作相位控制。

用 θ 表示控制电压和励磁电压的相位差。当控制电压和励磁电压同相位时，$\theta=0$，气隙磁动势为脉振磁动势，电动机静止不动；当相位差 $\theta=90°$ 时，气隙磁动势为圆形旋转磁动势，电动机的转速和转矩都达到最大值；当 $0<\theta<90°$ 时，气隙磁动势为椭圆形旋转磁动势，电动机的转速处于最小值和最大值之间。

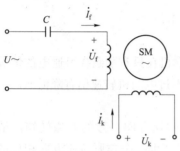

图 6-12　幅相控制的电路

3. 幅相控制

幅相控制是上述两种控制方法的综合运用，电动机转速的控制是通过改变控制电压和励磁电压的相位差及它们的幅值大小来实现的，其电路如图 6-12 所示。

当改变控制电压的幅值时，励磁电流随之改变，励磁电流的改变引起电容两端的电压变化，此时控制电压和励磁电压的相位差发生变化。

幅相控制的电路图结构简单，不需要移相器，实际应用比其他两种方法广泛。

6.2.4　任务实施

6.2.4.1　安装交流伺服电动机的控制系统

在安装伺服电动机之前，首先要检查伺服电动机型号、驱动器的型号以及附件是否齐全。附件主要有：编码器线、控制线、电源插头和插针或电源线、数字操作器。

1. 认识伺服电动机外形（以 SP180 型为例，见图 6-13）

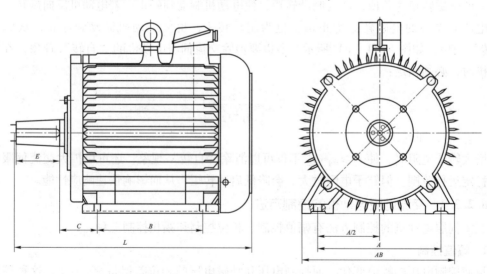

图 6-13　SP180 型电动机外形

2. 系统连接图（见图6-14）

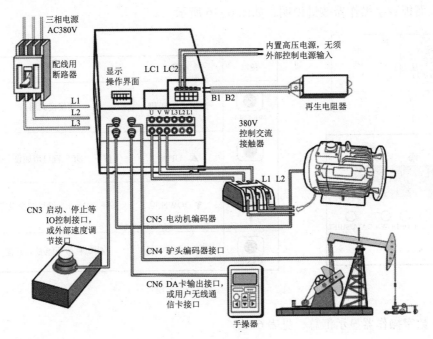

图6-14　系统连接图

3. 接线示意图（见图6-15）

本伺服系统包括伺服驱动器、伺服电动机和指令输入装置等部分。

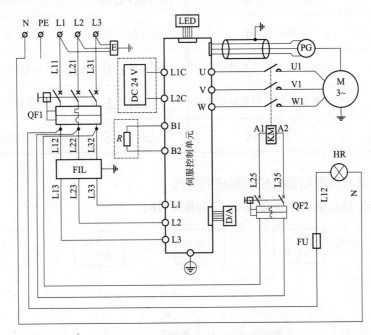

图6-15　伺服控制单元系统接线图

QF1—空气断路器；QF2—微分断路器；E—避雷器；FIL—滤波器；R—制动电阻；HR—电源指示灯；

KM—交流接触器；PG—编码器；M—交流伺服电动机；FU—熔断器

4. 数字操作器

（1）面板数字操作器按键说明，如图6-16所示。

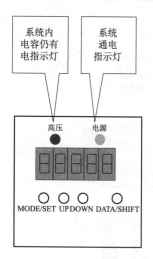

按键	名称	功能
● MODE/SET	MODE/SET 键	切换模式用
● ▲	▲ UP 键	按下"UP"键可增加设定值
● ▼	▼ DOWN 键	按下"Down"键可减少设定值
● DATA/SHIFT	DATA/SHIFT 键	闪烁移位功能/确认功能

图 6-16　数字面板操作说明

（2）数字操作器显示汇总，见表6-5。

表 6-5　数字操作显示说明

显示内容	意义	显示内容	意义
P-OFF	没有打开功率电源开关	Cn000	系统参数模式
StOP	电动机停转	Sn000	速度环参数模式
nnnnn	伺服正常运行或参数设定	Pn000	位置控制参数模式
AL888	报警显示，后三位显示报警码	InIt	参数初始化显示
Un000	监视模式	donE	参数初始化操作完成

6.2.4.2　交流伺服电动机控制系统的操作

1. 系统启动/停止的顺序（见图6-17和图6-18）

图 6-17　系统启动顺序

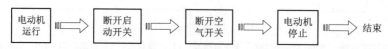

图 6-18　系统停机顺序

2. 上电启动操作具体步骤（见表6-6）

表6-6 上电启动操作步骤

操作步骤	操作内容	显示内容	备注
1	确保按照操作手册完成系统的外部接线工作，保证操作者在安全操作环境下进行操作	—	面板不显示
2	闭合空气开关，提供380 V交流电给伺服系统		继电器没有吸合，电容充电没有完成
3	等待伺服系统内部的继电器吸合后（闭合空气开关后，继电器吸合会有"啪"的响声），说明电容充电完成，再进行下面操作	$StOP$	电容充电完成，电动机没有运行
4	按下启动/停止自锁开关，启动电动机运行，电动机按照设定的加速度加速到设定速度，显示如右图（其中：n 代表 0～9 的数字）	$Cn001$	显示电动机电流，单位：安培（A）
5	电动机运行后，如果需要进行"在线调速"功能，请参照表6-7的操作步骤进行相应的调速操作	见表6-7显示内容部分	
6	如果上述步骤中系统出现异常报警，请参照表6-8的异常报警操作步骤进行相应的处理操作	$AL888$	

3. 在线调速操作步骤（见表6-7）

表6-7 在线调速操作详细步骤

操作步骤	操作内容	显示内容	备注
1	"在线调速"操作需要完成表6-6的步骤4，并且面板当前显示为电动机电流的状态下才能进行	$nnnnn$	显示电机电流，单位：安培（A）
2	同时按下组合按键▲和▼键，进入"在线调速模式"，显示如右图（其中：n 代表 0～9 的数字）	$nnnnn$	显示为 Sn004 设定的运行速度
3	如果此时按下"MODE/SET"键，则系统退出在线调速模式，返回到电动机运行电流显示状态；否则还是处于在线调速模式，请进行以下操作	$nnnnn$	显示电动机电流
4	按下▲键，数值加十；按下▼键数值减十	$nnnnn$	在线速度数值的调节范围是Sn001～Sn002
5	长按"DATA"键，显示全闪烁两次，保存设定的在线速度后，返回到电动机电流显示状态	$nnnnn$	显示电动机电流
6	到此，完成一次在线调速的完整操作步骤，如需再次进行在线调速操作请重返回到步骤2	$nnnnn$	显示电动机电流

操作步骤	操作内容	显示内容	备注
7	如果在上述步骤中关闭运行/停止软开关，则面板退出"在线调速"模式，当前系统状态显示停机	$StOP$	电动机停机，退出"在线调速"
8	如果上述步骤中系统出现异常报警，请参照表6-8的异常报警操作步骤进行相应的处理操作	$AL888$	有异常报警产生

4. 异常报警操作步骤（见表6-8）

表6-8　有异常报警处理详细步骤

操作步骤	操作内容	显示内容	备注
1	当系统产生异常报警时，电动机停止运行，面板显示如右图（其中：后三位显示的为异常报警的号码）	$AL888$	产生报警后，电动机停转
2	出现报警后，为了不产生安全事故，系统有自保护功能，会停止驱动电动机运行，但是电动机也不在系统的控制范围内，所以需要操作者进行以下的安全操作内容	$AL888$	报警产生后，系统不再控制电动机，需注意机械安全
3	闭合运行/停止开关，防止重新上电时其仍为闭合状态，造成事故	$AL888$	请牢记先断开运行/停止开关
4	根据抽油机的安全规范，进行手刹制动等安全操作	$AL888$	安全操作
5	先牢记异常报警号码，然后断开空气开关	—	牢记报警号
6	参照报警信息一览表，确认异常报警的内容和原因，根据提供的处理方法进行报警消除操作，报警消除不了的请报修	—	根据报警号，进行报警消除操作
7	报警消除后如进行启动操作请参照表6-6操作	—	报警复位只能通过断开空气开关后再闭合实现

5. 改变转动方向操作步骤（见表6-9）

表6-9　改变电动机转动方向操作

操作步骤	操作后的显示	面板式数字操作器	说　明
1	$Cn000$	MODE/SET 键	选择辅助功能执行模式
2	$Cn001$	▲或▼键和 DATA/SHIFT 键	选择想要设定的用户参数号

操作步骤	操作后的显示	面板式数字操作器	说　明
3	00000	长按"DATA"键	进入参数修改模式，从电动机长轴方向看 0 为顺时针，1 为逆时针，根据需要修改此值
4	00001	长按"DATA"键	执行参数写入操作，数字闪烁
5	Cn001	长按"DATA"键	返回辅助功能执行模式
6	—	—	断开空气开关再闭合，将参数写入控制器

6.2.5　任务考核

任务考核按表 6-10 来实施。

表 6-10　任务考核评价

评价项目	评价内容	配分	扣分说明	得分
安全意识	按照安全规范操作并服从教学安排	10		
完成任务情况	按照要求安装设备和电气元件，元件安装整齐、牢固，无元件损坏	20		
	布线横平竖直，接线紧固美观	30		
	在保证人身与设备安全的前提下，通电试车一次成功	20		
	是否操作有误，产生故障不能修复	10		
协作能力	与同组成员交流、讨论并解决了一些问题	10		
总评	好（85~100 分），较好（75~85 分），一般（少于 70 分）			

6.2.6　习题

1. 判断题

（1）交流伺服电动机是靠改变对控制绕组所施加电压大小、相位或同时改变两者来控制其转速的。在多数情况下，它都是工作在两相不对称状态，因而气隙中的合成磁场不是圆形旋转磁场，而是脉动磁场。（　　）

（2）交流伺服电动机可分为交流感应电动机与交流同步电动机。（　　）

（3）交流伺服电动机的控制方式有幅值控制、相位控制和幅相控制。（　　）

（4）对于交流伺服电动机，改变控制电压大小就可以改变其转速和转向。（　　）

（5）交流伺服电动机与单相异步电动机一样，当取消控制电压时仍能按原方向自转。（　　）

（6）交流伺服电动机在转差率 S 为 1～0 时，与普通异步电动机一样具有凸形机械特性曲线。（　　）

2. 选择题

交流伺服电动机的定子铁芯上安放着空间上互成（　　）电角度的两相绕组，分别为励磁绕组和控制绕组。

A. 0   B. 90°   C. 120°   D. 180°

3. 简答题

（1）交流伺服电动机自转的原因是什么？如何来消除自转？

（2）交流伺服电动机的控制方法是什么？

任务 6.3　伺服电动机应用实例

6.3.1　任务目标

（1）了解伺服电动机的应用领域。

（2）掌握伺服电动机在不同应用领域的优点。

6.3.2　任务内容

伺服电动机的应用领域及其优点。

6.3.3　必备知识

伺服机构的应用领域非常广泛，譬如，计算机的 DVD 驱动器、HD 驱动器、复印机的送纸机构、数码摄像机的录像带传送机构等，从与生活密切相关的领域到飞机的控制机构、天文望远镜的驱动机构等，更不用说工业领域，伺服无处不在。

20 世纪 80 年代出现的 AC 伺服通过在数控（NC）和机器人领域中的应用，脱颖而出一举成为与 FA 相关的变速驱动器的主角。到了 20 世纪 90 年代，由于逐渐从液压式过渡到电动式扩大了市场范围，AC 伺服的应用领域更加广泛了。最近，随着移动通信等信息技术（IT）的进步，与半导体制造、电子零件组装、液晶产品等相关领域的实际应用取得了飞跃性的增长。如：搬运设备、卷材设备、食品设备、半导体设备、注塑成型机设备、电子零件组装设备等。

6.3.3.1　搬运控制

在工业高度发达、自动化不断进步的今天，搬运设备已成为许多领域不可或缺的项目。

1. 升降机

如图 6-19 所示，由于升降机中导入了伺服机构，不仅提高了机械速度，还能保证在指定位置正确停止。另外采用带电磁制动器的伺服电动机还可以防止停电时货物下降，有效地保障了安全性。

2. 自动仓库的分拣系统

在自动仓库中，分拣部和行走部已越来越多地采用 AC 伺服电动机，以满足高速化需求。AC 伺服电动机与 SCM（供应链管理）相结合的自动仓库分拣系统从原料采购到商品发送等各个环节均可实现高速运行以及平稳的加速、减速，大幅提高了物流库存管理的效率。

6.3.3.2 卷材设备

处理纸、薄膜等超长材料（卷材）的设备，也称为卷筒，大致可分为开卷、加工和卷绕。加工处理过程随着应用领域（纵向剪切机、层压机、印刷）而异，但整个机构基本相同，如图 6-20 所示。

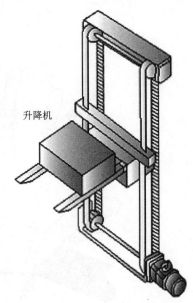

图 6-19 升降机

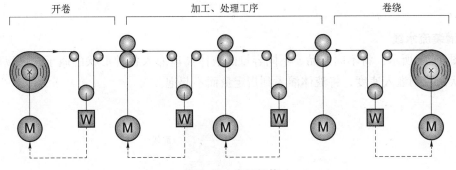

图 6-20 卷纸机构

1. 纵向剪切机

如图 6-21 所示，纵向剪切机是将经过加工部处理的卷材在最终工序卷绕部进行裁切的机械，控制张力的同时，用裁切器正确地裁切是关键。

2. 层压机

如图 6-22 所示，层压机是使多张薄膜重叠在一起的设备。控制张力的同时，正确调整压力使之均匀叠合是关键。

6.3.3.3 食品设备

随着对食品处理要求的不断提高，高品质且安全的食品加工的需求越来越迫切。在这样的形势下，伺服机构在食品加工领域的应用不断取得进展。

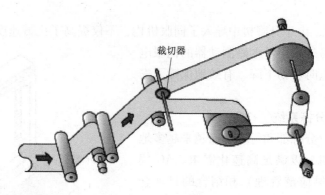

图 6-21　纵向剪切机

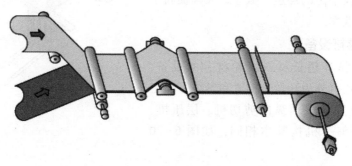

图 6-22　层压机

1. 灌装流水线

如图 6-23 所示，将不同产品、不同容量的液体高速灌入各种形状的瓶子，可以根据瓶子的形状，控制灌入速度，将液体灌入到指定量而不起泡。

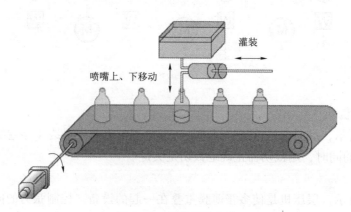

图 6-23　灌装机流水线

2. 包装机流水线

如图 6-24 所示，用薄膜卫生且正确地包装食品时，也用到伺服机构。使用卷筒形状的薄膜，根据各种食品的大小进行包装后，切割成正确的尺寸并分离薄膜是技术的关键。

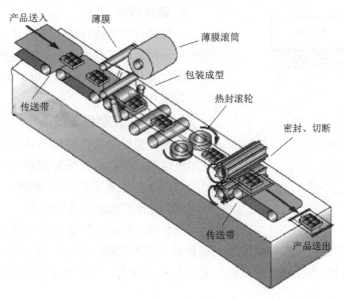

图 6-24　包装机流水线

6.3.3.4　半导体设备

半导体制造工艺属于亚微米级的精细加工。因此，需要精密的加工精度和洁净的环境。为了达到上述要求，目前广泛采用伺服系统。随着半导体技术的日新月异，对于伺服技术的要求也越来越高。

1. 旋转台

制作半导体回路时，要用到"照相原理"。将感光剂（抗蚀液）涂在半导体晶片上的工序就是旋转台。其原理是使抗蚀液滴下并利用离心力使液体薄薄地扩展。如果晶片转速过快，会导致抗蚀液飞散；反之，如果转速过慢，则无法均匀地涂覆抗蚀液。如图6-25所示。

2. 清洗晶片

在半导体制造工序中，由于利用了"照相原理"，因此在制造过程中需要多次清洗晶片。将晶片浸在药水或水（纯净水）中，溶解污染物，进行中和、冲洗和干燥。晶片处理方法有两种：一次是集中数块晶片，以盒为单位进行处理的"批量处理"；另外一种是每次处理1块晶片的"单片处理"。如图6-26所示。

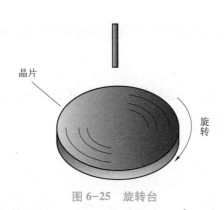

图 6-25　旋转台

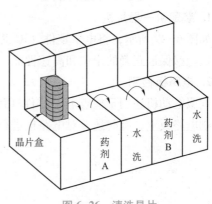

图 6-26　清洗晶片

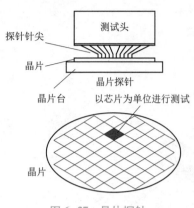

图6-27　晶片探针

3. 晶片探针

一块晶片可制作许多 LSI 芯片，组装前需用晶片探针和万用表以芯片为单位进行检测。探针要接触芯片，因此必须进行正确的定位，而且还要求高速定位。如图 6-27 所示。

6.3.3.5　注塑成型设备

注塑成型机是制造塑料零件时使用的设备。将经过加热熔融的塑料原料注射到模具内，固化后得到成型产品。以前主要采用液压控制，而现在为了节能，采用 AC 伺服系统逐渐多了起来。

图 6-28 所示为注塑机简易结构。加热器位于由油缸和螺杆组成的部位，颗粒状的塑料原料经加热器加热、熔融后被注射到模具中。接着经过冷却工序，开模后由推杆顶出成型产品。合模力很大，用于大型产品的成型中，合模力甚至超过 3 000 吨。

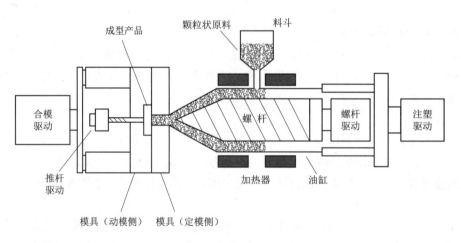

图6-28　注塑成型机

6.3.3.6　电子零件组装设备

1. 装配机—插片机

如图 6-29 所示，将电子零件（IC 芯片、电阻、电容器等）安装在印刷电路板上，伺服电动机能够保证正确的定位和高速性能。

2. 电路板检测

伺服电动机还用于检查电子零件（IC 芯片、电阻、电容器等）是否已正确牢固地安装在印刷电路板上，有时还要对电路板进行检测，如图 6-30 所示。

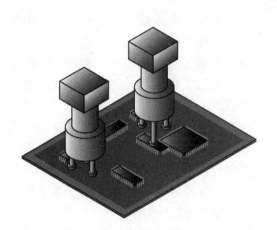

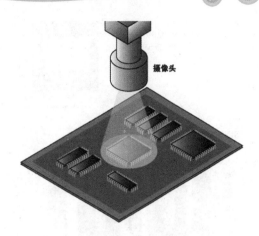

图 6-29　装配机—插片机　　　　　　　　　图 6-30　电路板检测

6.3.4　任务实施

6.3.4.1　数控机床伺服控制系统

（1）交流伺服电动机在很多数控机床中都有应用，如图 6-31（a）～图 6-31（c）所示。

（a）　　　　　　　　　　　（b）

（c）

图 6-31　交流伺服电动机在数控机床中的应用

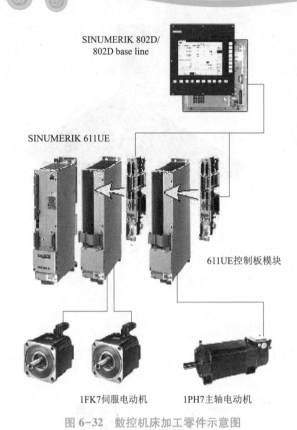

SINUMERIK 802D/802D base line

SINUMERIK 611UE

611UE控制板模块

1FK7伺服电动机 1PH7主轴电动机

图 6-32 数控机床加工零件示意图

用数控机床加工工件时，首先由编程人员按照零件的几何形状和加工工艺要求将加工过程编成加工程序。数控系统读入加工程序后，将其翻译成机器能够理解的控制指令，再由伺服系统将其变换和放大后驱动机床上的主轴电动机和进给伺服电动机转动，并带动机床的工作台移动，实现加工过程，如图 6-32 所示。数控系统实质上完成了手工加工中操作者的部分工作。

（2）伺服控制系统根据生产精度要求有很多种形式，幅值比较伺服系统就是其中一种。

幅值比较伺服系统是以位置检测信号的幅值大小来反映机械位移的数值，并以此作为位置反馈信号与指令信号进行比较构成的闭环控制系统。该系统的特点之一是所用的位置检测元件应工作在幅值工作方式，而幅值比较伺服系统常用的检测元件是感应同步器和旋转变

压器。图 6-33 所示为幅值比较伺服系统的原理框图。

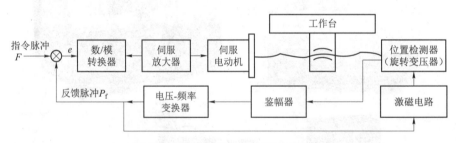

图 6-33 幅值比较伺服系统原理框图

（3）本任务请同学们走进机加工实训车间，或机制企业进行调研，完成伺服系统在数控加工领域的应用，并完成调研报告。

要求完成：熟悉机床型号等参数、伺服电动机主要参数、伺服控制系统框图及各部分设备型号。

6.3.4.2 机器人伺服系统

当你听见电机运动时的那种标志性的"吱、吱、吱"声时，是否会想起机器人或者玩具里的伺服电动机？遥控伺服电动机是为无线控制的车模、航模而设计的，已经成为制作自动控制系统、电影效果、木偶效果的一种常见材料。图 6-34 所示为类人机器人。

图 6-34　类人机器人

1. 选择伺服电动机

伺服电动机的形状及大小各异，如图 6-35 所示，常见的是标准伺服电动机。最小的伺服电动机是微电动机，最大的是高扭矩的伺服电动机。所有的这些伺服电动机都有同样的三线控制，因此根据需要更换小型或大型的伺服电动机还是很方便的。

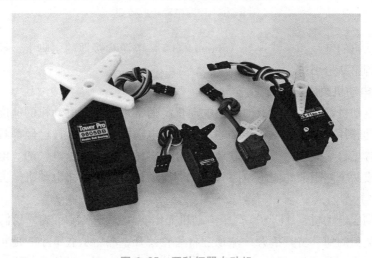

图 6-35　四种伺服电动机

除了大小和重量之外，伺服电动机还有两项重要的指标——扭矩和转速，这些由伺服电动机中的电动机和传动机构来决定。总体来说，大个的伺服电动机速度比较慢，但是扭矩大。在明确自己需要什么之后，就可以选择伺服电动机的个头、等级了（标准型/微型/高扭矩型）。本项目里用的是微型的 HexTronik HXT500 伺服电动机，扭矩为 0.8 kgf·cm，转速为 0.1 s/60°。

2. 伺服电动机的安装与连接

如果要想让伺服电动机带着东西转动，还需要两样装备。一个是伺服电动机座的安装架，另一个是连接到移动的部件旋转轴的连接装置。伺服电动机本身座上自带安装孔，可以用螺丝连接，也可用热熔胶或者双面胶固定伺服电动机。

3. 如何控制伺服电动机

伺服电动机是三线接口的，如图 6-36 所示。黑线（或者是棕线）连接"地"，红线连接+5 V，黄线（或者是白线或橘黄线）连接到控制信号。

图 6-36　伺服电动机的接口

我们将电动机的红线和黑线连到 Arduino 的+5 V 电源和接地的引脚上，控制信号线连到数字输入输出脚第 9 号引脚。

4. 将伺服电动机改成连续转动

任何伺服电动机都可以改成双向变速电动机。通常来说控制电动机的速度和方向是需要一个电动机驱动芯片以及其他一些元件的，而伺服电动机上这些元件已经都具备了。改装伺服电动机是最常见且最廉价的，这个改动，部分是机械的，部分是电气的。电气的改动部分是将电位器改成两个同阻值的固定电阻，机械的改动部分是将阻止电动机全方位转动的限位装置去掉。

首先拆开伺服电动机。HTX500 伺服电动机壳由三块塑料卡接而成，我们可以用小的一字螺丝刀或者类似的薄片将其撬开。从顶上将齿轮拉开，然后从底下小心地将伺服电动机的控制电路板拉出来（见图6-37）。里面的机械限位有两个，用尖嘴钳弯折可以将转动轴旁边的金属限位去除（见图6-38），用斜向切割器可以将顶壳上的塑料限位去除（见图6-39）。用两个加起来 5 kΩ 左右的固定电阻来替代 5 kΩ 的电位器（两个 2.2 kΩ 的电阻就行）。将电位器上的三根线解焊下来，再将两个电阻按图6-40所示焊上去。用绝缘胶带或是热缩管将这个新组件包好，然后将这些电路都塞回到伺服电动机壳子里，再把壳子装好。

改装完成了，现在可以校准一下这个连续转动伺服电动机，看看起点在哪里。如果两个电阻阻值精确相等的话，送到伺服电动机是 90°电角度的时候电动机能停下来。你的电动机可能会有一点偏差，可以试试用先前的程序做实验看看哪个角度能将电动机停住。记住这个值，因为每个伺服电动机都不一样。

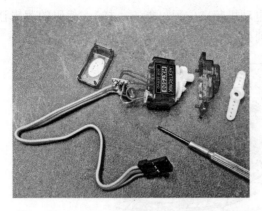

图 6-37　伺服电动机控制电路板

图 6-38　伺服电动机金属限位

图 6-39　伺服电动机塑料限位

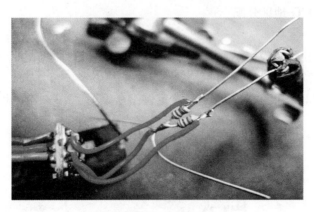

图 6-40　更换电阻

5. 画图机器人组装

图 6-41 所示为画图机器人。用两个连续转动伺服电动机我们就能完成一个画图机器人。采用两个伺服电动机、一个 9 V 电池、一个小面包板、一块 Adafruit Boarduino 控制板（Arduino 板的克隆版）、一个 Sharpie 记号笔，还有几个塑料转盘。这个电路所有的部件是用热熔胶粘在一起的。任何直径在 2～7 cm 的转盘都可以做轮子，比如说塑料的螺丝顶盖。想加强引力还可以用胶带将轮子边缘包起来。伺服电动机的设定和前面一样，代码里要用上

刚才实验得到的电动机起点位置的变量（你的电动机起点位置可能不一样）。代码的逻辑让一个电动机朝某个方向移动一段时间，然后换到另一个电动机。画图机器人就完成了。

图 6-41　画图机器人

6.3.4.3　伺服系统定位控制程序设计

定位控制应用非常广泛，如机床工作台的移动，电梯的平层、定长处理，立体仓库的操作机取货、送货及各种包装机械、输送机械等。和模拟量控制、运动量控制一样，定位控制已成为当今自动化技术的一个重要内容。下面将通过一定位控制实例来掌握伺服系统定位控制程序设计。

1. 控制要求和 I/O 地址分配

1）控制要求

图 6-42 为一定位运行控制示意图，要求编制能单独进行原点回归、点动正转、点动反转、正转定位和反转定位控制的程序。

（1）正转定位和反转定位使用绝对位置定位指令编写。（2）输出频率为 100 kHz，加/减速时间为 200 ms。

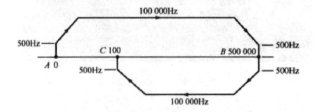

图 6-42　定位运行控制示意图

2）I/O 地址分配

PLC 的 I/O 地址分配表，见表 6-11：

表 6-11　PLC 的 I/O 地址分配表

输入		输出	
地址	功能	地址	功能
X0	中断信号	Y0	脉冲输出
X4	零点信号	Y4	方向控制
X10	近点信号（DOG）	Y20	清零信号
X14	手动反转		
X20	立即停止		
X21	原点回归		
X22	手动（JOG）正转		
X23	手动（JOG）反转		
X24	正转		
X25	反转		
X26	正转限位		
X27	反转限位		
X30	停止		

3）程序设计

PLC 定位控制程序梯形图，见图 6-43。

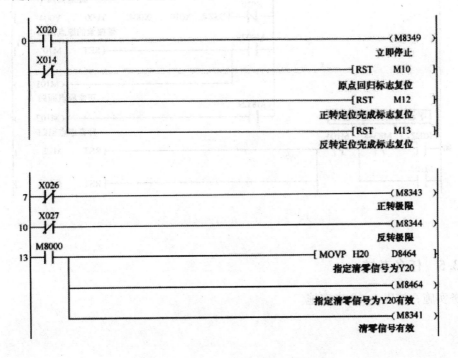

图 6-43　PLC 定位控制程序梯形图

图 6-43　PLC 定位控制程序梯形图（续）

6.3.5　任务考核

任务实施，按表 6-12 来实施。

表 6-12 任务考核评价

评价项目	评价内容	配分	扣分说明	得分
安全意识	按照安全规范操作并服从教学安排	10		
完成任务情况	完成调研伺服电动机参数	10		
	完成某数控机床伺服控制系统框图	20		
	完成控制系统各设备参数	10		
	按照要求正确完成伺服电动机的改装	10		
	正确完成画图机器人的接线和组装	10		
	正确完成画图机器人控制代码的编写	10		
	是否操作有误，能否正确修复故障	10		
协作能力	与同组成员交流、讨论并解决了一些问题	10		
总评	好（85~100分），较好（75~85分），一般（少于70分）			

6.3.6 习题

1. 填空题

（1）搬运机采用＿＿＿＿＿＿的伺服电动机，可以防止停电时货物下降。

（2）自动仓库中，采用 AC 伺服电动机，可以实现＿＿＿＿＿。

（3）在卷材设备中，加工过程大致分为开卷、加工和卷绕。纵向剪切机在控制张力的同时，还可以实现＿＿＿＿＿。

（4）在食品灌装机流水线上，伺服系统可实现不同产品的高速灌装，还可以根据瓶子的形状控制＿＿＿＿＿，保证液体不起泡。

（5）定位控制应选择伺服系统的＿＿＿＿＿控制模式。

（6）伺服系统能够进行精确的控制，主要是因为内部电路具有三环结构，这三环分别是＿＿＿＿＿、＿＿＿＿＿和＿＿＿＿＿。

2. 简答题

（1）伺服系统在半导体制造工艺中可以完成哪些工作？

（2）伺服系统在电子零件组装过程中可以完成哪些工作？

阅读拓展

国产谐波减速器打破日本垄断：工业机器人核心高地的争夺

工业机器人是下一代科技战中各个国家的一个必争高地，不管是半导体生产、汽车生产、还是医疗器械的生产，这些机械手臂的加入将在未来构筑起每一个工业强国的工业底色，然而就是在如此重要的领域，在 3 年前，也就是 2018 年，中国工业机器人的平均国产化率为只有30%，工业机器人中一些核心零部件的卡脖子情况，阻碍了我们国家工业机器人的发展，谐波减速器，就是其中的一个。那谐波减速器有什么用呢？机器人每个关节运动均需靠伺服电机驱动，伺服电机具有输出转速大、输出扭矩小的特点；而关节结构实际上的需求是输出转速小、转动扭矩大，所以现有伺服电机的输出不能满足终端机械本体的运动需求，就需要减速器这一结构进行减速。

伺服电机核心技术亮相央视《大国重器》

近日登陆中央广播电视总台大型工业纪录片《大国重器》第三季《动力澎湃》第5集《聚力天地间》栏目并进行技术讲座，揭秘世界领先的伺服电机制造背后的工业智慧。

说起伺服这一专业技术术语，许多人会感到陌生。伺服就是要实时调整、及时响应，以精准对应电机负载的实时力能。与传统电机不同，伺服电机要随时检测、调整状态。电机每转一圈，发出的测量信息数超过三千万次，这是伺服电机精准控制方向、位置、速度、电流的核心所在。

作为工业母机，数控机床是制造所有工业产品最重要的高端加工装备，而伺服电机则是数控机床的动力心脏。高档数控机床加工精度越来越高，要求伺服电机体积更小、功率更大，如何攻关这一难题，制造出功率密度世界领先的数控机床伺服电机？智慧而又富有创新精神的佛智院专家给出了答案。

从事伺服电机制造30年，董明海练就了一项独门绝技。他把伺服电机的三种核心材料：稀土永磁体、铁心硅钢和线圈铜线，像配伍中药材一样，在有限的空间里发挥到极致。他还另辟蹊径，设计了全新的线圈槽口，可以更方便的容纳更多的铜线。电机铁心结构的一个小小改变，既降低了20%的磁能损耗，又提高了电机的精度。生产的伺服电机功率密度达到每立方米3.906兆瓦，世界领先。

匠心造重器，创新铸实力。为大幅提升伺服电机智能制造能力，佛山"一院两司"（佛山智能装备技术研究院、佛山登奇机电技术有限公司、佛山华数机器人有限公司）联合武汉天喻软件股份有限公司、华中科技大学，共同打造2016年工信部智能制造新模式应用项目——机器人等高端装备用伺服电机数字化车间。

该数字化车间通过基于大数据的云平台、ERP、MES、WMS、PLM、三维建模、可视化仿真、CNC等国产工业软件集成，攻克了机器人核心关键技术，实现了伺服电机数字化车间"物物相联""智能感知"，提升了伺服电机数字化车间的信息化、智能化、协同化水平，形成年产40万标准台高性能伺服电机的产能，是推动制造业智能化、数字化转型升级的好帮手。

佛山"一院两司"，是在广东省大力推进"中国制造2025"、传统企业转型升级的新形势下，于2015年落户佛山市南海区。以智能装备院为创新驱动平台，充分发挥华数机器人、登奇机电两家行业骨干企业引领作用，构建"1+2+N"协同创新创业生态链，打造以点带面的矩阵式多层次产业转化与服务，加快国产工业机器人核心部件和整机的推广应用、产业升级和产品创新，助力传统产业实现数字化转型升级，提升中国制造的核心竞争力，用科学和智慧撑起民族工业的脊梁。

思考：伺服电机在中国制造2025中的作用？怎么理解"卡脖子"技术突破的重要性？

多媒体链接

伺服电机客户最
关心的问题

中国"动力"风采

机电人的"西迁精神"

项目 7

步进电动机的控制与调速技术

【知识目标】

1. 了解步进电动机的组成结构与工作原理。
2. 知道步进电动机的调速方法。
3. 掌握步进电动机控制线路的安装、调试以及故障检修方法。

【技能目标】

1. 能够对步进电动机进行拆装。
2. 步进电动机驱动程序的编写。
3. 能够对步进电动机控制电路进行安装与调试。

【素质目标】

1. 培养良好的职业道德意识，培树良好的敬业精神；
2. 端正学风，培养热爱科学、不断进取、实事求是的求知精神；
3. 增强质量意识、效益意识和新技术意识，培养积极服务社会的责任感。

任务导入

在人类社会进入自动化时代的今天，传统电动机的功能已不能满足生产自动化和办公自动化等各种运动控制系统的要求。步进电动机以已特有的控制性能被广泛应用于现代控制系统当中，成为除直流电动机和交流电动机以外的第三类电动机。随着计算机技术的发展，步进电动机在自动控制系统中得到了广泛的应用，例如数控机床、绘图机、计算机外围设备、自动记录仪表、钟表和数/模转换装置等。

图7-1　86系列闭环步进电动机

步进电动机是输入电脉冲信号，并将电脉冲信号转换成相应的角位移或线位移的控制电动机。它由专用电源供给电脉冲，每输入一个脉冲，步进电动机就移进一步，所以称为步进电动机。又因其绕组上所加的电源是脉冲电压，故有时也称它为脉冲电动机。步进电动机能快速启动、反转及制动，而且有较大的调速范围，还不受电压、负载及环境条件变化的影响。

图7-1所示为86系列闭环步进电动机。该电动机标准产品为步距角1.8°的4线电动机，若用户要求可提供6线和8线步进电动机及步距角0.9°步进电动机。

任务 7.1　步进电动机的拆装

7.1.1　任务目标

（1）掌握步进电动机结构分类和工作原理。
（2）知道步进电动机的工作方式。
（3）能够拆装和维护步进电动机。

7.1.2　任务内容

（1）明白步进电动机结构分类和工作原理。
（2）了解步进电动机的拆装工艺和拆装要求。
（3）学会拆装和维护步进电动机。

7.1.3　必备知识

7.1.3.1　步进电动机的结构分类

1. 步进电动机的结构

步进电动机由定子和转子两大部分组成。定子由硅钢片叠成，有一定数量的磁极和绕组，转子用软磁材料做成凸极结构。图 7-2 所示为步进电动机外形结构，图 7-3 所示为步进电动机的内部结构，图 7-4 所示为步进电动机内部结构示意。

图 7-2　步进电动机外形结构　　　　　　图 7-3　步进电动机内部结构

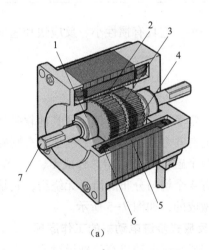　　　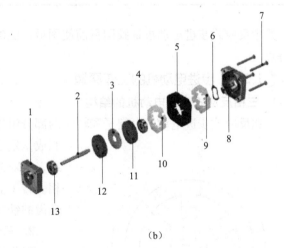

（a）　　　　　　　　　　　　　　　　　　（b）

图 7-4　步进电动机内部结构示意

（a）结构图；

1—滚珠轴承；2，4—转子；3—永久磁钢；5—定子；6—线圈；7—转轴

（b）分解图

1—前端盖；2—轴；3—磁钢；4—轴承；5—定子铁芯；6—波纹垫圈；7—螺钉；8—后端盖；

9，10—塑料骨架；11，12—转子铁芯；13—轴承

2. 步进电动机的分类

步进电动机的分类方式很多，常见的分类方式有按产生力矩的原理、按输出力矩的大小以及按定子和转子的数量进行分类等。如表 7-1 所示，根据不同的分类方式，列举了常用步进电动机的类型。

表 7-1　步进电动机的分类

分类方式	具体类型
按力矩产生的原理	（1）反应式：转子无绕组，由被励磁的定子绕组产生反应力矩实现步进运行； （2）激磁式：定、转子均有励磁绕组（或转子用永久磁钢），由电磁力矩实现步进运行
按输出力矩大小	（1）伺服式：输出力矩在百分之几至十分之几（N·m）只能驱动较小的负载，要与液压扭矩放大器配用，才能驱动机床工作台等较大的负载； （2）功率式：输出力矩在 5～50 N·m 以上，可以直接驱动机床工作台等较大的负载
按定子数	（1）单定子式； （2）双定子式； （3）三定子式； （4）多定子式
按各相绕组分布	（1）径向分布式：电动机各相按圆周依次排列； （2）轴向分布式：电动机各相按轴向依次排列

其中反应式步进电动机是我国目前使用最广泛的一种，它具有惯性小、反应快和速度高的特点。

7.1.3.2　步进电动机的工作原理

1. 三相反应式步进电动机的结构

三相反应式步进电动机由定子和转子两部分组成。定子、转子用硅钢片或其他软磁材料制成，定子上有 6 个磁极，每个磁极上绕有励磁绕组，相对的两个磁极组成一相，分成 U、V、W 三相。转子上有 4 个均匀分布的齿，无绕组，它是由带齿的铁芯做成的，如图 7-5 所示。

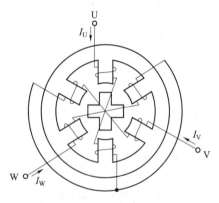

图 7-5　三相反应式步进电动机的工作原理

2. 三相反应式步进电动机的工作原理

三相反应式步进电动机有三种运行方式：三相单三拍运行；三相双三拍运行；三相单、双六拍运行。

"三相"是指步进电动机的相数；"单"是指每次只给一相绕组通电；"双"则是每次同时给二相绕组通电；定子绕组每改变一次通电方式，就称为一拍；"三拍"是指经过三次切换控制绕组的通电状态为一个循环。

1）三相单三拍工作方式

三相反应式步进电动机的工作原理如图 7-6 所示。它的定子上有六个极（A、B、C、X、Y、Z），每个极上都装有控制绕组，每相对的两极组成一相。转子由四个均匀分布的齿组成，其上没有绕组。当 A 相控制绕组通电时，因磁通要沿着磁阻最小的路径闭合，将使转子齿 1、3 和定子磁极 A、X 对齐，如图 7-6（a）所示。当 A 相断电 B 相控制绕组通电时，转子将在空间顺时针转过 30°，即步距角 $\theta_s = 30°$，转子齿 2、4 与定子磁极 B、Y 对齐，如图 7-6（b）所示。如再使 B 相断电 C 相控制绕组通电，转子将又在空间顺时针转过 $\theta_s = 30°$，使转子齿 3、1 和定子磁极 C、Z 对齐，如图 7-6（c）所示。如此循环往复，按 A→B→C→A 顺序通电，电动机转子便按顺时针方向转动。电动机的转速取决于控制绕组与电源接通或开断的变化频率。若按 A→C→B→A 的顺序通电，则电动机反向转动。控制绕组与电源的接通或断开，通常是由电子逻辑线路或微处理器来控制完成的。

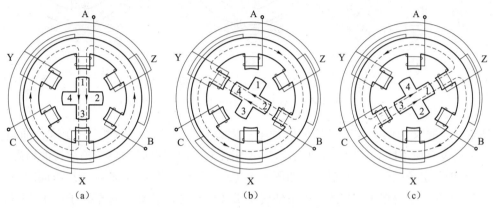

图 7-6 三相单三拍式步进电动机工作原理
（a）A 相通电；（b）B 相通电；（c）C 相通电

三相单三拍通电运行方式中，步进电动机的步距角为 $\theta_s = 30°$。

2）三相双三拍工作方式

在实际使用中，单三拍通电运行方式由于在切换时一相控制绕组断电后而另一相控制绕组才开始通电，这种情况容易造成失步。此外，由单一控制绕组通电吸引转子，也容易使转子在平衡位置附近产生振荡，故运行的稳定性较差，所以很少采用。

三相双三拍运行方式的每个通电状态都有两相控制绕组同时通电，通电状态切换时总有一相绕组不断电，不会产生振荡，所以通常将它改为"双三拍"通电运行方式，按 AB→BC→CA→AB 的通电顺序，即每拍都有两个绕组同时通电。假设此时电动机为正转，那么按 AC→CB→BA→AC 的通电顺序运行时电动机则反转。在双三拍通电方式下步进电动机的转子位置如图 7-7 所示。当 A、B 两相同时通电时，转子齿的位置同时受到两个定子磁极的作用，只有 A 相磁极和 B 相磁极对转子齿所产生的磁拉力相等时转子才平衡，如图 7-7（a）所示。当 B、C 两相同时通电时，转子齿的位置同时受到两个定子磁极的作用，只有 B 相磁极和 C 相磁极对转子齿所产生的磁拉力相等时转子才平衡，如图 7-7（b）所示。当 C、A 两相同时通电时，原理相同，如图 7-7（c）所示。

由上述分析可以看出双拍运行时，同样三拍为一循环，而按双三拍通电方式运行时，它的步距角与单三拍通电方式相同，也是 30°。

3）三相单、双六拍通电运行方式

若控制绕组的通电顺序为 A→AB→B→BC→C→CA→A，或是 A→AC→C→CB→B→BA→A，则称步进电动机工作在三相单、双六拍通电方式。这种通电方式，定子三相控制绕组需经过六次切换通电状态才能完成一个循环，故称"六拍"。在通电时，有时是单个控制

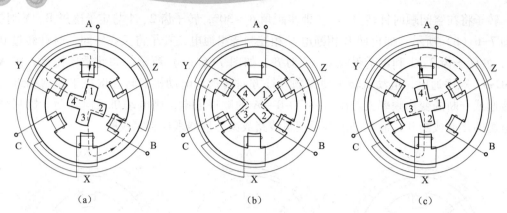

图7-7　双拍运行时的三相反应式步进电动机

(a) A、B相通电；(b) B、C相通电；(c) C、A相通电

绕组通电，有时又为两个控制绕组同时通电，因此称为"单、双六拍"。在这种通电方式时，步距角也有所不同。如图7-8所示，当A相控制绕组通电时和单三拍运行的情况相同，转子齿1、3和定子磁极A、X对齐，如图7-8（a）所示。当A、B相控制绕组同时通电时，转子齿2、4在定子磁极B、Y的吸引下使转子沿顺时针方向转动，直至转子齿1、3和定子磁极A、X之间的作用力与转子齿2、4和定子磁极B、Y之间的作用力相平衡为止，如图7-8（b）所示。A、B两相同时通电时和双拍运行方式相同。当断开A相控制绕组而由B相控制绕组通电时，转子将继续沿顺时针方向转过一个角度使转子齿2、4和定子磁极B、Y对齐，如图7-8（c）所示。在这种通电方式下，$\theta_s = 30°/2 = 15°$。若继续按BC→C→CA→A的顺序通电，步进电动机就按顺时针方向连续转动。如通电顺序变为A→AC→C→CB→B→BA→A，则电动机将按逆时针方向转动。

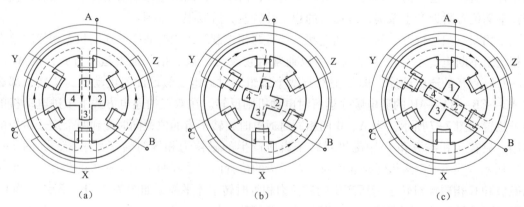

图7-8　单、双六拍运行时的三相反应式步进电动机

(a) A相通电；(b) A、B相通电；(c) B相通电

因此，即使同一台步进电动机，若通电运行方式不同，其步距角也不相同。所以一般步进电动机会给出两个步距角，例如3°/1.5°、1.5°/0.75°等。

三相六拍控制方式比三相三拍控制方式步距角小一半，因而精度更高，且转换过程中始终保证有一个绕组通电，工作稳定，因此这种工作方式被大量采用。

3. 小步距角三相反应式步进电动机工作原理

反应式步进电动机结构虽然简单，但是步距角较大，往往满足不了系统的精度要求，如使用在数控机床中就会影响到加工工件的精度。所以，在实际中常采用图 7-9 中所示的一种小步距角的三相反应式步进电动机。图 7-9 中所示的三相反应式步进电动机，它的定子上有六个极，上面装有控制绕组组成 A、B、C 三相，转子上均匀分布 40 个齿，定子每个极面上也各有 5 个齿，定、转子的齿宽和齿距都相同。当 A 相控制绕组通电时，电动机中产生沿 A 极轴线方向的磁场，因磁通总是沿磁阻最小的路径闭合，转子受到磁阻转矩的作用而转动，直至转子齿和定子 A 极面上的齿对齐为止。因转子上共有 40 个齿，每个齿的齿距为 $360°/40 = 9°$，而每个定子磁极的极距为 $360°/6 = 60°$，所以每一个极距所占的齿距数不是整数。从图 7-10 给出的步进电动机定、转子展开图中可以看出，当 A 极面下的定、转子齿对齐时，Y 极和 Z 极极面下的齿就分别和转子齿相错三分之一的转子齿距，即 3°。

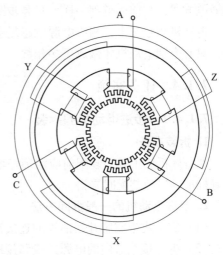

图 7-9　小步距角的三相反应式步进电动机

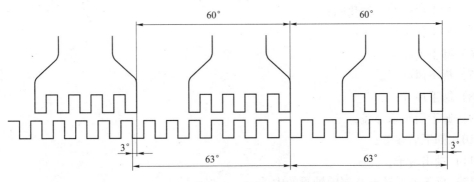

图 7-10　三相反应式步进电动机的展开图

设反应式步进电动机的转子齿数 Z_r 的大小由步距角的大小所决定，但是为了能实现"自动错位"，转子的齿数必须满足一定的条件，而不能是任意数值。当定子的相邻极为相邻相时，在某一极下若定、转子的齿对齐，则要求在相邻极下的定、转子齿之间应错开转子齿距的 1/m，即它们之间在空间位置上错开 $360°/m \cdot Z_r$。由此可得出这时转子齿数应符合下式条件：

$$\frac{Z_r}{2p} = K \pm \frac{1}{m} \tag{6-1}$$

式中，$2p$——反应式步进电动机的定子极数；

　　　m——电动机的相数；

　　　K——正整数。

从图 7-10 中可以看到，若断开 A 相控制绕组而由 B 相控制绕组通电，这时电动机中产生沿 B 极轴线方向的磁场。同理，在磁阻转矩的作用下，转子按顺时针方向转过 3°使定子 B

极面下的定子齿和转子齿对齐，相应定子 A 极与 C 极面下的齿又分别和转子齿相错三分之一的转子齿距。依此，当控制绕组按 A→B→C→A 顺序循环通电，转子就沿顺时针方向以每一拍转过 3°的方式转动。若改变通电顺序，即按 A→C→B→A 顺序循序通电，转子便沿反方向同样以每拍转过 3°的方式转动，此时为单三拍通电方式运行。若采用三相单、双六拍通电方式，与前述道理一样，只是步距角将要减小一半，即 1.5°。

电动机相数越多，相应电源就越复杂，造价也越高。所以，步进电动机一般最多做到六相，只有个别电动机才做成更多相数。

7.1.4 任务实施

7.1.4.1 步进电动机的拆装

1. 拆装准备

准备好拆装工具，装配前应清理好场地，并在接头线、端盖与外壳、轴承盖与端盖等上作好标记，以免装配时弄错。

2. 步进电动机的一般拆卸方法

（1）卸下皮带或脱开联油器的连接销；

（2）拆下接线盒内的电源接线和接地线；

（3）卸下皮带轮或联轴器；

（4）卸下底脚螺母和垫圈；

（5）卸下前轴承外盖；

（6）卸下前端盖；

（7）拆下风叶罩；

（8）卸下风叶；

（9）卸下后轴承外盖；

（10）卸下后端盖；

（11）抽出转子；

（12）拆下前后轴承及前后轴承的内盖。

3. 步进电动机的装配

对于一般中、小型步进电动机，其装配方法与拆卸步骤相反。

7.1.4.2 步进电动机主要零部件的拆装方法

1. 皮带轮或联轴器的拆装

拧下固定螺钉和销子，然后用拉具慢慢地拉出。如果拉不出，可在内孔浇点煤油再拉。若仍拉不出，可用急火围绕皮带轮或联轴器迅速加热，同时用湿布包好轴，并不断浇冷水，以防热量传入电动机内部。装配时，先用细铁砂布把转轴、皮带轮或联轴器的轴孔磨光滑，将皮带轮或联轴器对准键槽套在轴上，用熟铁或硬木块垫在键的一端，轻轻将键敲入槽内。键在槽内要松紧适度，太紧或太松都会伤键和伤槽，太松还会使皮带打滑或振动。

2. 轴承盖的拆装

轴承外盖的拆卸，只要拧下固定轴承盖的螺钉，就可取下前后轴承外盖。前后两个轴承外盖要分别标上记号，以免装配时前后装错。轴承外盖的装配方法是将外盖穿过转轴套在端

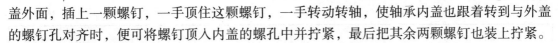

盖外面，插上一颗螺钉，一手顶住这颗螺钉，一手转动转轴，使轴承内盖也跟着转到与外盖的螺钉孔对齐时，便可将螺钉顶入内盖的螺孔中并拧紧，最后把其余两颗螺钉也装上拧紧。

3. 端盖的拆装

首先应在端盖与机座的接缝处作好标记，然后拧下固定端盖的螺钉，用螺丝刀慢慢地撬下端盖（拧螺钉和撬端盖都要对角线均匀对称地进行），前后端盖要作上记号，以免装配时前后搞错。装配时，对准机壳和端盖的接缝标记，装上端盖。插入螺钉拧紧（要按对角线对称地旋进螺钉，而且要分几次旋紧，且不可有松有紧，以免损伤端盖），同时要随时转动转子，以检查转动是否灵活。

4. 转子的拆装

前后端盖拆掉后，便可抽出转子。但是应注意切勿碰坏定子线圈。对于小型电动机转子，抽出时要一手握住转子，把转子拉出一些，再用另一只手托住转子，慢慢地外移。对于大型电动机，抽出转子时要两人各抬转子的一端，慢慢外移。装配时，要按上述逆过程进行，并且要对准定子腔中心小心地送入。

5. 滚动轴承的拆装

装配滚动轴承的方法与拆卸皮带轮类似。可用两根铁扁担夹住转轴，使转子悬空，然后在转轴上端垫木块或铜块后，用锤敲打使轴承脱开拆下（或用拉具），操作过程中要注意安全。装配时，可找一根内径略大于转轴外径的平口铁管套入转轴，使管壁正好顶在轴承的内圈上，便可在管口垫木块用手锤敲打，使轴承套入转子定位处。注意轴承内圆与转轴间不能过紧。如果过紧，可用细砂布打磨转轴表面四周，使轴承套入后能保持一般的紧密度即可。另外轴承外圈与端盖之间也不能太紧。总装步进电动机时要特别注意，如果没有将端盖、轴承盖装到正确位置，或没有掌握好螺钉的松紧度和均匀度，都会引起电动机转子偏心，造成扫膛等不良运行故障。

7.1.5　任务考核

任务考核，按表 7-2 来实施。

表 7-2　任务考核评价

评价项目	评价内容	自评	互评	师评
学习态度（10 分）	能否认真听讲、答题是否全面			
安全意识（10 分）	是否按照安全规范操作并服从教学安排			
完成任务情况 （70 分）	拆装步骤正确与否（10 分）			
	皮带轮或联轴器的拆装正确与否（10 分）			
	轴承盖的拆装正确与否（10 分）			
	端盖的拆装正确与否（10 分）			
	转子的拆装正确与否（10 分）			
	滚动轴承的拆装正确与否（10 分）			
	操作是否规范，是否文明生产（10 分）			

评价项目	评价内容	自评	互评	师评
协作能力（10分）	与同组成员交流、讨论并解决了一些问题			
总评	好（85～100），较好（70～85），一般（少于70）			

7.1.6 复习思考

1. 判断题

（1）步进电动机的转子是用硬磁性材料做成的凸极结构。（　　）

（2）三相三拍控制方式比三相六拍控制方式步距角小一半，精度更高。（　　）

（3）由于种种原因，步进电动机一般最多做到六相。（　　）

（4）步进电动机在拆卸时，应先在皮带轮或联轴器与转轴之间做好位置标记。（　　）

2. 简答题

（1）步进电动机的拆装步骤是什么？

（2）三相反应式步进电动机的结构有哪些？

（3）步进电动机和一般电动机有哪些不同？

（4）步进电动机的控制方法有哪些？

任务 7.2 步进电动机控制电路的安装与调试

7.2.1 任务目标

（1）掌握步距角与转速的计算方法。

（2）学会驱动程序的编写。

（3）学会控制电路的安装与调试方法。

7.2.2 任务内容

（1）步进电动机驱动程序的编写。

（2）控制电路的安装与调试。

7.2.3 必备知识

7.2.3.1 步进电动机步距角与转速的计算

1. 步进电动机的步距角

每输入一个脉冲信号，步进电动机所转过的角度称为步距角。步距角不受电压波动和负

载变化的影响，也不受温度、振动等环境因素的干扰。

步距角的大小由转子的齿数 Z_r、运行相数 m 决定，它们之间的关系可表示如下：

齿距角：

$$\theta_t = \frac{360°}{Z_r} = 90°$$

步距角：

$$\theta_s = \frac{360°}{mZ_rC}$$

式中，C——控制系数，是拍数与相数的比例系数，也称通电状态系数。

采用 m 相 m 拍通电运行方式时，$C=1$；采用 m 相 $2m$ 拍通电运行方式时，$C=2$。

2. 步进电动机的转速

步进电动机步距角 θ_s 的大小是由转子的齿数 Z_r、控制绕组的相数 m 和通电方式所决定的，它们之间的关系为

$$\theta_s = \frac{360°}{mZ_rC} \tag{6-2}$$

若步进电动机通电脉冲的频率为 f，由于转子经过 Z_rC 个脉冲旋转一周，则步进电动机的转速为

$$n = \frac{60f}{mZ_rC} \tag{6-3}$$

式中，f 的单位是 $1/s$；n 的单位是 r/min。

步进电动机除了做成三相外，也可以做成二相、四相、五相、六相或更多的相数。由式（6-2）可知，电动机的相数和转子齿数越多，则步距角就越小。常见的步距角有 $3°/1.5°$、$1.5°/0.75°$ 等。所以在一定脉冲频率下，运行拍数和齿数越多，步距角越小，而转速也越低。

7. 2. 3. 2　驱动程序的编写

利用微处理器对步进电动机进行控制已得到广泛的应用。用微处理器对步进电动机进行控制时，控制方法可分为串行控制和并行控制两类，具体有 MS-51 系列、MSP430 系列、DSP 系列和驱动卡系列等多种方法，但其控制原理基本相同，本任务主要以 89C51 单片机为例介绍控制方法。

1. 并行控制

1）纯软件控制的方法

在并行控制中，不需要专用的脉冲分配器，其功能可以由 89C51 单片机用纯软件的方法实现或用软件和硬件结合的方法来实现。如图 7-11 所示，单片机通过并行口，直接发出多相脉冲波信号，再通过功率放大后，送入步进电动机的各相绕组。这样就不再需要脉冲分配器了，但这种并行控制方式占用单片机硬件资源较多。

在这种方法中，脉冲分配器的功能全部由软件来完成。以图 7-11 为例，其中单片机 89C51 的 P1.0～P1.3 四个引脚作为并行口输出，依次循环输出驱动四相反应式步进电动机所需的八个状态为：A→AB→B→BC→C→CD→D→DA→A…，即单、双 8 拍通电运行方式。

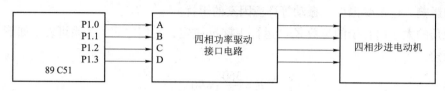

图 7-11 用纯软件代替脉冲分配器原理框图

采用这种纯软件方法，需要在单片机的程序存储器中开辟一个存储空间以存放这 8 种状态，形成一张状态表。控制系统的应用程序按照电动机正、反转的要求，顺序将状态表的内容取出来送至 89C51 的 Pl 口。现设定从程序存储器的地址 0F00H 处开始，用 8 个字节存储四相八拍正转工作状态表；从程序存储器的地址 0FFAH 处开始，用 8 个字节存储四相八拍反转工作状态表。再设定功率驱动接口设计成反相放大，P1 口线为低电平时绕组通电，高电平时绕组断电，则存放状态表的 ROM 区有关单元的内容如表 7-3 所示。

表 7-3 四相单、双八拍运行状态

地址	存储内容		通电状态	方向	地址	存储内容		通电状态	方向
	二进制	十六进制				二进制	十六进制		
0F00H	11111110	0FEH	A	正转	0FFAH	11110110	0F6H	DA	反转
0F01H	11111100	0FCH	AB		0FFBH	11110111	0F7H	D	
0F02H	11111101	0FDH	B		0FFCH	11110011	0F3H	CD	
0F03H	11111001	0F9H	BC		0FFDH	11111011	0FBH	C	
0F04H	11111011	0FBH	C		0FFEH	11111001	0F9H	AC	
0F05H	11110011	0F3H	CD		0FFFH	11111101	0FDH	B	
0F06H	11110111	0F7H	D		1000H	11111100	0FCH	AB	
0F07H	11110110	0F6H	DA		1001H	11111110	0FEH	A	

于是对电动机的控制可变成顺序查表以及写 P1 口的软件处理过程。若设定 R0 作为状态计数器，按每拍加一进行操作；对于八拍运行，从 0 开始，最大计数值为 7。电动机正转子程序如下：

```
CW: INC  R0              ; 正转加 1
    CJNE R0, #08H, CW1   ; 计数值不是 8, 正常计数
    MOV  R0, #00H        ; 计数值超过 7, 则清零, 回到表首
CW1: MOV A, R0           ; 计数值送 A
    MOV  DPTR, #0F00H    ; 正转状态表首地址为 0F00H
    MOVC A, @ A+DPTR     ; 取出表中状态
    MOV  Pl, A           ; 送输出口
    RET
```

反转程序与正转程序的差别，仅仅在于指针应指向反转状态表的表首地址 0FFAH。反

转子程序如下：

```
CCW: INC  R0              ; 反转加 1
     CJNE R0, #08H, CCW1  ; 计数值不是 8, 正常计数
     MOV  R0, #00H        ; 计数值超过 7, 则清零, 回到表首
CCW1: MOV  A, R0          ; 计数值送 A
     MOV  DPTR, #0FFAH    ; 反转状态表首地址为 0FFAH
     MOVC A, @ A+DPTR     ; 取出表中状态
     MOV  P1, A           ; 送输出口
     RET
```

当然，若对地址为 0F07H-0F00H 的状态表，每次逆向查表，同样可以实现反转，这只要把正转程序中的 CW 部分修改成 CCWN：

```
CCWN: DEC  R0             ; 反转减 1
      CJNE R0, # FFH, CW1 ; 在正常范围, 正常计数
      MOV  R0, # 07H      ; 计数值退出正常范围, 修改指针
```

采用上述程序实现反转，可省去状态表中地址为 0FFAH～1001H 的部分，而且可以采用同一个计数器指针 R0，在正转任意步后接着反转时，不用为了避免乱步而调整指针的位置。

用纯软件方法代替脉冲分配器是比较灵活的。例如要求用 89C51 的 P1 口输出 A、B、C、D 四相脉冲，以控制四相混合式步进电动机，则可采用更简单的方法：设定 P1 口线为低电平时绕组通电，并用 P1 口的 P1.1、P1.3、P1.5、P1.7 分别驱动 A、B、C、D 四相功率接口，则四相单、双八拍的工作状态如表 7-4 所示。

表 7-4 四相单、双八拍运行状态

控制字	通电状态	A		B		C		D
	P1 口	P1.0	P1.1	P1.2	P1.3	P1.4	P1.5	P1.6	P1.7
F8H	A	0	0	0	1	1	1	1	1
F1H	AB	1	0	0	0	1	1	1	1
E3H	B	1	1	0	0	0	1	1	1
C7H	BC	1	1	1	0	0	0	1	1
8FH	C	1	1	1	1	0	0	0	1
1FH	CD	1	1	1	1	1	0	0	0
3EH	D	0	1	1	1	1	1	0	0
7CH	DA	0	0	1	1	1	1	1	0

观察表 7-4 后不难发现，要使步进电动机走步，只要对 P1 口的字节内容进行循环移位就可以了。设数据左移时电动机正转，则数据右移时电动机反转。只要在程序初始化时，对 P1 口装载表 7-4 中的任一数据，再通过调用下列 CW 或 CCW 子程序就可让电动机正转或反转一步。程序如下：

```
           … （略）
           MOV  P1, # 0F8H          ; 初始化 P1 口, A 相通电
           … （略）
CW:  MOV  A, P1                     ; 状态送 A
     RL  A                          ; 左循环位移
     MOV  P1, A                     ; 送输出口, 正转一步
     RET
CCW: MOV  A, P1                     ; 状态送 A
     RR  A                          ; 右循环位移
     MOV  P1, A                     ; 送输出口, 反转一步
     RET
```

2）软、硬件相结合的控制方法

软、硬件相结合的控制方法，可比纯软件控制方法减少计算机工作时间的占用。图 7-12 所示为一台四相步进电动机软、硬件相结合的控制系统示意图。

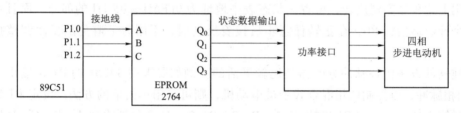

图 7-12　软、硬件相结合的控制系统原理框图

以 89C51 的 P1 口作为信号的输出口，P1.3～P1.7 空置不用，其值可为任意，仅以 P1.0～P1.2 三条线接到一个 EPROM 的低三位地址线上，可选通 EPROM 的 8 个地址单元，相应于 8 种状态。EPROM 的低四位数据输出线作为步进电动机 A、B、C、D 各相的控制线，硬件设计成低电平时绕组通电。本系统中 EPROM 作为一种解码器使用，通过其输入输出关系可以使系统设计得更便于微机控制。因为只有 P1.0～P1.2 上的数据对步进电动机的通电状态有影响，于是 EPROM 的输入地址和输出数据可采用如下的对应关系（输出线低电平时，绕组通电）：

输入：XXXXX000　XXXXX001　XXXXX010 … XXXXX111

输出：XXXX1110　　XXXX1100　　XXXX1101 … XXXX0110

通电绕组：A　　　　AB　　　　B　… DA

此处，X 表示随机数，既可为 0，也可为 1。

这样，只要把 89C51 中的某一寄存器认定为可逆计数器，每次对它进行加 1 或减 1 操作，然后送 P1 口即可。脉冲分配器的功能由软、硬件分担，以减少 CPU 的负担。

初始化程序及正转或反转一步的子程序可编写如下：

```
           …                        ; 主程序开始
           MOV  R0, # 00H           ; 初始化
           MOV  P1, R0              ; P1 口初始化, 电动机初始定位
```

228

```
    ...                         ; 主程序中其他操作
CW: INC R0                      ; 正转子程序, 计数器加1
    MOV P1, R0                  ; 计数值送输出口, 运行一拍
    RET
CCW: DEC R0                     ; 反转子程序, 计数器减1
    MOV P1, R0                  ; 计数值送输出口, 运行一拍
    RET
```

2. 串行控制

利用89C51单片机对步进电动机进行串行控制的系统组成如图7-13所示。89C51单片机与步进电动机的功率接口之间只要两条控制线: 一条用以发送走步脉冲信号 (CP); 另一条用以发送控制旋转方向的电平信号。此时的单片机相当于前面所讲的变频信号源。同并行控制方式相比, 串行控制方式占用单片机硬件资源较少, 编程也更为简单, 但需要外加脉冲分配器, 增加了系统成本。

图7-13 单片机串行控制原理框图

1) 单片机串行控制方式的硬件

89C51单片机通过串行控制来驱动步进电动机, 中间需要脉冲分配器。脉冲分配器除可采用由门电路和双稳态触发器组成的逻辑电路外, 还可以使用专用芯片。在单片机或其他微处理器的控制中, 还可以把EPROM和可逆计数器组合起来, 构成通用型脉冲分配器, 如图7-14所示。

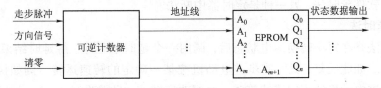

图7-14 通用的脉冲分配器

其工作原理是: 设计一个二进制可逆计数器, 使其计数长度 (即循环计数值) 等于步进电动机的运行拍数 (或拍数的整数倍)。计数器的输出端接到EPROM的几条低位地址线上, 并使EPROM总处于读出状态。这样, 计数器每一个输出状态都对应EPROM的一个地址, 该EPROM地址单元中的内容即可确定EPROM数据输出端各条线上的电平状态。只要根据要求设计好计数器的计数长度, 并按要求固化在EPROM中, 就能完成所要求的脉冲分配器的输入输出逻辑关系。还可考虑改变EPROM高位地址线的电平以区分出几个不同的地址区域 (页面), 并在不同的页面中设定不同的逻辑关系, 从而实现诸如单拍、双拍和单、双拍等各种运行方式的脉冲分配功能。

2) 单片机串行控制的软件

在图7-13所示的串行控制电路中, 利用89C51单片机的P1.1输出方向信号控制电动机

的正反转，P1.0 输出走步脉冲。走步脉冲的产生方法很简单，使单片机从 P1.0 产生一个脉宽合适的方波信号即可。

设 P1.1 低电平时为正转驱动，脉冲分配器在走步触发脉冲发生正跳变时改变输出状态，则正转一步的驱动子程序如下：

```
CW: CLR  P1.1      ;发出正转电平信号
    CLR  P1.0      ;输出低电平，为脉冲的正跳变准备条件
    LCALL DELAY    ;调用延时子程序
    SETB P1.0      ;输出高电平，产生脉冲正跳变
    RET            ;返回
```

调用该子程序一次，产生一个脉冲，电动机将正转一步。只要按一定的时间间隔 T 调用这个子程序，就可以使电动机按一定的转速连续转动。若要电动机反方向旋转，只需将 P1.1 置为 1 即可，其余程序与正转程序相同，具体子程序如下：

```
CCW: SETBP1.1      ;发出反转电平信号
     CLR P1.0      ;输出低电平，为脉冲的正跳变准备条件
     LCALL DELAY   ;调用延时子程序
     SETBP1.0      ;输出高电平，产生脉冲正跳变
     RET           ;返回
     DELAY: NOP    ;延时子程序
     …
     RET
```

7.2.3.3 步进电动机转速控制

控制步进电动机的转速，实际上就是控制各通电状态持续时间的长短。这可以采取两种方法：一种是软件延时法，另一种是定时器中断法。

1. 软件延时法

软件延时法是在每次转换通电状态后，调用一个延时子程序，待延时结束后，再次执行该换相子程序。如此反复，就可使步进电动机按某一确定的转速运转。例如执行下列程序，就可以控制步进电动机的正向连续旋转。要想改变转速，只需改变 data1、data2 的值即可。

```
CON: LCALL CW      ;调用正转一步子程序
     LCALL DELAY   ;调用延时子程序
     SJMP  CON     ;继续循环执行
     …
DELAY: MOV   R7, #data1
DELAY1: MOV  R6, #data2
DELAY2: DJNZ R6, DELAY2
        DJNZ R7, DELAY1
        RET
```

DELAY 程序的延时时间为：

$$t = \left[1 + (1 + 2 \times data2 + 2) \times data1\right] + 2 \times T$$

230

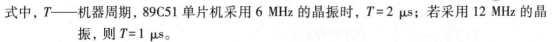

式中，T——机器周期，89C51 单片机采用 6 MHz 的晶振时，$T=2$ μs；若采用 12 MHz 的晶振，则 $T=1$ μs。

软件延时法的优点是：改变 data1、data2 的值或调用不同的延时子程序就可实现不同的速度控制，编程简单，且占用硬件资源较少。其缺点是占用 CPU 时间太多，因此通常只在简单的控制过程中采用。

2. 定时器中断法

由于软件延时法占用 CPU 的时间太多，所以在复杂的控制系统中一般采用定时器延时法，即给定时器加载适当的定时初值。经过一定的时间，定时器溢出，产生中断信号，暂停主程序的执行，转而执行定时器中断服务程序，产生硬件延时。若将步进电动机换相子程序放在定时器中断服务程序之中，则定时器每中断一次，电动机就换相一次，通过改变定时器的初值可实现对电动机的速度控制。因为步进电动机的换相是在中断服务程序中完成的，所以对 CPU 时间的占用较少，可使 CPU 有时间从事其他工作。

下面用 89C51 中的 T0 定时器为例，介绍速度控制子程序。设定时器以方式 1 工作，电动机的运转速度定为每秒 1 000 个脉冲，则换相周期为 1 ms。设 89C51 使用 12 MHz 的晶振，则机器周期为 1 μs，故 T0 定时器应该每 1 000（03E8H）个机器周期中断一次。由于 T0 是执行加计数，到 0FFFFH 后，再加一就产生溢出中断，所以 T0 的加载初值应为 10000H−03E8H，也就是 0FC18H。在此初值下，执行加计数 1 000 次，就会产生溢出。中断服务程序如下：

```
TIM: LCALL  CW          ; 调用正转一步子程序
     CLR    TR0         ; 停定时器
     MOV    TL0, #18H    ; 装载低位字节
     MOV    TH0, #0FCH   ; 装载高位字节
     SETB   TR0         ; 开定时器
     RETI               ; 中断返回
```

调试上述程序时会发现，电动机的转速低于设定值，不够精确。若要精确定时，还应计算加载定时器及开、停定时器和中断响应等的时间，并进行修正。

下面是一个能准确定时的子程序 TIM1。其中为了提供实时改变加载值的可能性，将加载值存放在中间单元 R6、R7 中。为了计算中断响应时间，应将加载值和定时器溢出后继续加计数而形成的原始计数值相加。此外，还要计算程序中从 CLR TR0 到 SETB TR0 之间的指令周期延时的 7 个机器周期 T。因此，换相周期为 1 ms 时，R7、R6 中的加载值应为 0FC18H+07H，即 0FC1FH。具体程序如下：

```
TIM1: LCALL  CW        ; 调用正转一步子程序
      CLR    TR0       ; 停定时器
      MOV    A, TL0    ; 原始计数值低位字节送 A
      ADD    A, R6     ; 与加载值相加
      MOV    TL0, A    ; 回送低位字节
      MOV    A, TH0    ; 原始计数值高位字节送 A
      ADDC   A, R7     ; 与加载值相加
      MOV    TH0, A    ; 回送高位字节
```

```
        SETB    TR0         ; 开定时器
        RETI                ; 中断返回
```

反复执行这个中断程序时，步进电动机将按给定频率准确运行。改变 R6 和 R7 中的数值，可以改变电动机的运行速度。

7.2.4　任务实施

7.2.4.1　所需的仪器、设备、元器件（见表 7-5）

表 7-5　实训设备仪器及元器件明细

类别	名　称	数　量
仪器	直流流稳压电源（双路）	1 台
	万用表	1 块
	双踪示波器	1 台
元器件设备	步进电动机	1 台
	NE555	1 片
	74LS08	2 片
	74LS138	2 片
	74LS161	1 片
	三极管	4 只
	发光二极管	4 只
	绪流二极管	4 只
	电阻	若干
	电容 1 μF	2 只
	滑动变阻器	1 个
	双刀双置开关	8 个
	数字面包板	1 块
	导线	若干

7.2.4.2　电路的安装

步进电动机控制电路可以分成脉冲发生电路、环形分配电路和驱动电路三部分。

如图 7-15 所示，集成电路从上到下、从左到右分别是 74LS161 计数器、NE555 组成的多谐振荡器、74LS138 译码器和 74LS08 与门。

7.2.4.3　电路的调试

（1）完成脉冲发生电路的安装后，可以在示波器上看到方波。

（2）环形分配电路安装完毕后，可以进行调试。如果发现部分的 LED 灯并没有灭只是暗了，检查 74LS138 输出端的电压在没给输入时是否为 0。

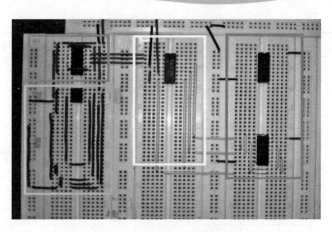

图 7-15 步进电动机控制电路

（3）在接入电动机前，对电动机的四个相进行测量，找出电动机四个相的顺序，连接电路。

（4）上电运行，经过调试，电动机运转正常，正反转单拍、四相八拍均能实现，转速也可以发生明显变化。调试完成。

7.2.4.4 安装调试评分标准（见表 7-6）

表 7-6 电路安装调试评分标准

项目内容	配分	评分标准	扣分	得分
安装接线	20 分	1. 不按电路图接线扣 5 分。 2. 不按工艺要求接线每处扣 5 分。 3. 接点不符合要求每处扣 2 分。 4. 损坏元件每个扣 5 分。 5. 损坏设备此项分全扣		
通电调速	60 分	1. 数据记录不全扣 10 分。 2. 数据记录不正确扣 20 分。 3. 不会分析 20 分。 4. 调试结果不全面扣 10 分。 5. 调试结果不正确扣 20 分		
安全文明操作	10 分	视具体情况扣分		
操作时间	10 分	规定时间为 80 min，每超过 2 min 扣 5 分		
说明	除定额时间外，各项目的最高扣分不应超过配分数		成绩	
开始时间		结束时间		实际时间	

7.2.5 任务考核

本任务考核，按表 7-7 所示进行。

表 7-7　任务考核评价

评价项目	评价内容	自评	互评	师评
学习态度（10分）	能否认真听讲、答题是否全面			
安全意识（10分）	是否按照安全规范操作并服从教学安排			
完成任务情况（70分）	电器元件安装符合要求与否（10）			
	电路接线正确与否（10）			
	编程编制正确与否（10）			
	指令输入正确与否（10）			
	调试、测量过程和结果正确与否（10）			
	调试过程中出现故障检修正确与否（10）			
	通电试验后各项工作完成如何（10）			
协作能力（10分）	与同组成员交流讨论解决了一些问题			
总评	好（85～100），较好（70～85），一般（少于70）			

7.2.6　复习思考

1. 选择题

（1）正常情况下步进电动机的转速取决于（　　　）。

A. 控制绕组通电频率　　　　　　　B. 绕组通电方式

C. 负载大小　　　　　　　　　　　D. 绕组的电流

（2）某三相反应式步进电动机的初始通电顺序为 A→B→C，下列可使电动机反转的通电顺序为（　　　）。

A. C→B→A　　　　　　　　　　　B. B→C→A

C. A→C→B　　　　　　　　　　　D. B→A→C

（3）下列关于步进电动机的描述正确的是（　　　）。

A. 抗干扰能力强

B. 带负载能力强

C. 功能是将电脉冲转化成角位移

D. 误差不会积累

2. 解析题

有一台四相反应式步进电动机，其步距角为 1.8°/0.9°，试求：

（1）转子齿数是多少？

（2）写出四相八拍的一个通电顺序。

（3）A 相绕组的电流频率为 400 Hz 时，电动机转速为多少？

任务 7.3　步进电动机应用实例

7.3.1　任务目标

（1）了解步进电动机的常用应用。

（2）掌握 YL-335A 实训设备的组成与工作过程。

（3）能够操作、维护 YL-335A 实训设备。

7.3.2　任务内容

（1）了解步进电动机的基本应用。

（2）了解 YL-335A 实训设备结构组成与工作过程。

（3）学会操作和维护 YL-335A 实训设备。

7.3.3　必备知识

步进电动机广泛用于机械加工设备中作执行元件，以驱动机械运动部件。采用开环控制时，系统结构简单，具有一定的运动控制精度。在数控机床中，要使工作台或刀架的驱动达到更高的运动或定位精度，可采用能精确测量工作台或刀架位置、位移的传感器（如码盘编码器、光栅或磁栅传感器、感应同步器等）进行位置反馈，也可用速度传感器的反馈来控制电动机转速，如图 7-16 所示。

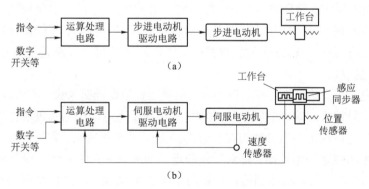

图 7-16　步进电动机用于位置控制

（a）开环位置控制；（b）闭环位置控制

图 7-16（a）反映了步进电动机的应用，实际上步进电动机因控制灵活、性能好、运行可靠、误差不会长期累积、适于数字控制等多种优点而广泛应用于各行业的数控加工设备、自动生产线、自动控制仪表、计算机及办公自动化设备甚至家用电器中。

7.3.3.1　步进电动机的应用

1. 软磁盘驱动

软磁盘存储器是一种十分简便的计算机外部信息存储装置。当软磁盘插入驱动器后，伺服电动机带动主轴旋转，使盘片在盘套内转动。磁头安装在磁头小车上，步进电动机通过传动机构驱动磁头小车，将步距角变换成磁头的位移，从而读写磁盘数据。步进电动机每行进一步，磁头移动一个磁道。

2. 针式打印机驱动

针式打印机是利用机械和电路驱动原理，使打印针撞击色带和打印介质，进而打印出点阵，再由点阵组成字符或图形来完成打印任务的。从结构上看，针式打印机由打印机械装置和驱动控制电路两大部分组成。在打印过程中共有三种机械运动：打印头横向运动、打印纸纵向运动和打印针的击针运动。这些运动都是由软件控制驱动系统通过一些精密机械来执行的，其中打印头驱动机构（又称为字车机构）就是利用步进电动机及齿轮减速装置，由同步齿形带驱动字车横向运动，其步进速度由一个单元时间内的驱动脉冲数来决定，改变步进速度即可改变打印字距。

3. 电脑绣花机驱动

电脑绣花机是在电脑缝纫机的基础上发展起来的。多年来一直由机械技术占统治地位的缝纫机领域，自 20 世纪 70 年代引入电子技术后，开始进入微机控制的机电一体化时代。电脑缝纫机是以微处理器进行四轴数控。数控系统控制 x-y 方向的两个步进电动机带动工作台做平面运动，同时监视带动绣花针进行上、下运动的主轴电动机的回转，从而对 x-y 工作台及绣花针的间断性运动进行控制。在此基础上，电脑缝纫机还加入了断线检测、数据存储等功能模块，使其工作稳定、便捷。

4. 电脑绘图仪

步进电动机能够将脉冲量精确地转换成转角位移或直线位移，是典型的离散型执行元件，可方便地构成开环或闭环控制系统，能够与计算机配合进行数字化控制，广泛应用于各种设备或装置中实现转速、转角或位置及运动轨迹的控制。例如，在绘图仪中，可使用步进电动机对绘图笔进行 x、y 轴方向的位置控制，使得绘图笔可以在精确允许范围内在平面上绘出需要的轨迹曲线。

对于步进电动机，其优势是控制精度高，相对于普通电动机来说，它可以实现开环控制，即通过驱动器信号输入端输入的脉冲数量与频率实现步进电动机的角度和速度控制，无须反馈信号。但是步进电动机不适合使用在长时间同方向运转的情况，容易烧坏产品，所以使用时通常都是短距离频繁动作较佳。而对于伺服电动机来说，其内部通过安装旋转编码器实现了反馈控制，伺服电动机可以达到的转矩要高于步进电动机，但是价格相对也高，所以在转矩能满足的情况下，采用步进电动机。步进电动机配合驱动器使用，很多驱动器都支持细分功能，即实现很小的步距角，以使得控制更精确。

7.3.3.2　步进电动机在应用中的注意事项

（1）步进电动机应用于低速场合，每分钟不超过 1 000 r（0.9°时 6 666 pps），最好在 1 000～3 000 pps（0.9°）间使用，可通过减速装置使其在此间工作，此时电动机工作效率高、噪声低。

（2）步进电动机最好不使用整步状态，整步状态时振动大。

（3）由于历史原因，只有标称为 12 V 电压的电动机使用 12 V，其他电动机的电压值不是驱动电压伏值，可根据驱动器选择驱动电压（建议：57 byg 采用直流 24～36 V，86 byg 采用直流 50 V，110 byg 采用高于直流 80 V），当然 12 V 的电压除 12 V 恒压驱动外也可以采用其他驱动电源，不过要考虑温升。

（4）转动惯量大的负载应选择大机座号电动机。

（5）电动机在较高速或大惯量负载时，一般不在工作速度启动，而采用逐渐升频提速：一方面电动机不失步；另一方面可以减少噪声，同时可以提高停止的定位精度。

（6）高精度时，应通过机械减速、提高电动机速度，或采用高细分数的驱动器来解决，也可以采用 5 相电动机，不过其整个系统的价格较贵，生产厂家少。

（7）电动机不应在振动区内工作，若难以避免，可通过改变电压、电流或加一些阻尼以解决。

（8）电动机在 600 pps（0.9°）以下工作，应采用小电流、大电感、低电压来驱动。

（9）应遵循先选电动机后选驱动的原则。

7.3.4　任务实施

7.3.4.1　实训设备

图 7-17 所示为亚龙 YL-335A 型自动生产线实训考核装备。

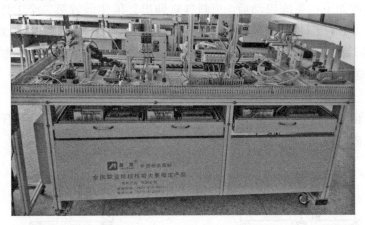

图 7-17　亚龙 YL-335A 型自动生产线实训考核装备

YL-335A 在铝合金导轨式实训台上安装下料、加工、装配、搬运、分拣等工作站，构成一个典型的机电一体化设备的机械平台；采用 RS485 串行通信方式实现分布式的控制或 PLC 主站及远程 I/O 实现系统控制，其搬运站主要由步进电动机、步进驱动器、线性导轨等构成，从而组成自动加工、装配生产线，真实呈现自动生产线的加工过程。

7.3.4.2　各工作站的结构和功能

1. 供料站

供料站主要由料仓及料槽、顶料气缸、推料气缸和物料台以及相应的传感器、电磁阀构成，如图 7-18 所示。

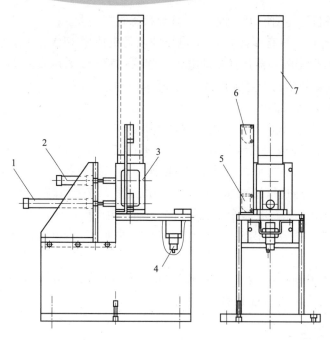

图 7-18　供料站结构

1—推料气缸；2—顶料气缸；3—料槽；4，5—物料检测；6—物料有无检测；7—料仓

　　本站工作过程如下：系统启动后，顶料气缸伸出，顶住倒数第二个工件；推料气缸推出，把料槽中最底层的工件推到物料台上的工件抓取位；传感器检测到工件到位后，推出气缸和顶料气缸逐个缩回，倒数第二层工件落到最底层，等待推出；搬运站机械手伸出并抓取该工件，并将其送往加工站。

2. 加工站

　　加工站主要由物料台、夹紧机械手、物料台伸出/缩回气缸、加工（冲压）气缸以及相应的传感器和电磁阀构成，如图 7-19 所示。

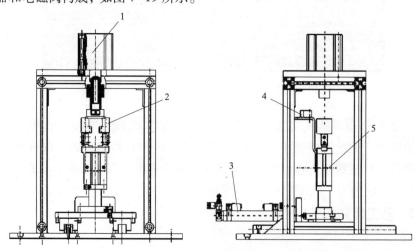

图 7-19　加工站结构

1—加工气缸；2—物料台；3—物料台伸出/缩回气缸；4—物料检测；5—夹紧机械手

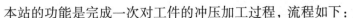

本站的功能是完成一次对工件的冲压加工过程，流程如下：

搬运站机械手把工件运送到物料台上→物料检测传感器检测到工件→机械手指夹紧工件→物料台回到加工区域冲压气缸的下方→冲压气缸向下伸出冲压工件→完成冲压动作后向上缩回→冲压气缸缩回到位→物料台重新伸出→到位后机械手指松开→搬运站机械手伸出并夹紧工件，将其送往装配站。

3. 装配站

装配站主要由供料单元、旋转送料单元、机械手装配单元、放料台以及相应的传感器、电磁阀构成，如图7-20所示。

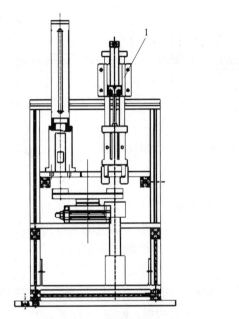
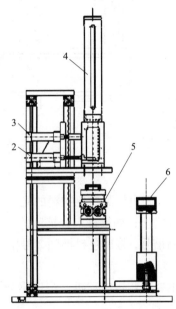

图7-20 装配站结构

1—机械手装配单元；2—挡料气缸；3—顶料气缸；4—料仓；5—旋转送料单元；6—放料台

本站功能是完成上盖工序，即把黑色或白色两种小圆柱工件嵌入到大工件中的装配过程。

当搬运站的机械手把工件运送到装配站物料台上时，顶料气缸伸出，顶住供料单元倒数第二个工件；挡料气缸缩回，使料槽中最底层的小圆柱工件落到旋转供料台上，然后旋转供料单元顺时针旋转180°（右旋），到位后装配机械手按下降气动手爪→抓取小圆柱→手爪提升→手臂伸出→手爪下降→手爪松开的动作顺序，把小圆柱工件顺利装入大工件中，机械手装配单元复位的同时，旋转送料单元逆时针旋转180°（左旋）回到原位，搬运站机械手伸出并抓取该工件，将其送往物料分拣站。

4. 分拣站

分拣站主要由传送带、变频器、三相电动机、推料气缸、电磁阀和定位光电传感器及区分黑白两种颜色的光纤传感器构成，如图7-21所示。

本站的功能是对从装配站送来的装配好的工件进行分拣。当搬运站送来工件放到传送带上并被入料口光电传感器检测到时，即启动变频器，工件开始送入分拣区，如果进入分拣区

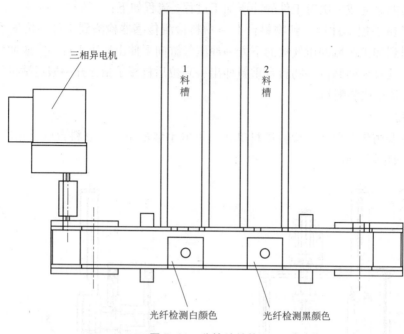

三相异电机

1料槽

2料槽

光纤检测白颜色

光纤检测黑颜色

图 7-21　分拣站结构

的工件为白色，则由检测白色物料的光纤传感器动作，作为 1 号槽推料气缸启动信号，将白色料推到 1 号槽里；如果进入分拣区的工件为黑色，则由检测黑色的光纤传感器作为 2 号槽推料气缸启动信号，将黑色料推到 2 号槽里。自动生产线的加工结束。

5. 搬运站

搬运站主要由步进电动机、步进驱动器、导轨、四自由度搬运机械手、电磁阀和原点定位开关构成，如图 7-22 所示。

图 7-22　搬运站实物

1—气缸；2—连接件；3—气动手指；4—手爪；
5—气动摆台；6—拖链；7—步进电动机；
8—直线导轨；9—滑块；10—同步带

本站的功能是完成向各个工作单元输送工件，系统分为四自由度抓取机械手单元和直线位移位置精确控制单元两部分，系统上电后，先执行回原点操作，当到达原点位置后，若系统启动，供料站物料台检测传感器检测到有工件时，机械手整体先提升到位，手爪伸出到位后夹紧，夹紧到位后手爪开始缩回，机械手整体下降到位后步进电动机开始工作，按设定好的脉冲量送到加工站。加工站到位后机械手整体提升，提升到位后手爪伸出，伸出到位后机械手整体下降，下降到位后工件已放入加工站物料台上，然后手爪松开，松开到位后机械手回缩，等加工站加工完成后再将工件送到装配站和分拣站完成整个自动生产线加工过程。

步进电动机需要专门的驱动装置（驱动器）供电，驱动器和步进电动机是一个有机的整体，步进电动机的运行性能是电动机及其驱动器二者配合所反映的综合效果。一般来说，每一台步进电动机大多有其对应的驱动器，例如，Kinco 三相步进电动机 3S57Q-04056 与之配套的驱动器是 Kinco 3M458 三相步进电机驱动器。图 7-23 和图 7-24 分别是它的外观图和典型接线图。

在图 7-24 中，驱动器可采用直流 24～40 V 电源供电。在 YL-335A 中，该电源由输送单元专用的开关稳压电源（DC24V 8A）供给。输出电流和输入信号规格为：

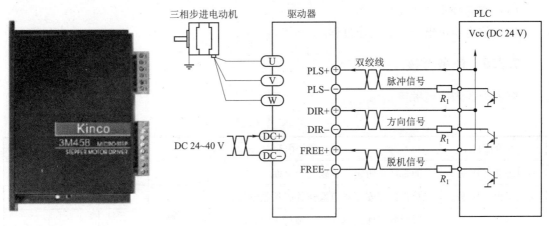

图 7-23 Kinco 3M458 外观   图 7-24 Kinco 3M458 的典型接线

（1）输出相电流为 3.0～5.8 A，输出相电流通过拨动开关设定；驱动器采用自然风冷的冷却方式。

（2）控制信号输入电流为 6～20 mA，控制信号的输入电路采用光耦隔离。输送单元 PLC 输出公共端 Vcc 使用的是 DC24 V 电压，所使用的限流电阻 R_1 为 2 kΩ。

由图 7-24 可见，步进电动机驱动器的功能是接收来自控制器（PLC）的一定数量和频率脉冲信号以及电动机旋转方向的信号，为步进电动机输出三相功率脉冲信号。

7.3.4.3 YL-335A 中使用步进电动机应注意的问题

控制步进电动机运行时，应注意考虑在防止步进电动机运行中失步的问题。

步进电动机失步包括丢步和越步。丢步时，转子前进的步数小于脉冲数；越步时，转子前进的步数多于脉冲数。丢步严重时，将使转子停留在一个位置上或围绕一个位置振动；越步严重时，设备将发生过冲。

使机械手装置返回原点的操作，常常会出现越步情况。当机械手装置回到原点时，原点开关动作，使指令输入"OFF"。但如果到达原点前速度过高，惯性转矩将大于步进电动机的保持转矩而使步进电动机越步。因此，回原点的操作应确保足够低速为宜；当步进电动机驱动机械手装配高速运行时紧急停止，出现越步情况不可避免，因此急停复位后应采取先低速返回原点重新校准，再恢复原有操作的方法。（注：所谓保持转矩是指电动机各相绕组通额定电流，且处于静态锁定状态时，电动机所能输出的最大转矩，它是步进电动机最主要的参数之一。）

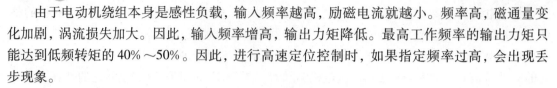
由于电动机绕组本身是感性负载，输入频率越高，励磁电流就越小。频率高，磁通量变化加剧，涡流损失加大。因此，输入频率增高，输出力矩降低。最高工作频率的输出力矩只能达到低频转矩的40%～50%。因此，进行高速定位控制时，如果指定频率过高，会出现丢步现象。

此外，如果机械部件调整不当，会使机械负载增大。步进电动机不能过负载运行，哪怕是瞬间，都会造成失步，严重时会导致停转或不规则原地反复振动。

7.3.4.4 操作实训

（1）在老师指导下安全操作。

（2）注意步进电动机的动作过程。

7.3.5 任务考核

按表7-8来实施考核。

表7-8 任务考核评价

评价项目	评价内容	自评	互评	师评
学习态度（10分）	能否认真听讲、答题是否全面			
安全意识（10分）	是否按照安全规范操作并服从教学安排			
完成任务情况（70分）	说明各工作站的任务正确与否（10）			
	供料站、加工站操作步骤正确与否（10分）			
	装配和分拣操作步骤正确与否（10分）			
	搬运站各环节工作任务明确与否（10分）			
	搬运站操作步骤正确与否（10分）			
	操作是否规范，是否文明生产（10分）			
	实训结束工作完成如何（10）			
协作能力（10分）	与同组成员交流、讨论并解决了一些问题			
总评	好（85～100），较好（70～85），一般（少于70）			

7.3.6 复习思考

（1）步进电动机的特点是什么？

（2）步进电动机主要应用在哪些方面？

（3）YL-335A实训设备由哪几部分组成？

（4）步进电动机在YL-335中的应用主要表现在哪些方面？

（5）步进电动机在应用时要注意些什么？

（6）步进电动机的失步是什么？在什么情况下会出现失步现象？

阅读拓展

全国劳动模范别林：电机装配领域的"大国工匠"

"做事半途而废没什么出息，干什么都要像一颗螺丝钉一样，认准了，就要干出名堂来。"这句朴实的话语一直激励着别林，像一颗螺丝钉，把自己牢牢地"拧"在了哈尔滨电气集团佳木斯电机股份有限公司的装配岗位上，一"拧"就是33年。今年52岁的别林是哈尔滨电气集团佳木斯电机股份有限公司大型车间装配工、高级技师、佳电股份首席技师，由一名普通工人成长为电机装配领域的"大国工匠"，在平凡的岗位上做出非凡的业绩，充分彰显了一名共产党员爱岗敬业、苦心钻研、敢为人先的奉献精神；

别林19岁从佳木斯电机厂职业高中毕业后，怀揣着报效国家、立志干出一番事业的理想，来到了佳木斯电机厂三分厂工作，从此拉开了一名"大国工匠"锻造之路的序幕。别林工作严谨认真、"经手就是合格品"是他的工作准则。

他不断学习理论知识、磨炼实操技术，掌握了过硬的工作本领，凡是公司处理不了的问题、领导犯难的生产任务，他都敢于担当、冲锋在前。他牵头组装了第一台立式轴瓦电机、第一台两极座式注水泵电机、第一台最大规格TAW8800KW-20P电机等尖端产品。许多电机填补了国内、国际空白。多年来，他参与车间技术攻关22项、解决电机振动上百台，为企业减少损失上百万元，自行研制工装工具32套、完成教学上千课时。

"每一个零部件，就像人的每块骨头，不能有一丝一毫的马虎。当好一名装配工，必须要从做人开始。人做不好，你永远不可能当好装配工。"这是别林给每一个徒弟的忠告。

为了能更好地把自己的技术传授下去，别林以工艺规范为基础，通过车间多名技师多年的工作经验与轴瓦刮研理论资料相结合编写了《轴瓦刮研、调整技术要点》教材。以通俗易懂的语言，图文并茂的步骤，清晰地描述了轴瓦刮研、调试和装配过程，更好地指导装配工人日常操作，从而保证了整体装配质量。33年的时间里，别林悉心带徒34人，其中5人获得佳电股份技师资格、3人获得公司级"劳动模范"称号，成了企业的顶梁柱。

如今，为了将技艺和佳电"匠人精神"一代代传承延续下去，别林配上了花镜，走上了陌生的培训讲台，利用业余时间为车间员工们进行培训，希望老一辈产业工人的作风能在佳电留下种子。别林还承担着完成外派技术服务的艰巨任务，足迹遍布全国各地及海外十几个国家。只要上级组织一声令下，他从不推辞犹豫，保证在第一时间赶赴现场。

2019年4月，浙江方圆电器检测中心与佳电公司签订的YKKPT630 2500KW-2P电机在实验室调试，反复出现振动问题，经相关专家连续处理多次均未达到理想效果，组织派别林前往协助解决问题。接到任务后，别林连夜赶赴现场与专家共同研究分析，通过反复对轴瓦进行刮研提高配合精度、控制油膜厚度，凭借多年经验调整轴瓦间隙、紧力控制，最终历经三天三夜将电机振动调整至合格范围，保证了实验室正常工作。

紧接着，别林又接到为山东枣庄振兴石化调试TAW5300KW-18P电机的任务。因用户急于投产，要求在10天内调整完8台电机，时间紧任务重，别林缩短休息时间，每天工作14小时，在这样高强度的工作压力下，他的胃病和胆囊炎加重了，但他硬是咬牙坚持，凭着顽强的毅力和高度的责任感，终于在第9天完成了电机全部调试任务。

奉献不言苦，追求无止境。别林在一线工人的普通岗位上无私奉献、默默付出 30 余载，以实际行动锻造了一名共产党员的理想与信念，赢得了广大群众的支持和赞誉。如今的他正以百倍的努力，不忘初心，带领技术工人忘我工作，在电机装配领域中不断刷新着自己的精彩人生。

 多媒体链接

"大国工匠"——大巧破难　　　　步进电动机应用　　　　6 轴机器人

项目 8

滑差电动机的控制与调速技术

【知识目标】

1. 了解滑差电动机的组成结构与调速原理。
2. 了解滑差电动机的控制方式。
3. 了解滑差电动机的应用。

【技能目标】

1. 学会滑差电动机控制线路的安装与调试。
2. 学会滑差电动机的调速和应用技术。
3. 学会滑差电动机的维护与故障检修。

【素质目标】

1. 培养良好的职业道德意识，培树良好的敬业精神；
2. 端正学风，培养热爱科学、不断进取、实事求是的求知精神；
3. 增强质量意识、效益意识和新技术意识，培养积极服务社会的责任感。

任务导入

滑差电动机的学名为电磁调速电动机，有时也称电磁离合器。它是通过转差率来调整转速的，广泛应用于纺织、印染、印刷、食品、化工、造纸、水泥、橡胶、塑料、线缆、冶金、矿山等生产领域的各种恒转矩无级调速的设备上，特别适用于风机、水泵等负载场合。滑差电动机有时在一个企业有多处应用，如 801 型对开立式停回转凸版印刷机、JS2101 型对开双面胶印机、J2105 型对开单色胶印机、J2108 型对开单色胶印机、PZ4880-01A 型对开四色胶印机等印刷机械采用这种电动机就更能符合印刷工艺要求。扬州华钟毛纺织有限公司采用的滑差电动机就有多处应用。

应用一：整经机

织布是将准备好的经纱和纬纱在织机各机构作用下，按照一定的组织规律相互交织，形成具有一定组织结构的织物的过程。整经就是非常重要的织前准备工作。图 8-1 所示为日本生产的整经机，虽然老了一点但非常耐用，两台滑差电动机分别用于滚筒与盘头的控制，速度可控。

图 8-1　整经机

应用二：煮呢机（见图 8-2）

3 台滑差电动机分别控制煮锅里前、中、后行进的布匹保持同步，否则会造成撕毁布匹的严重后果。滑差电动机的给定电位器由升降管的高低来调节，如图 8-3 所示。例如，后车布走得快布就绷得紧，这时升降管就会被抬高，而被抬高的过程就会使滑差电动机给定电位器减小给定值，从而使得后车降低速度，以保证后车速度与前、中车速度保持同步。

另外还有 1 台直流电动机由光电传感控制布匹稳中；1 台交流异步电动机控制布匹展平。

图 8-2 煮呢机

图 8-3 升降控制管

应用三：轧水机（见图 8-4）

轧水机就是将毛织物进行特殊后处理，通过加入特别药剂，可以防蛀、防皱（可以水洗）、柔软、增黑、增亮等。该设备走布对恒速要求特别高。

机头进布用直流电动机控制，要求与出布速度相同。

机尾出布用滑差电动机控制，其中测速发电机信号同时作为直流调速系统的给定，这是开环控制系统。

为了保证直流电动机恒速，在直流电动机输出轴上再装一测速发电机，作为闭环控制，以保证前后布速一致。

图8-4　轧水机

应用四：开式蒸呢机（见图8-5）

开式蒸呢机的生产目的是整理与定型。

图8-5　开式蒸呢机

蒸呢机主轴的速度是由滑差电动机来控制的，而滑差电动机的转速又是由操作台上三个脚踏开关（行程开关）来控制的，如图8-6所示。控制流程是：脚踏开关→小交流电动机（正反转）→电位器→滑差电动机→控制滚筒速度。其中：开关一是用来控制正转的，而且是增速；开关二是用来控制反转的，也是增速；开关三是用来减速的。

另外，一台交流电动机控制空压机，用于抽蒸汽。

蒸呢机的工作方式是进蒸汽、抽蒸汽循环工作，一般前接布目矫正机。

开式蒸呢机的前车如图8-7所示。

图 8-6　开式蒸呢机操作台

图 8-7　开式蒸呢机前车

以上例子足以说明，滑差电动机的应用是如此广泛。本项目旨在介绍滑差电动机的组成结构、调速原理以及如何实施控制等。

任务 8.1　滑差电动机控制线路的安装

8.1.1　任务目标

（1）掌握滑差电动机的组成结构与工作原理。

（2）掌握滑差电动机控制线路的安装与调试方法。

8.1.2　任务内容

（1）了解滑差电动机的结构组成。

（2）掌握滑差电动机的工作原理。

（3）学会滑差电动机的外部接线安装。

（4）学会滑差电动机的调试。

（5）学会滑差电动机的试车操作。

8.1.3　必备知识

8.1.3.1　滑差电动机的系统组成

图 8-8 所示为 YCT 系列滑差电动机的外观。

图 8-8　滑差电动机外观

滑差电动机调速控制系统由拖动电动机、电磁转差离合器、测速发电机和 JD 或其他系列滑差电动机控制器组成，形成一套具有测速负反馈系统的交流无级调速驱动装置。

滑差电动机有两个轴。一个与原动机相连，另一个与拖动对象相连。通过调节滑差电动机的电压可使输出的转速低于输入转速。它的工作原理都是通过调节滑差电动机的转差率来改变输出转速的。

滑差电动机的工作特点如下：

（1）交流无级调速，具有速度负反馈的自动调节系统，速度变化率低于 3%。

（2）结构简单，使用维护方便，价格低廉。

（3）无失控区，调速范围广，最大可达 10∶1；闭环控制时，机械特性硬度高，调速范围可达 20∶1；具有机械过载保护能力。

（4）控制功率小，一般在 0.6～30 kW，便于手控、自控和遥控，适用范围广。

（5）启动性能好，启动力矩大，启动平滑。

滑差电动机结构如图 8-9 所示。

8.1.3.2　滑差电动机工作原理

滑差电动机调速控制系统原理如图 8-10 所示，其中拖动电动机就是三相异步电动机，通电后立即转动。

1. 电磁转差离合器的工作原理

滑差电动机的调速主要是依靠电磁转差离合器来完成的。由图 8-10 系统原理图可知，它由两个旋转部分组成：圆筒电枢和爪形磁极，它们之间气隙很小，两者没有机械的连接，能自由转动。电枢与三相异步电动机硬连接为主动部分，与电动机转子同步旋转；磁极与负载连接为从动部分。电枢一般是由铁磁材料制成的圆筒，有的上面装鼠笼型绕组；磁极上装有直流励磁绕组，磁极数可多可少。

电枢的转速基本保持不变。当励磁线圈通入直流电后，磁极产生磁场，亦即在工作气隙中产生空间交变的磁场，此时电枢与磁场有相对运动，故切割磁场产生感应电势，并在电枢

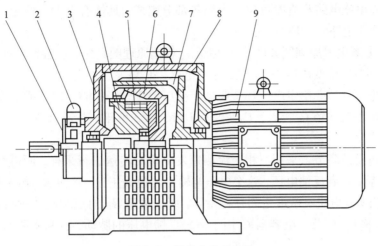

图 8-9　滑差电动机结构

1—测速发电机；2—出线盒；3—端盖；4—导磁体；5—激磁绕组；

6—磁极；7—电枢；8—机座；9—拖动电动机

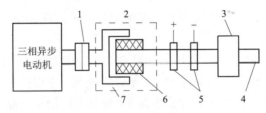

图 8-10　滑差电动机调速控制系统原理

1—轴；2—转差离合器；3—测速发电机；4—输出轴；5—滑环；6—磁极；7—电枢

中产生电流，这是涡流。由涡流产生的磁场与爪形磁极的磁场相互作用，产生转矩。输出轴的旋转方向与拖动电动机方向相同，输出轴的转速，在某一负载下，取决于通入励磁线圈的励磁电流的大小：电流越大，磁极磁场就越大，转速就越高；反之则低。不通入电流，输出轴便不能输出转矩。

2. 系统控制过程

系统控制过程如下：三相异步电动机转动→电枢转动→磁极跟转→测速发电机输出三相电势（$E \propto n$）→如果转速 $n\searrow$→则转差 $\Delta n\nearrow$→这时测速发电机三相电势是下降的，即 $E\searrow$→反送到控制器输入端→通过调整→给定控制电压 $U_0\nearrow$→励磁电流 $I_1\nearrow$→磁极磁场 $B\nearrow$→则电枢上产生的涡流 $I_2\nearrow$→使电枢上产生的电磁力 $F\nearrow$→又使得输出轴转速 $n\nearrow$→则转差 $\Delta n\searrow$→达到稳速作用。

3. 滑差电动机控制器工作原理

图 8-11 所示为 JD1A 系列控制器外观图。

JD1A 系列滑差电动机控制器是由速度调节器、移

图 8-11　JD1A 系列控制器外观

251

相触发器、可控整流电路及速度负反馈电路等部分组成，具体有电源、给定、放大、触发、速度负反馈以及主电路六个环节。

JD1A 型控制器电气原理图如图 8-12 所示。根据原理图具体分析控制器的工作原理：

（1）电源环节。由变压器 TC 提供，原边电压 220 V。

（2）给定电压环节。给定电压环节起始于变压器 TC 副边 b3、b4 端间的绕组。49 V 的交流电压经 D01 整流并经 C_1、R_1、C_2 滤波和 DZ1、DZ2 稳压，得到 16 V 的直流电压，最后由 R_{P1} "定速"。

（3）转速负反馈环节。采用三相交流测速发电机对转速进行采样，所得交流电经 D1～D6 整流和滤波后，得到反馈电压，这个电压与输出转速成正比，经过 R_{P2} 传至放大器的输入端。由于不同测速发电机灵敏度之间存在差异，所以采用 R_{P2} 对反馈电压进行调节。转速表 PV 的刻度值依靠 R_{P3} 调节。电容器 C_4 用于减轻反馈电压的脉动，有利于调速系统动态稳定性的提高。

（4）放大器。放大器是以晶体管 V2 为核心组成，二极管 D7、D8、D9 用作双向限幅保护，以避免 V2 的发射结承受过高的电压。给定电压与转速反馈电压通过电阻 R_3 形成输入信号，其值正比于上述两个电压之差。这个差值经 V2 放大后可影响 V2 的集电极电位，这个放大的信号再去控制触发信号。放大电路的电源由 TC 的 b8、b9 提供，经 D02、C_5、R_{P4}、R_5、DZ3 等整流滤波稳压得到。

（5）同步触发电路。同步信号由 b10、b11 提供，经电容器 C_6 得到锯齿波，与放大器送来的放大信号进行叠加，然后控制晶体管 V2 导通的时刻，也就产生了随着差值信号电压改变而移动的脉冲。该脉冲信号通过脉冲变压器 TV 输出提供给主电路。

晶体管触发电路的电源是由变压器 TC 的 b5、b7 绕组提供，经 D03、C8 整流滤波组成。由图 8-12 可知，同步信号加上电容器 C_6，能产生锯齿波移相作用。当为正半周期时，V1 截止，V1 集电极回路无电流，脉冲变压器 TV 无输出。当同步信号为负半周期时，V1 可以导通，而导通的时刻又由放大器输出信号来决定，实际是由给定量与反馈量的电压差值来决定的。差值大说明输出转速低，V1 导通的时间就早，脉冲变压器 TV 输出的脉冲就早，可控硅触发提前，导通角增大，导致励磁电压增大，励磁电流就大，输出转速就会提高。同理，V2 的输入电压减小时，导致导通角减小，励磁电压减小。可见输入电压的大小可以控制可控硅的触发时刻。

触发器最终在 V1 集电极通过脉冲变压器 TV 输送给晶闸管的控制极。二极管 D12 用以短路负脉冲，防止可控硅因控制极出现负脉冲而击穿。

（6）主电路。实际是一个可控硅整流电路。该系统采用可控硅单相半波整流电路，波形如图 8-13 所示。整流电路的输出控制转差离合器的励磁线圈用来产生励磁电流并最终影响电动机的转速。图 8-12 中热敏电阻 R_Y 对可控硅有过压保护作用。D13 为续流二极管，其作用是：正半周时由于可控硅导通而使离合器工作；负半周时可控硅不导通，励磁线圈产生的反向电动势可经过 D13 形成放电回路，使线圈中的电流连续，从而使离合器工作稳定。

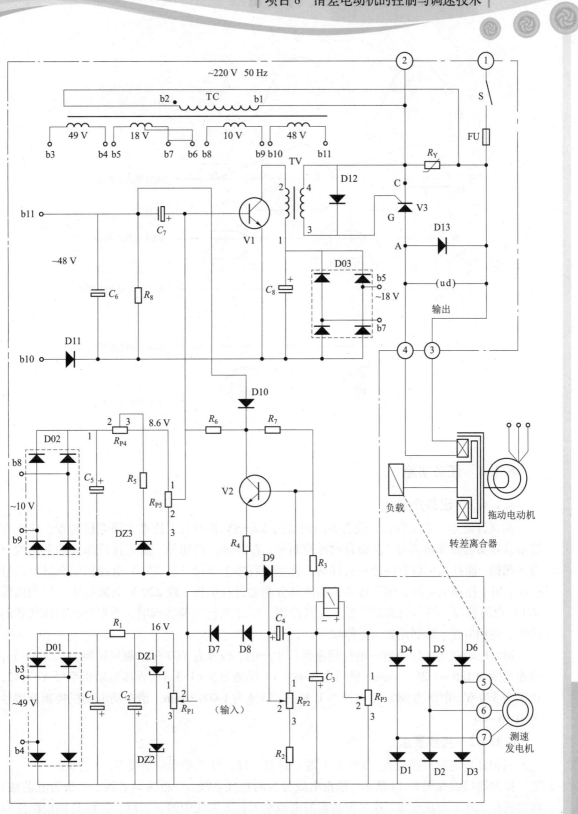

图 8-12　JD1A 型电气原理

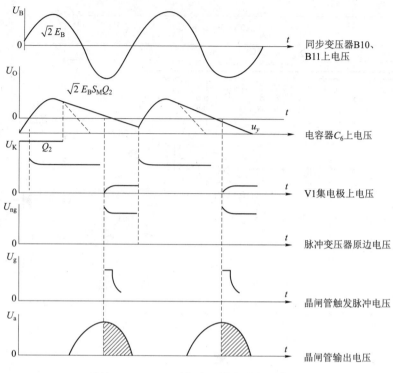

图 8-13　JD1A 型调速系统电路工作波形

8.1.4　任务实施

8.1.4.1　设备介绍

实训设备是山东星科教育设备集团制造的 XK-SX2B 型电工技术实训考核装置。该实训设备装置实验台箱体部分，左面是电源控制屏，右面是挂箱部分。固定挂箱部分的下边设有滑动凹槽，使挂箱可以方便地左右移动；背部设有多个单相三芯 220 V 电源插座和航空信号插座，用于挂箱的电源和信号传输；箱体部分两边设有单相三线 220 V 电源插座及三相四线 380 V 电源插座，供实验实训仪器、设备使用。学生进行实验实训时，要充分认识该装置的功能、使用方法，特别是安全操作规程。

滑差电动机是无锡市清一电控调速器厂生产的，型号为 YCT 90，额定转矩为 2.3 N·m，调速范围为 125～1 250 r/min，励磁电压<90 V，励磁电流<1.3 A；异步电动机型号 YS7142，功率为 370 W，电压为 380 V，电流为 1.12 A，转速为 1 400 r/min。滑差动电动机控制器型号为 JD1A-40。

8.1.4.2　接线要求

三相异步电动机接线为：380 V 电源通过黄、绿、红三根线分别接 U、V、W。

控制器接线如图 8-14 所示，输出七线分为两根独立线，一根为两芯线，一根为五芯线。两芯线接 220 V 交流电源，这是控制器的电源输入；五芯线中的黄、绿、红线分别接测速发电机的 U、V、W，这是测速发电机的反馈信号，也是控制器的输入信号；而深蓝与浅蓝两芯线接励磁绕组的 F1 与 F2，这是控制器的输出。

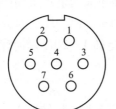

插脚号码	1	2	3	4	5	6	7
相应接线名称	相线	中线	F1	F2	U	V	W
	220 V 电源		离合器励磁绕组		测速发电机		

图 8-14　YCT 型滑差电动机与控制器的外部接线

8.1.4.3　线路安装与调试

1. 设备与工具清单

XK-SX2B 型电工技术实训考核装置一套；YCT 90 型滑差电动机一台；JD1A-40 型滑差电动机控制器一部；轴测式转速表或数字转速表一台；电工工具一套；连接导线若干。

2. 分组进行安装与调试

图 8-15 所示为 JD1A 型滑差电动机控制器与滑差电动机的使用连线。

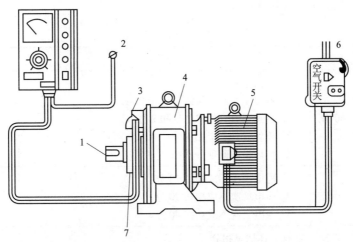

图 8-15　JD1A 型控制器与电动机的使用连线

1—负载轴；2—控制电源（220 V）；3—进线盒；4—转差离合器；
5—拖动电源机；6—三相（～380 V）；7—测速发电机

（1）根据布线图，输出端插头 3、4 接入离合器线圈或接入照明灯泡用以模拟负载，并在输出端接入 100 V 以上的直流电压表用以调试。

（2）接通电源，指示灯亮。当转动速度指令电位器（RP1）时，输出端就有 0～90 V 的突跳电压。这时可以认为开环时的工作是基本正常的。

（3）试车。

① 通电后首先注意电动机的旋转方向，如发现转向与所需方向相反，应立即停车，并将电源线的任意两根换接一下，即改变了转动方向。

② 将调速电位器置零，观看转速表是否为零。若不置零，应校准转速表。

③ 启动后，如发现有任何不正常现象或响声，必须立即停车进行检查，待电动机空载运

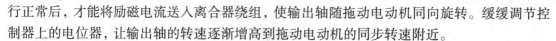
行正常后，才能将励磁电流送入离合器绕组，使输出轴随拖动电动机同向旋转。缓缓调节控制器上的电位器，让输出轴的转速逐渐增高到拖动电动机的同步转速附近。

④ 如果电动机和离合器全部正常，便可连续空载运转 1～2 h，随时注意各轴承有无发热或漏油现象。

待空载试车确认正常以后，再投入运行。

（4）转速表的校正。由于每台测速发电机的电压都不同，故转速表上的指示值必须根据实际转速进行校正。当离合器运转在某一转速时，轴测式转速表或数字转速表测量其实际转速值，当出现转速表的指示与测量的实际转速不一致时，调节"转速表校正"的电位器（R_{P3}），使之一致即可。

（5）最高转速整定。该整定方法就是对速度反馈量进行调节。将速度指令电位器（R_{P1}）顺时针方向转至最大，这时调节"反馈量调节"电位器（R_{P2}），使之转速达到滑差电动机的最高额定转速（小容量电动机为 1 200 r/min，大容量电动机为 1 320 r/min）。

（6）在运行中，当加入负载后发现转速周期性的摆动，可将输出端的 3、4 交换连接。

3. 老师巡回检查与指导

4. 安装试车评分（见表 8-1）

表 8-1　滑差电动机接线、试车评分

项目内容	配分	评分标准	扣分	得分
安装接线	40 分	1. 不按电路图接线扣 10 分。 2. 不按工艺要求接线每处扣 5 分。 3. 接点不符合要求每处扣 2 分。 3. 损坏元件每个扣 5 分。 4. 损坏设备此项分全扣		
通电试车	40 分	1. 通电一次不成功扣 10 分。 2. 通电二次不成功扣 20 分。 3. 通电三次不成功扣 40 分		
安全文明操作	10 分	视具体情况扣分		
操作时间	10 分	规定时间为 30 min，每超过 3 min 扣 5 分		
说明	除定额时间外，各项目的最高扣分不应超过配分数		成绩	
开始时间		结束时间		实际时间	

8.1.5　任务考核

本任务考核按表 8-2 要求进行。

表 8-2　任务考核评价

评价项目	评价内容	自评	互评	师评
学习态度（10 分）	能否认真听讲、答题是否全面			
安全意识（10 分）	是否按照安全规范操作并服从教学安排			

续表

评价项目	评价内容	自评	互评	师评
完成任务情况 （70 分）	掌握接线要求与否（10）			
	外部接线正确与否（10）			
	试车操作过程正确与否（10）			
	使用转速表测量与转速表校正方法正确与否（10）			
	最高转速整定方法正确与否（10）			
	能否正确叙述滑差电动机的结构组成（10）			
	能否正确叙述滑差电动机的工作原理（10）			
协作能力（10 分）	与同组成员交流讨论解决了一些问题			
总评	好（85～100），较好（70～85），一般（少于 70）			

8.1.6　复习思考

1. 选择题

（1）滑差电动机调速属于（　　），也可以选择（　　）。

A. 转差功率消耗型调速　　　　　　　B. 弱磁调速

C. 转差功率不变型调速　　　　　　　D. 直流调速

（2）什么负载最适合于滑差电动机调速？也可以选择（　　）。

A. 恒转矩　　　　　　　　　　　　　B. 恒功率

C. 通风机　　　　　　　　　　　　　D. 位能性恒转矩

2. 简答题

（1）滑差电动机的学名是什么？

（2）滑差电动机主要应用于哪些领域？特别适用于哪些场合？

（3）滑差电动机有几个轴？是怎么连接的？

（4）滑差电动机的工作特点是什么？

（5）电磁转差离合器的工作原理是什么？

（6）滑差电动机系统的自动调速过程是什么？

（7）JD1A 系列滑差电动机控制器电路主要由哪几个环节构成？

（8）JD1A 系列滑差电动机控制器外部接线的要求是什么？

（9）速度表的校正方法是什么？

（10）试车操作的一般过程是什么？

任务 8.2 滑差电动机速度控制

8.2.1 任务目标

（1）进一步掌握滑差电动机的结构、组成与工作原理。

（2）进一步掌握滑差电动机的外部接线安装方法。

（3）掌握滑差电动机的调速、测量方法。

8.2.2 任务内容

（1）进一步掌握滑差电动机外部接线要求。

（2）掌握滑差电动机调速方法。

（3）学会滑差电动机开环调试测量。

（4）学会滑差电动机闭环调试测量。

8.2.3 必备知识

这里强调，滑差电动机的转速调整主要是靠电磁转差离合器来完成的。当励磁线圈通入直流电后，磁极产生磁场，此时电枢与磁场产生相对运动，故切割磁场产生感应电动势，并在电枢中产生电流，由该电流产生的磁场与爪形磁极的磁场相互作用，产生转矩，输出轴的旋转方向与拖动电动机相同。所以励磁电流越大，转速就越高，反之则低；如若不通入电流，输出轴便不能输出转矩，电动机也就不转。

8.2.4 任务实施

8.2.4.1 工具设备准备

XK-SX2B 型电工技术实训考核装置一套；YCT 90 型滑差电动机一台；JD1A-40 型滑差电动机控制器一部；轴测式转速表或数字转速表一台；电工工具一套；F-47 型万用表一台；连接导线若干。

8.2.4.2 调速

（1）根据具体情况可以两人一组或三人一组，按照接线图接线。

（2）调整控制器调速旋钮，即调整 R_{P1} 旋钮，使之最大或最小，测量励磁电压输出值，测量滑差电动机输出转速。

（3）逐级调整 R_{P1} 旋钮，减小或增大，再分别测量励磁电压输出值和滑差电动机输出转速并记录。

（4）分析结果并归纳。

（5）总结与评分，见表 8-3。

表 8-3 滑差电动机调速评分

项目内容	配分	评分标准	扣分	得分
安装接线	20 分	1. 不按电路图接线扣 5 分。 2. 不按工艺要求接线每处扣 5 分。 3. 接点不符合要求每处扣 2 分。 4. 损坏元件每个扣 5 分。 5. 损坏设备此项分全扣		
通电调速	60 分	1. 数据记录不全扣 10 分。 2. 数据记录不正确扣 20 分。 3. 不会分析扣 20 分。 4. 归纳结果不全面扣 10 分。 5. 归纳结果不正确扣 20 分		
安全文明操作	10 分	视具体情况扣分		
操作时间	10 分	规定时间为 30 min，每超过 3 min 扣 5 分		
说明		除定额时间外，各项目的最高扣分不应超过配分数	成绩	
开始时间		结束时间	实际时间	

8.2.4.3　开环调试测量

开环调试测量内容是：测速发电机未接入，励磁线圈电压可用万用表测量，励磁线圈也可用灯泡代替观察亮度。

（1）观测各测试点波形与亮度，并记录。

（2）调节给定，观察波形变化，测量参数，并记录。

8.2.4.4　闭环测试

闭环测量调试分闭环空载与闭环负载运行两种情况。

（1）闭环空载测试。

① 看波形与开环时有何区别。

② 用机械转速表校准转速表。

③ 改变给定测转速变化，测几个点得一曲线。

④ 调整反馈量观测。

（2）闭环负载测试。

增加负载后，观测情况；或给一定负载，改变给定观测变化情况。

注意：R_{P1} 从最小逐渐增大。

8.2.5　任务考核

本任务考核按表 8-4 要求进行。

表 8-4　任务考核评价

评价项目	评价内容	自评	互评	师评
学习态度（10分）	能否认真听讲、答题是否全面			
安全意识（10分）	是否按照安全规范操作并服从教学安排			
完成任务情况（70分）	掌握接线要求与否（10）			
	外部接线正确与否（10）			
	调整转速方法正确与否（10）			
	是否会测量励磁电压值（10）			
	输出转速测量值正确与否（10）			
	开环调试测量值正确与否（10）			
	闭环测试测量值正确与否（10）			
协作能力（10分）	与同组成员交流讨论解决了一些问题			
总评	好（85～100），较好（70～85），一般（少于70）			

8.2.6　复习思考

1. 选择题

（1）滑差电动机正常运行时，其输出转矩与哪些参数有关？（　　）

A. 转速　　　　　　B. 励磁电压　　　　C. 励磁电流　　　　D. 都不对

（2）减小离合器的励磁电流，其机械特性如何变化？（　　）

A. 上翘　　　　　　B. 变硬　　　　　　C. 变软　　　　　　D. 无关

（3）滑差电动机平滑调速是通过（　　）的方法来实现的。

A. 平滑调节转差离合器直流励磁电流的大小

B. 平滑调节三相异步电动机三相电源电压的大小

C. 改变三相异步电动机的极数

D. 调整测速发电机的转速大小

2. 简答题

（1）控制器什么旋钮可以直接控制滑差电动机的输出转速？

（2）开环测量的概念是什么？

（3）闭环测量的概念是什么？

任务 8.3　滑差电动机的维护与常见故障排除

8.3.1　任务目标

（1）掌握滑差电动机的正常维护方法。

（2）掌握滑差电动机的常见故障检修方法。

8.3.2　任务内容

（1）学会依据要求适当选择滑差电动机。

（2）学会正常维护滑差电动机。

（3）学会滑差电动机常见故障的检修。

8.3.3　必备知识

8.3.3.1　滑差电动机的选用

1. 滑差电动机的选择

滑差电动机的优点是调速范围广、调速平滑、可实现无级调速、结构简单、操作维护方便。其缺点是由于离合器是利用电枢中的涡流与磁极磁场相互作用而进行工作的，因此运行时损耗大、效率较低，尤其是在低速时更为严重，所以它不宜长期在低速下运行；另一方面，由于其机械特性较软，特别是在低速运行时，其转速随负载的波动变化很大，运行的稳定性差。因此，滑差电动机调速最适用于造纸机、皮带运输机等恒转矩负载和风机、泵类负载，也适用于离心式分离机等负载，但不适用于恒功率负载。

2. 滑差电动机使用注意事项

使用滑差电动机时，除普通电动机的注意事项外，还应注意以下问题：

（1）在多粉尘环境中使用时，应采取防尘措施，以防电枢表面积尘过多，进而导致电枢和磁极之间的间隙堵塞，影响调速。

（2）为了避免电磁转差离合器存在摩擦转矩和剩磁而导致控制特性恶化或失控，负载转矩一般不应小于 10% 额定转矩。

（3）滑差电动机属于改变转差率调速的方法，其特点是转差功率全部消耗于电磁转差离合器的电枢电路中，调速时发热较严重，低速时效率较低，应予注意。

（4）当滑差电动机无负载时，开机试车，虽然控制器旋钮可从低速调为高速，或从高速调为低速，但是滑差电动机的输出转速无明显变化，这主要是因为负载转矩小于 10% 的额定转矩。

8.3.3.2　滑差电动机的维护

（1）滑差电动机在使用过程中，应经常注意清洁和检查，防止受潮和其他异物进入机体内部，并随时注意有无任何不正常的现象产生。每月至少停车检查一次，并用压缩空气清洁内部。

（2）滑差电动机长期使用，由于轴承的磨损，可能导致气隙不均而影响运转性能，甚至会产生相擦现象。因此，必须经常注意检查气隙的大小，如果发现气隙不均匀或电动机过分发热，应及时加以修整或调换新轴承。

（3）保持周围环境清洁，防止控制器受潮。

（4）印刷电路板插脚必须保持清洁，确保接触可靠。

（5）控制器长时间不运行，应在使用前做必要的检查。绝缘电阻不得低于 1 MΩ，否则必须进行干燥处理。

（6）为了保证转速表的正确性，须根据实际要求定期校正。

8.3.3.3 滑差电动机的故障检修

在调速电动机停机时，千万不要忘记切断 JD1A 控制器电源，以免烧坏励磁线圈。JD1A 控制器输出测试孔电压较高，切勿接触人体。当转速与实际转速不符或调速电动机失控时，可以首先把反馈电位器顺时针旋到底，使调速电动机最高速（失控状态），这时调整校表电位器，使转速在 1 450～1 480 r/min（与原动机一致），然后将反馈电位器逆时针旋转，使转速达到额定转速 1 200 r/min、1 320 r/min（与调速电动机铭牌所标上限转速一致）即可。

如果出现其他故障，可以按照以下方法来排查。

首先检查电源：电源输出正常与否？如果不正常应检查电源电路；若正常继续检查给定可调否？如果有问题，则检查 R_{P1} 等元件；若正常继续检查放大电路；若正常继续检查同步波形；若正常继续检查脉冲电路；若正常继续检查晶闸管、续流二极管、励磁绕组；若转速不正常可以继续检查反馈电路，等等。

8.3.4　任务实施

8.3.4.1　滑差电动机的拆装

1. 滑差电动机的拆卸

（1）拆除所有外部接线，做好对应标记，以备装配时按原位置安装。

（2）拆卸联轴器或带轮。

（3）拆卸交流异步电动机，松开各紧固螺丝，取出端盖及转子。

（4）拆卸电磁转差离合器的紧固螺丝，抽出电枢部件。

2. 滑差电动机装配

装配顺序大致与拆卸时顺序相反。

拆卸和装配时，要避免碰撞擦伤励磁绕组和磁极，并对电动机等做绝缘检查和空载电流、负载电流检查；其绝缘阻值也应测试，看是否符合要求；仔细将零部件做好清洁处理，清除内部灰尘；检查轴承是否磨损及更换润滑脂等检修工作。

8.3.4.2　常见故障检修

以下给出了滑差电动机常见故障，同时给出了故障原因分析及排除故障的方法。教师可以根据教学条件，模拟设置相关故障安排学生检修。

1. 电磁转差离合器不转

可能原因分析及排除方法：

（1）励磁绕组短路或断路：查出故障点，予以修复或更换绕组。

（2）电磁转差离合器旋转部分被卡住或负载部分被卡住：对症检查并修复。

（3）晶闸管被损坏，没有励磁电压输出：检查晶闸管，损坏则更换。

（4）晶体管损坏或脉冲变压器短路无输出脉冲：检查并对症处理。

（5）无给定电压：检查给定电压回路。

2. 转速异常

可能原因分析及排除方法：

（1）没有速度负反馈。稍加给定电压，输出轴转速立即上升到最高速，而且转速表也没有指示：检查测速发电机有无故障，出线端有无松动脱落，并检查测速反馈电路元器件是否

损坏。查出故障后对症处理。

（2）没有锯齿波电压。加给定电压后，不能由低速均匀启动：检查锯齿波形成电路，看是否有元器件损坏，若有损坏则更换。

（3）给定电压调不上去，只能低速运行：检查续流二极管是否烧毁，并检查放大环节有无故障，查出故障后对症处理。

（4）电阻器接触不良，不能均匀调速：检查电阻器，若损坏则更换。

（5）稳压管损坏或性能变化，致使转速不稳定：更换稳压管。

（6）晶闸管触发特性与锯齿波电压配合不当，致使转速周期性振荡：应重新调整控制器。

3. 离合器的电枢与磁极相擦

可能原因分析及排除方法：

（1）异步电动机制造质量差：检查后修复或更换新异步电动机。

（2）电枢内圆与爪极偏心产生单边磁拉力：检查调整气隙达到均匀，消除单边磁拉力。

（3）电枢悬挂松动：调整后拧紧悬挂紧固螺母。

4. 离合器电枢与磁极间堵塞

可能原因分析及排除方法：

灰尘积聚较多，污垢、油泥覆盖较多：做定期清扫，清除灰尘及污垢物。

5. 电动机运行时转速有摆动现象

可能原因分析及排除方法：

离合器的励磁绕组极性反：将励磁绕组两引出线头对调后接好。

6. 测速电压下降

可能原因分析及排除方法：

测速发电机转子磁环破裂：将破裂处补焊牢，或更换磁环。

7. 负载时转速变化率较大

可能原因分析及排除方法：

（1）控制器未接电源：检查后接上电源。

（2）测速发电机电压低：测量和调整好。

（3）测速发电机绕组开路：检查后将断线接牢焊好。

（4）控制器损坏：更换或修复。

8. 电动机调速不灵或转速不稳

可能原因分析及排除方法：

（1）调速电位器失灵或损坏：检修调节电位器，若损坏，则更换新的电位器。

（2）测速发电机有故障：检查修理和调整，消除故障。

（3）控制器放大环节不稳：检查放大器，调整电位器，增大负反馈电压。

9. 电动机飞车

可能原因分析及排除方法：

测速移相环节中晶体管失灵或损坏：用万用表或电桥检测找出故障晶体管，拆下更换参数一致的晶体管。

10. 电动机高速运转时突然停车

可能原因分析及排除方法：

（1）放大器有故障，使移相过头：用万用表检测出故障点，调整电位器电阻使移相正常。

（2）电源电压过高：调整电源电压至额定值。

11. 转速表指示值与实际转速不一致无法校正

可能原因分析及排除方法：

永磁测速发电机退磁：先调节电位器，无效时再对测速发电机进行充磁。

12. 接通电源后调节电位器，离合器不工作，转速表无指示

可能原因分析及排除方法：

（1）调速电位器断路：检查调节电位器两端电压应在 18～21 V，否则有故障，检查后修复或更换电位器。

（2）稳压管有击穿或损坏：检测出故障管，更换新稳压管。

（3）晶体管损坏：检测出故障管，更换新晶体管。

（4）脉冲变压器断线：检测出断线处，接好修复。

（5）离合器励磁线圈断路：检测出断路处，接好修复。

8.3.5　任务考核

本任务考核按表 8-5 要求进行。

表 8-5　任务考核评价

评价项目	评价内容	自评	互评	师评
学习态度（10分）	能否认真听讲、答题是否全面			
安全意识（10分）	是否按照安全规范操作并服从教学安排			
完成任务情况（70分）	能否正确选用滑差电动机（5）			
	能够正常维护滑差电动机（5）			
	能否正确拆卸滑差电动机（10）			
	能否正确装配滑差电动机（10）			
	对给定故障现象（四个）能否正确分析其原因（20）			
	对给定故障（二个）能否正确排除（10）			
	检修故障过程中是否符合安全操作规程（10）			
协作能力（10分）	与同组成员交流讨论解决了一些问题			
总评	好（85～100），较好（70～85），一般（少于70）			

8.3.6　复习思考

1. 选择题

什么负载用滑差电动机调速时，若转速较低必须欠载运行？也可以选择（　　）。

A. 恒转矩　　　　　　　　　　　　B. 恒功率

C. 通风机　　　　　　　　　　　　D. 位能性恒转矩

2. 简答题

（1）如何选用滑差电动机？

（2）正常维护滑差电动机有哪些要求？

（3）正常拆卸滑差电动机有哪些要求？

（4）在拆装滑差电动机过程中，应该注意哪些事项？

（5）说明滑差电动机的结构组成。

（6）当输出轴接上负载时，发现转速变化率较大，请分析可能产生的原因和排除方法。

任务 8.4　滑差电动机应用实例分析

8.4.1　任务目标

通过实际应用系统分析，进一步认识滑差电动机的应用领域并理解滑差电动机的工作原理。

8.4.2　任务内容

（1）轧水机控制系统分析。

（2）实地相关企业调研。

8.4.3　必备知识

前已述及，这里不再赘述。

8.4.4　任务实施

8.4.4.1　实例应用

用一个实例来说明滑差电动机的应用，并介绍它的系统组成与工作原理。应用地点：扬州华钟毛纺织有限公司。

1. 系统控制要求

前已述及，轧水机是将毛织物进行特殊后处理的专用设备，通过加入特别药剂，可以防蛀、防皱（可以水洗）、柔软、增黑、增亮，等等。该设备对走布恒速要求特别高。机头进布用直流电动机控制，要求与出布速度相同。机尾出布用滑差电动机控制，其中测速发电机信号同时作为直流调速系统的给定，这是开环控制系统。为了保证直流电动机恒速，在直流电动机输出轴上再装一测速发电机，作为闭环控制，以保证前后布速一致。

2. 控制原理

该控制系统电路原理如图 8-16 所示。

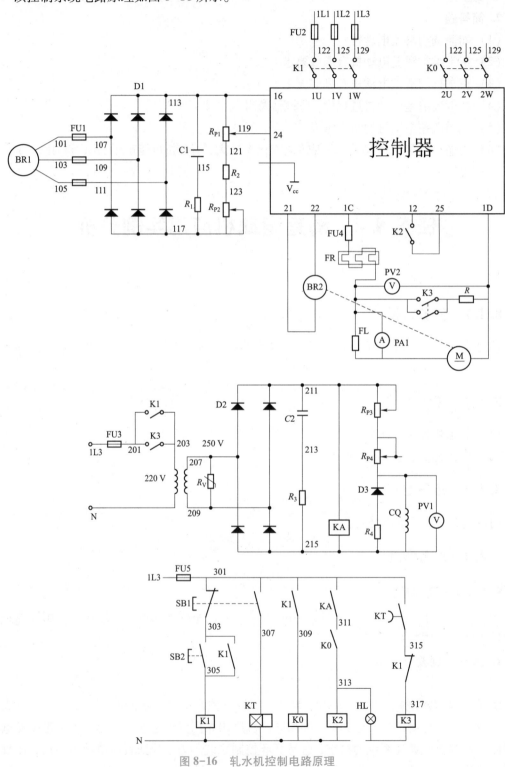

图 8-16　轧水机控制电路原理

在图 8-16 中，BR1 为滑差电动机测速发电机，这里滑差电动机通过给定得到一定的转速；BR2 为直流测速发电机；M 为轧水机直流电动机。

BR1 通过三相整流经 R_{P1} 得到一个定值输入给控制器，作为直流电动机的转速给定值，通过控制器形成开环控制系统。

BR2 与直流电机是同轴的直流测速发电机，它采集的信号送入控制器并通过控制器调节直流电动机的转速，形成闭环控制系统。

励磁电路由 1L3 引入，通过 K1 送入变压器，输出 250 V 经过整流调整供给直流电动机励磁。这时继电器 KA 动作，为直流电机电枢加压做好准备。D3、R4 支路用于保护。

工作过程：按下启动按钮 SB2，K1 动作；KA 动作，励磁线圈得电，K0 动作；K2 动作，电枢得电，直流电动机工作。当按下停止按钮 SB1 时，励磁、电枢掉电；KT 动作；K3 动作；励磁通电，直流电动机放电回路接通，制动开始；一段时间以后直流电动机停止。

8.4.4.2　实地参观

通过到企业实地参观操作过程，进一步了解与掌握滑差电动机在企业中的应用。将收集到的资料写成调查报告。

8.4.5　任务考核

本任务考核按表 8-6 要求进行。

表 8-6　任务考核评价

评价项目	评价内容	自评	互评	师评
学习态度（10分）	能否认真听讲、答题是否全面			
安全意识（10分）	是否按照安全规范操作并服从教学安排			
完成任务情况 （70分）	能否正确说明轧水机控制系统原理（10）			
	能够到企业调查滑差电动机应用（10）			
	能够总结出一个应用系统（20）			
	能给出调查报告（30）			
协作能力（10分）	与同组成员交流讨论解决了一些问题			
总评	好（85～100），较好（70～85），一般（少于70）			

9.4.6　复习思考

1. 选择题

（1）滑差电动机的转差离合器电枢是由（　　）拖动的。

A. 测速发电机　　　　　　　　　　　B. 工作机械

C. 三相笼型异步电动机　　　　　　　D. 转差离合器的磁极

（2）电磁调速异步电动机的基本结构型式分为（　　）两大类。

A. 组合式和分立式　　　　　　　　　B. 组合式和整体式

C. 整体式和独立式　　　　　　　　　D. 整体式和分立式

（3）在滑差电动机自动调速控制线路中，测速发电机主要作为（　　　）元件使用。

A. 放大　　　　　　B. 被控　　　　　　C. 执行　　　　　　D. 检测

（4）电磁转差离合器中，在励磁绕组中通入（　　　）进行励磁。

A. 直流电流　　　　　　　　　　　B. 非正弦交流电流

C. 脉冲电流　　　　　　　　　　　D. 正弦交流电

（5）测速发电机有两套绕组，其输出绕组与（　　　）相接。

A. 电压信号　　　　B. 短路导线　　　　C. 高阻抗仪表　　　　D. 低阻抗仪表

（6）滑差电动机的机械特性是（　　　）。

A. 绝对硬特性　　　　　　　　　　B. 硬特性

C. 稍有下降的机械特性　　　　　　D. 软机械特性

2. 简答题

（1）分析轧水机控制系统原理。

（2）实地考察，将收集到的资料写成调查报告。

 阅读拓展

高效率电机的推广对节能减排的作用

高效电动机是指通用标准型电动机具有高效率的电动机。

随着我国加入WTO，我国电动机行业所面临的国际社会的巨大竞争压力和挑战日益加剧。

从国际和国内发展趋势来看，推广中国高效率电动机是非常有必要的，这也是产品发展的要求，使我国电动机产品跟上国际发展潮流，同时也有利于推进行业技术进步和产品出口的需要。据统计，2002年我国电动机耗电占全国耗电量的60%以上，其中小型三相异步电动机耗电约占35%，是耗电大户，所以开发中国高效电动机是提高能源利用率的重要措施之一，符合我国发展的需要，是非常必要的。

从节约能源、保护环境出发，高效率电动机是目前的国际发展趋势，美国、加拿大、欧洲相继颁布了有关法规。欧洲根据电动机的运行时间，制定的CEMEP标准将效率分为eff1（最高）、eff2、eff3（最低）三个等级，从2003-2006年间分步实施。最新出台的IEC 60034-30标准将电机效率分为IE1（对应eff2）、IE2（对应eff1）、IE3、IE4（最高）四个等级。我国承诺从2011年7月1日起执行IE2及以上标准。高效电动机从设计、材料和工艺上采取措施，例如采用合理的定、转子槽数、风扇参数和正弦绕组等措施，降低损耗，效率可提高2%~8%，平均提高4%。2002年，中国电动机总容量约400 GW，其中近80%为中小型，年用电量660 TW·h。中小型电动机平均效率87%，国际先进水平为92%，中国中小型电动机节电潜力约为12 TW·h。

高效电动机可以节约能源，提高效率，积极推广可以保护环境，为建设节能减排型的经济增长模式起到推波助澜的效果。

思考：高效率电机对节能减排有什么作用？

多媒体链接

电机降噪的方案　　　　　"大国工匠"——大术无级

项目 9

其他电机的控制与调速技术

【知识目标】

1. 了解测速发电机、自整角机、直线电动机的组成结构及工作原理。
2. 了解测速发电机、自整角机和直线电动机的控制方式。
3. 了解测速发电机、自整角机和直线电动机的应用。

【技能目标】

1. 认识测速发电机、自整角机和直线电动机的构成。
2. 掌握测速发电机、自整角机和直线电动机的控制技术。
3. 掌握测速发电机、自整角机和直线电动机的应用技术。

【素质目标】

1. 培养良好的职业道德意识，培树良好的敬业精神。
2. 端正学风，培养热爱科学、不断进取、实事求是的求知精神。
3. 增强质量意识、效益意识和新技术意识，培养积极服务社会的责任感。

任务导入

本项目认识的几种电动机属于特种电动机。特种电动机通常是指在工作原理、结构、性能或设计方面比传统电动机有独特之处，且已有或将要有广泛应用场合的电动机。特种电动机还可以理解为容量和尺寸都比较小的特殊用途电动机，其包括的范围相当广，根据用途不同大体可以分为驱动用特种电动机、控制用特种电动机和电源用特种电动机。

驱动用特种电动机主要作为驱动机械或装备之用，例如直线电动机、微型同步电动机和永磁电动机等。控制用特种电动机主要是在自动控制系统和计算装置中做检测、放大、执行和校正元件使用的电动机，如自整角机、测速发电机、伺服电动机、步进电动机等。

特种电动机是在普通电动机理论的基础上发展起来的特殊用途的电动机。就电磁过程和遵循的基本电磁规律来说，控制电动机与一般电动机并无本质区别。随着科学技术的飞速发展，由于特种电动机具有高精确度、高灵敏度、高可靠性和方便灵活等特点，其用途已越来越广，其产品品种及数量也已经有了极大地增长。图9-1～图9-4所示分别为采用力矩电动机摆头的五轴龙门铣、采用双轴力矩电动机转台的叶片磨床、电直线电动机驱动的机车和自整角机。

由于伺服电动机、步进电动机目前在机电一体化设备中应用较广，已经在前面作为单独项目作了介绍，故这里主要介绍测速发电机、自整角机、直线电动机的控制、调速及应用技术。

图9-1　采用力矩电动机摆头的五轴龙门铣

图9-2　采用双轴力矩电动机转台的叶片磨床

图9-3　直线电动机驱动的机车

图9-4　自整角机

任务 9.1　测速发电机控制技术

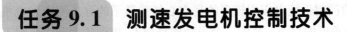

9.1.1　任务目标

（1）了解交流测速发电机的结构和原理。

（2）了解直流测速发电机的结构和原理。

（3）了解测速发电机的控制方式。

（4）了解测速发电机在控制系统中的应用。

9.1.2　任务内容

（1）掌握测速发电机的结构原理。

（2）掌握测速发电机的拆装技术。

（3）掌握直流测速发电机的测试技术。

（4）掌握交流测速发电机的测试技术。

（5）认识测速发电机的应用。

9.1.3　必备知识

9.1.3.1　基本知识

测速发电机是一种能将旋转机械的转速变换成电压信号输出的小型发电机，在自动控制系统和计算装置中，常作为测速元件、校正元件和解算元件使用。测速发电机的主要特点是其输出电压与转速成正比。

1. 测速发电机的分类

（1）直流测速发电机。

根据其励磁方式的不同可分为永磁式直流测速发电机和电磁式直流测速发电机两类。

（2）交流测速发电机。

根据工作原理的不同可分为同步测速发电机和异步测速发电机两类。

（3）霍尔效应测速发电机。

2. 自动控制系统对测速发电机的主要要求

（1）发电机的输出电压与被测机械的转速保持严格的正比关系，应不随外界条件的变化而改变。

（2）发电机的转动惯量应尽量小，以保证反应迅速、快捷。

（3）发电机的灵敏度要高。

此外，还要求它对无线通信的干扰小、噪声小、结构简单、体积小、重量轻和工作可靠。

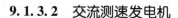

9.1.3.2　交流测速发电机

图 9-5 所示为 AT-201 型交流测速发电机。

目前，在自动控制系统中应用较多的是空心杯形转子的异步测速发电机。定子上装有两个空间相差 90°电角度的绕组，其中一个为励磁绕组 f，接到频率和大小都不变的交流励磁电压 $\dot{U}_f$ 上；另一个是输出绕组 o，与高内阻（2~40 kΩ）的测量仪器或仪表相连，如图 9-6 所示。转子是用高电阻材料（如磷青铜等）做成的，故其转子电阻更大。

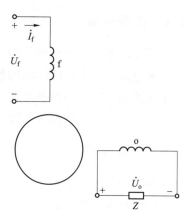

图 9-5　AT-201 型交流测速发电机　　　　图 9-6　交流测速发电机

图 9-7 所示为交流测速发电机的原理图，励磁绕组 f 接到电压为 $\dot{U}_f$ 的交流电源上，其幅值和频率均恒定不变。

转子静止时，如图 9-7（a）所示，由励磁绕组产生的脉动磁通 $\dot{\Phi}$ 为纵轴方向（即励磁绕组轴线方向），其幅值正比于 $\dot{U}_f$。$\dot{\Phi}$ 穿过转子绕组，在转子绕组中产生感应电动势 $\dot{E}_t$ 和对应的转子电流 $\dot{I}_t$。由于产生这种电动势的方式与变压器一样，故称为变压器电动势。因转子绕组电阻远大于电抗，故 $\dot{I}_t$ 可近似看作与 $\dot{E}_t$ 相同，$\dot{I}_t$ 所产生的磁场仍沿纵轴方向，不会在输出绕组中感应电动势，故当测速发电机的转速为零时，输出绕组的输出电压也为零。

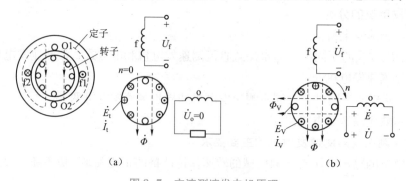

图 9-7　交流测速发电机原理

（a）转子静止时；（b）转子转动时

当转子以某一速度 n 旋转时，由于切割纵轴磁场 $\dot{\Phi}$ 而在转子绕组中产生第二个电动势，称为速度电动势 $\dot{E}_V$。E_V 与 Φ 成正比，与转速 n 也成正比，即 $E_V \propto \Phi n$。在 $\dot{E}_V$ 作用下，转子

中有第二个电流 $\dot{I}_V$ 流过，同样，由于转子电阻远大于电抗，$\dot{I}_V$ 将与 $\dot{E}_V$ 同相，且 $I_V \propto \Phi n$。转子电流 $\dot{I}_V$ 也将在气隙中产生脉动磁通 $\dot{\Phi}_V$，由于 $\dot{E}_V$ 滞后 $\dot{\Phi}$ 90°，故 $\dot{\Phi}_V$ 为横轴方向（即输出绕组的轴线方向），如图 9-7（b）所示。由于磁通 $\dot{\Phi}_V$ 与输出绕组 o 交联，因此输出绕组中将产生感应电动势 $\dot{E}$，这个电动势就是测速发电机的输出电动势。显然

$$E \propto \Phi_V \propto n$$

由此可见，在励磁电压 U_f 的幅值和频率恒定且输出绕组负载很小（接高电阻）时，交流测速发电机的输出电压与转速成正比，而其频率与转速无关，就等于电源的频率。因此，只要测出其输出电压的大小就可测出转速的大小。若被测机械的转向改变，则交流测速发电机的输出电压在相位上发生 180° 的变化。交流测速发电机的输出特性如图 9-8 所示。

空心杯转子测速发电机与直流测速发电机相比，具有结构简单、工作可靠等优点，是目前较为理想的测速元件。目前，我国生产的空心杯转子测速发电机为 CK 系列，频率有 50 Hz 和 400 Hz 两种，电压等级有 36 V、110 V 等。杯形转子异步测速发电机的结构简图如图 9-9 所示。

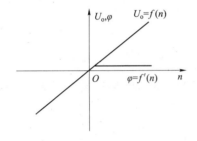

图 9-8　交流测速发电机的输出特性

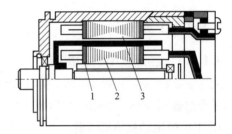

图 9-9　杯形转子异步测速发电机结构简图
1—内定子；2—杯形转子；3—外定子

9.1.3.3　直流测速发电机

直流测速发电机如图 9-10 所示。

直流测速发电机的结构和直流伺服电动机基本相同，从原理上看又与普通直流发电机相似。若按定子磁极的励磁方式来分，直流测速发电机可分为永磁式和电磁式两大类。如以电枢的不同结构形式来分，又有有槽电枢、无槽电枢、空心杯电枢和印制绕组电枢等。

永磁式测速发电机由于不需要另加励磁电源，也不存在因励磁绕组温度变化而引起的特性变化，因此在生产实际中应用较为广泛。

图 9-10　直流测速发电机

永磁式测速发电机的定子用永久磁铁制成，一般为凸极式。转子上有电枢绕组和换向器，用电刷与外电路相连。由于定子采用永久磁铁励磁，故永磁式测速发电机的气隙磁通总是保持恒定（忽略电枢反应影响），因此电枢电动势 E 与转速成正比，即

$$E = C_e\Phi,\ n = C_1 n \tag{8-1}$$

式中，$C_1 = C_e\Phi$，当 Φ 恒定时为常数。

空载，即 $I_a = 0$ 时，输出电压 U 与感应电动势 E 相等，故输出电压与转速成正比。

当测速发电机接上负载 R_L 时，其输出电压为

$$U = E - R_a I_a$$

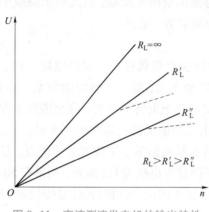

而 $I_a = \dfrac{U}{R_L}$，故 $U = E - \dfrac{U}{R_L} R_a$，将式（8-1）代入上式并整理后可得：

$$U = \frac{R_L E}{R_a + R_L} = \frac{R_L C_1 n}{R_a + R_L} = C_2 n \qquad (8\text{-}2)$$

式中，$C_2 = \dfrac{R_L C_1}{R_a + R_L}$，当 R_L 为定值时，C_2 为常数。

由式（8-2）可知，直流测速发电机的输出电压与转速成正比，因此只要测出直流测速发电机的输出电压，就可测得被测机械的转速。直流发电机的输出特性如图 9-11 所示。

图 9-11　直流测速发电机的输出特性

9.1.4　任务实施

9.1.4.1　测速发电机的拆装

测速发电机属于小微发电机，拆装没有普通电动机那么复杂，但拆装过程基本一致。下面简单介绍普通中小型电动机的拆装过程。

1. 中小型电动机拆卸步骤

（1）卸下风扇罩；

（2）卸下风扇；

（3）卸下前轴承外盖和后端盖螺钉；

（4）垫上厚木板或铜棒，用手锤敲打轴端，使后端盖脱离机座；

（5）将后端盖连同转子抽出机座；

（6）卸下前端盖螺钉，用长木块顶住前端盖内部外缘，把前端盖打下。

2. 装配电动机前，应做好各部件的清洁工作

（1）清除定子铁芯内径上的油膜、脏物等；

（2）刮平剃净高出定子铁芯的槽楔、绝缘纸等；

（3）将机座、端盖、轴承盖的止口以及转子表面擦干净；

（4）用皮老虎或气筒，把定子绕组和机壳内部吹干净。

3. 电动机装配

电动机装配基本上是电动机拆卸的逆过程。电动机的装配是从转子装配开始的，先将轴承内盖的空腔部分填入润滑脂后套在转轴上，再将轴承套装在转轴上。待两端的轴承均装好后，一般可先把非轴伸端的端盖（后端盖）及轴承外盖固定在转子上，再将转子装入定子，并将后端盖固定在机壳上。然后再装配前端盖及轴承外盖，最后装配风扇及风扇罩等。

4. 轴承的拆装

轴承的拆卸常遇到两种情况：一种是在转轴上拆卸，另一种是在端盖上拆卸。

1）在转轴上拆卸轴承的三种方法

（1）用拉具进行拆卸，如图 9-12 所示。拆卸时，钩爪一定要抓牢轴承内圈，以免损坏轴承。

（2）在没有拉具的情况下，用铜棒在倾斜方向顶住轴承内圈，用榔头敲打。边敲打铜棒边将铜棒沿轴承内圈均匀移动，直到敲下轴承，如图 9-13 所示。

（3）用两块厚铁板在轴承内圈下夹住转轴，用能容纳转子的圆筒支住铁板，在转轴上端面垫上厚木板或铜板，用榔头敲打木板，直到取下轴承，如图 9-14 所示。

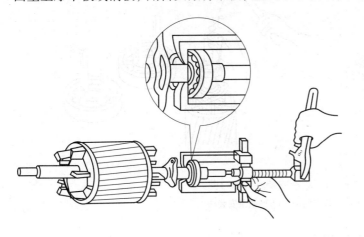

图 9-12　用拉具拆卸轴承

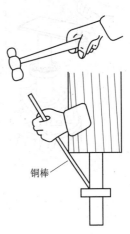

图 9-13　用榔头及铜棒拆卸轴承

2）在端盖上拆卸

有时电动机端盖内孔与轴承外圈的配合比轴承内圈与转轴的配合更紧，在拆卸端盖时，轴承留在端盖内孔中。这时可采用图 9-15 所示的方法，将端盖止口面向上平稳地放置，在轴承外圈的下面垫上木板，但不能抵住轴承，然后用一根直径略小于轴承外径的铜棒或其他金属棒抵住轴承外圈，从上面用榔头敲打，使轴承从下方脱出。

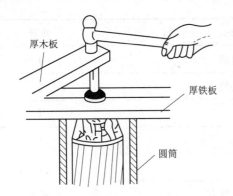

图 9-14　用铁板圆筒支撑，敲打轴端拆卸轴承

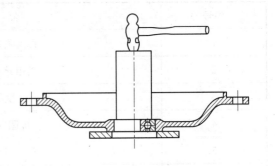

图 9-15　拆卸端盖内孔的轴承

3）轴承安装

安装轴承的方法如图 9-16 所示。装配前应检查轴承是否转动灵活而又不松动，并在轴承中按其总容量的 1/2～3/4 的容积加足润滑油。装配时，先将轴承内盖加足润滑油套在转

277

轴上，然后再装轴承。为使轴承内圈受力均匀，应将一根内径略大于转轴的铁管（套管）套在转轴上，抵住轴承内圈，将轴承敲打到位，如图9-16（a）所示。若一时找不到套管，可用一根铁条抵住轴承内圈，在圆周上均匀敲打，使其到位，如图9-16（b）所示。安装轴承时，轴承型号必须朝外，以便下次更换时查对轴承型号。装配时，还应注意使轴承在转轴上的松紧程度适当。

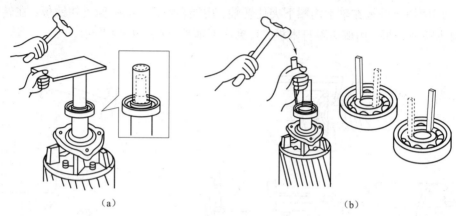

（a）　　　　　　　　　　　　　　（b）

图 9-16　轴承安装方法示意图

（a）套管安装法；（b）铁条安装法

9.1.4.2　直流测速发电机特性测试

1. 测试目的

（1）掌握直流测速发电机的工作原理。

（2）掌握直流测速发电机转速与输出电压之间的关系。

2. 设备准备

测试设备见表9-1。

表 9-1　测试设备

序号	名　　称	数量
1	直流测速发电机	1
2	三相异步电动机	1
3	变频器	1
4	电阻/4.7 kΩ	1
5	开关	1
6	直流电压表、电流表	各1
7	光电转速表	1

3. 测试接线图

测试接线图如图9-17所示，图中三相异步电动机为星形接法，依靠变频器调节速度。

直流测速发电机为他励接法，励磁电压取自直流电源。负载 R_z 选用 4.7 kΩ，开关开始时是断开的。

4. 测试步骤

（1）将励磁电压设定为 110 V，然后接通励磁电源。

（2）电动机 M 运行，用变频器将电动机的转速调定在 1 500 r/min。

（3）记录此时直流测速发电机的输出电压；调节变频器，使电动机转速逐渐降低，同时记录对应的转速和输出的电压值。

（4）将测试的一组数据记录于表 9-2 中，并绘制 $U=f(n)$ 曲线。

（5）合上开关，重复上面的步骤，记录数据于表 9-3 中，并绘制 $U=f(n)$ 曲线。

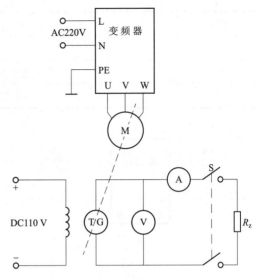

图 9-17 直流测速发电机测试接线

表 9-2 数据记录（一）

$n/(\mathrm{r \cdot min^{-1}})$								
U/V								

表 9-3 数据记录（二）

$n/(\mathrm{r \cdot min^{-1}})$								
U/V								

9.1.4.3 交流测速发电机特性测试

1. 测试目的

（1）掌握交流测速发电机的工作原理。

（2）掌握交流测速发电机转速与输出电压之间的关系。

2. 设备准备

测试设备见表 9-4。

表 9-4 测试设备

序号	名 称	数量
1	交流测速发电机	1
2	三相异步电动机	1
3	变频器	1
4	电阻/100 Ω	1

续表

序号	名　称	数量
5	开关	1
6	直流电压表、电流表	各1
7	光电转速表	1

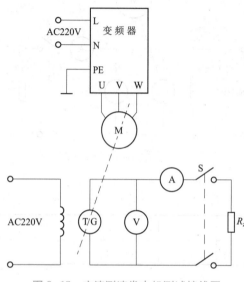

图 9-18　交流测速发电机测试接线图

3. 测试接线图

测试接线图，如图 9-18 所示，图中三相异步电动机为星形接法，依靠变频器调节速度。负载 R_z 选用 100 Ω 电阻，开关开始时是断开的。

4. 测试步骤

（1）交流电源电压为 220 V，然后接通电源。

（2）电动机 M 运行，用变频器将电动机的转速调定在 3 000 r/min。

（3）记录此时交流测速发电机的输出电压；调节变频器，使电动机转速逐渐降低，同时记录对应的转速和输出的电压值。

（4）将测试的一组数据记录于表 9-5 中，并绘制 $U=f(n)$ 曲线。

（5）合上开关，重复上面的步骤，记录数据于表 9-6 中，并绘制 $U=f(n)$ 曲线。

表 9-5　记录数据（一）

$n/(\text{r}\cdot\text{min}^{-1})$								
U/V								

表 9-6　记录数据（二）

$n/(\text{r}\cdot\text{min}^{-1})$								
U/V								

9.1.4.4　测速发电机的应用

图 9-19 所示为直流测速发电机在恒速控制系统中的应用原理。

图 9-19 中直流伺服电动机 SM 拖动旋转的机械负载。要求当负载转矩变动时，系统转速不变。由于直流伺服电动机转速是随负载转矩的大小而变化的，故不能达到负载转速恒定的要求。为此，与伺服电动机同轴连接一台直流测速发电机，并将直流测速发电机 TG 的输出电压 U_f 反送入系统的输入端，作为负反馈。

系统工作时，先调节给定电压 U_g，使直流伺服电动机的转速为负载要求的转速。若负载转矩由于某种因素减小，伺服电动机的转速就会上升，与其同轴的测速发电机转速也将上

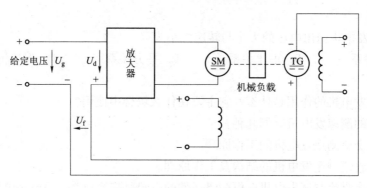

图 9-19 恒速控制系统原理

升,输出电压 U_f 将增大,U_f 送入系统输入端,并与 U_g 比较,使差值电压 $U_d = U_g - U_f$ 减小,经放大器放大后的输出电压随之减小,且作为伺服电动机电枢电压,从而使直流伺服电动机转速下降,而系统转速基本不变。反之,当负载转矩由于某种原因有所增加时,系统的转速将下降,测速发电机的输出电压 U_f 减小,差值电压 $U_d = U_g - U_f$ 将增大,经放大后加在伺服电动机上的电枢电压也增大,电动机转速上升。由此可见,该系统由于测速发电机的接入,具有自动调节作用,使系统转速近似于恒定值。

9.1.5 任务考核

本任务考核按表 9-7 要求进行。

表 9-7 任务考核评价

评价项目	评价内容	自评	互评	师评
学习态度（10分）	能否认真听讲、答题是否全面			
安全意识（10分）	是否按照安全规范操作并服从教学安排			
完成任务情况 （70分）	电动机拆装正确与否（10）			
	轴承拆装正确与否（10）			
	直流测速发电机测试过程正确与否（10）			
	直流测速发电机测试数据正确与否（10）			
	交流测速发电机测试过程正确与否（10）			
	交流测速发电机测试数据正确与否（10）			
	测速发电机应用系统原理掌握与否（10）			
协作能力（10分）	与同组成员交流讨论解决了一些问题			
总评	好（85~100），较好（70~85），一般（少于70）			

9.1.6 复习思考

1. 判断题

交流测速发电机的主要特点是输出电压和转速成反比。（　　）

2. 选择题

直流测速发电机输出电压的大小与转速大小为（　　　）。

A. 反比关系　　　　B. 正比关系　　　　C. 平方关系　　　　D. 保持恒定不变

3. 简答题

（1）测速发电机的作用是什么？它主要在什么场合中使用？

（2）常用的测速发电机有哪几种？

（3）简述交流测速发电机的工作原理。

（4）简述直流测速发电机的结构及工作原理。

（5）为什么直流测速发电机电枢绕组元件的电势是交变电势，而电刷电势是直流电势？

（6）转子不动时，交流测速发电机为何没有电压输出？转子转动时，为何输出电压与转速成正比，但频率却与转速无关？

（7）测速发电机在自动控制系统中主要起什么作用？

任务 9.2　自整角机控制技术

9.2.1　任务目标

（1）了解自整角机的分类、结构和原理。

（2）了解自整角机的控制方式。

（3）了解自整角机在控制系统中的应用。

9.2.2　任务内容

（1）掌握自整角机的结构、分类、工作原理以及使用要求。

（2）掌握自整角机的控制方法。

（3）学会力矩式自整角机的转矩特性测试方法。

（4）学会控制式自整角机的输出特性测试方法。

9.2.3　必备知识

自整角机的外形如图 9-20 所示。

自整角机是一种对角位移或角速度的偏差能自动整步的控制电动机，它能将转角变换成电压信号，或将电压信号变换成转角。它被广泛应用于自动控制系统中，作为角度的传输、变换和指示。在自动控制系统中，通常是两台或多台组合使用，如图 9-21 所示。

9.2.3.1　自整角机的分类

自整角机按使用要求不同，可分为控制式和力矩式两种。按结构的不同，可分为无接触式和接触式两大类。无接触式没有电刷、滑环的滑动接触具有可靠性高、寿命长、不产生无

图 9-20 自整角机外形

图 9-21 自整角机实物

线电干扰等优点，但结构复杂，电气性能较差。接触式自整角机的结构比较简单，性能较好，因而应用较为广泛。

自整角机按力矩式运行时，一个是力矩式发送机，另一个是力矩式接收机；按控制式运行时，其中一个是控制式发送机，另一个则是控制式变压器。有时力矩式、控制式自整角机还用到差动发送机和差动接收机。

控制式自整角机的功用是作为角度和位置的检测元件，它可将机械角度转换为电信号或将角度的数字量转变为电压模拟量，其接收机的转轴上不带负载，没有力矩输出，只输出电压信号。因此，精密程度较高，误差范围仅有 3~14，多用于精密的闭环控制的伺服系统中。

力矩式自整角机的功用是直接达到转角随动的目的，即将机械角度变换为力矩输出，但没有力矩放大作用，接收误差较大，负载能力较差，其接收机轴上产生的转矩仅能转动指针、刻度盘等轻载荷，其静态误差范围为 0.5°~2°。因此，力矩式自整角机只适用于轻负载转矩及精度要求不太高的开环控制的伺服系统中，如在指示系统中作为指示器。

9.2.3.2 自整角机工作原理

1. 力矩式自整角机

1）力矩式自整角机基本结构

力矩式自整角机的结构如图 9-22 所示。它的定子结构与一般小型三相异步电动机相似，即定子铁芯上嵌有三相星形连接的对称绕组，通常称整步绕组，转子为凸极或隐极式，放置有单相（或三相）励磁绕组，转子绕组通过电刷和滑环装置与外电路相连接。

2）力矩式自整角机工作原理

图 9-23 所示为力矩式自整角机系统工作原理图，它是两台完全相同的力矩式自整角机

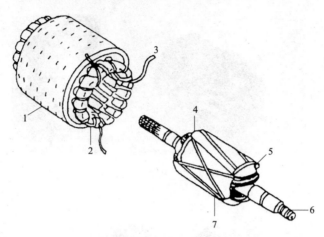

图9-22　力矩式自整角机的定、转子结构

1—定子；2—定子绕组；3—引线；4—转子绕组；5—绝缘端板；6—滑环；7—转子

的接线图，右方一台为接收机，左方一台为发送机。它们转子上的单相励磁绕组接到同一单相电源上，定子上的三相整步绕组端按照相序依次连接。

当两机的励磁绕组中通入单相交流电流时，在两机的气隙中产生脉动磁场，该磁场将在整步绕组中感应出变压器电动势。当发送机和接收机的转子位置一致时，由于双方的整步绕组回路中的感应电动势大小相等、方向相反，所以回路中无电流流过，因而不产生整步转矩，此时两机处于稳定的平衡位置。

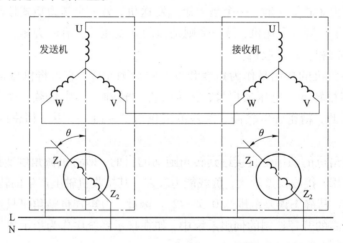

图9-23　力矩式自整角机工作原理

如果发送机的转子从一致位置转一角度 θ，则在整步绕级回路中将出现电动势，从而引起均衡电流。此均衡电流与励磁绕组所建立的磁场相互作用而产生转矩，使接收机也偏转相同角度。

2. 控制式自整角机

控制式自整角机也由发送机和接收机组成。与力矩式自整角机的不同之处是控制式的接收机不直接驱动机械负载，而是输出电压信号，其工作情况如同变压器，因此通常称它为自整角变压器。

1）控制式自整角机的结构

控制式自整角机的结构与力矩式自整角机相似。控制式变压器的定子结构与控制式发送机相同，但转子结构则不同，控制式变压器采用隐极式转子结构，以保证磁路的均匀，并采用单相高精度的正弦绕组作为输出绕组，如图 9-24 所示。

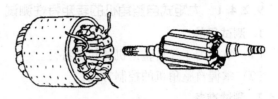

图 9-24　控制式自整角变压器定转子结构

2）控制式自整角机的工作原理

控制式自整角机的工作原理如图 9-25 所示。与力矩式自整角机一样，在自整角发送机转子绕组上加上单相交流电压，而定子三相整步绕组则按相序与自整角变压器一次侧三相整步绕组依次连接，则它将在自整角变压器铁芯中产生交流磁通，从而在自整角变压器二次绕组中将感应出与发送机旋转角度对应的输出电压。这个电压与自整角发送机旋转角度 θ 的正弦 $\sin \theta$ 成正比。

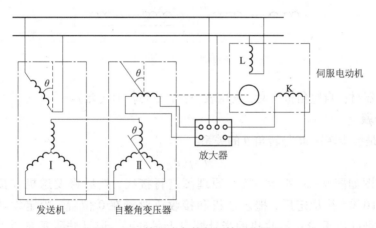

图 9-25　控制式自整角机的工作原理

9.2.3.3　选用注意事项

力矩式自整角机和控制式自整角机各有不同特点，应根据实际需要合理选用。在选用时还应注意以下几点：

（1）自整角机的励磁电压和频率必须与使用的电源符合，若电源可任意选择，则应选用电压较高、频率也较高（一般是 400 Hz）的自整角机，其性能较好，体积较小。

（2）相互连接使用的自整角机，其对应绕组的额定电压和频率必须相同。

（3）在电源容量允许的情况下，应选用输入阻抗较低的发送机，以便获得较大的负载能力。

（4）选用自整角机变压器时，应选输入阻抗较高的产品，以减轻发送机的负载。

9.2.4　任务实施

9.2.4.1　力矩式自整角机的转矩特性测试

1. 测试目的

（1）掌握力矩式自整角机的转矩特性。

（2）掌握自整角机的控制方法。

2. 测试准备

（1）测试图，如图9-26所示。

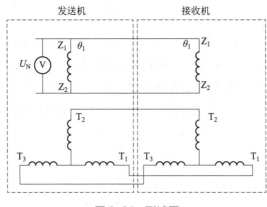

图9-26　测试图

（2）设备器材：自整角机一套，电压表一台，砝码若干（盒）。

3. 测试步骤

该特性就是整步转矩 M 与转角 θ 的关系

$$M=f(\theta)$$

（1）测试图如图9-26所示，按照原理图进行接线，然后将发送机和接收机的励磁绕组加额定110 V，待稳定后，把发送机和接收机调整在0位置，固定发送机刻度圆盘上吊砝码，记录砝码重量；接收机的指针圆盘上吊砝码，记录砝码重量以及接收机指针偏转角度。

（2）逐次增加砝码，记录砝码重量以及接收机转轴偏转角度。在偏转角 θ 从0至90°之间取8～10组数据，记录于表9-8中。测试完毕后，应先取下砝码再断开励磁电源。

表9-8　记录数据

$M/\,(\text{g}\cdot\text{cm})$										
$\theta/(°)$										

$$M=G\times R$$

式中，G——砝码重量，单位（g）；

　　　R——圆盘半径，$R=2$ cm。

（3）作出力矩式自整角机的转矩特性 $M=f(\theta)$ 曲线。

9.2.4.2 控制式自整角机的输出特性测试

1. 测试目的

（1）掌握控制式自整角机的输出特性。

（2）掌握自整角机的控制方法。

2. 测试准备

（1）测试图，如图 9-27 所示。

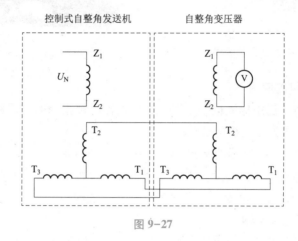

图 9-27

（2）设备器材：自整角机一套，电压表一台，砝码若干（盒）。

3. 测试步骤

控制式自整角机的输出特性，就是输出电压与转角的关系，即 $V_2 = f(\theta)$。

（1）测试线路图如图 9-27 所示。按图进行接线，在自整角发送机的 Z_1、Z_2 端加额定励磁电压 110 V。固定自整角发送机刻度盘不动，用手缓慢旋转自整角变压器的指针圆盘，电压表就会有相应读数，找出输出电压为最小值位置，即为起始零点。

（2）旋转自整角变压器的指针圆盘，每转 10°测量一次自整角变压器输出电压 V_2，测取各点 V_2 及 θ 记录于表 9-9 中。

表 9-9 记录数据

$\theta/(°)$	0	10	20	30	40	50	60	70	80	90
V_2/V										
$\theta/(°)$	100	110	120	130	140	150	160	170	180	
V_2/V										

（3）作出控制式自整角机的输出特性 $V_2 = f(\theta)$ 曲线。

9.2.4.3 自整角机的应用

机床上的旋转运动，例如摆头和转台，如图 9-28 和图 9-29 所示。

图 9-28　力矩电动机直接驱动的摆头

图 9-29　采用力矩电动机的双轴转台

1. 力矩式自整角机的应用

力矩式自整角机被广泛用作液位指示器。该示位器将被指示的物理量转换成发送机轴的转角，用指针或刻度盘作为接收机的负载。

图 9-30 所示为某液位指示器的示意图。图中浮子随着液面升降而升降，并通过绳子、滑轮和平衡锤使自整角机发送机转动。由于发送机和接收机是同步转动的，所以接收机指针能准确地反映发送机所转过的角度。如果把角位移换算成线位移，就可知道液面的高度，从而实现了远距离液面位置的传递。

这种示位器，不仅可以指示液面的位置，也可以用来指示阀门的位置，还可以用来指示电梯和矿井提升机的位置，以及指示变压器分接开关的位置，等等。

2. 控制式自整角机的应用

控制式自整角机的典型应用是组成同步伺服系统，如图 9-31 所示。自整角发送机的转轴为输入端，如果直接与雷达天线的高低角也就是俯仰角耦合，此时雷达天线的高低角也就是自整角发送机的输入转角，用自整角变压器将自整角发送机的转角变化信号变换成电信号，经伺服放大器放大后，驱动伺服电动机转动，进行位置角控制，再经过减速齿轮减速后，带动自整角变压器转子和负载（如火炮或刻度盘）转动，直到自整角变压器转子转过与自整角发送机转子相同的角度后，自整角变压器输出电压为零，整个系统才停止转动。

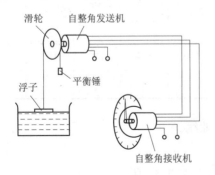

图 9-30　液面指示器的示意图

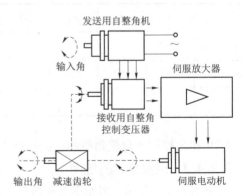

图 9-31　同步伺服系统的构成

9.2.5　任务考核

本任务考核按表 9-10 进行。

表 9-10　任务考核评价

评价项目	评价内容	自评	互评	师评
学习态度	能否认真听讲、答题是否全面（10分）			
安全意识	是否按照安全规范操作并服从教学安排（10分）			
完成任务情况 （70分）	力矩式自整角机的转矩特性测试方法正确与否（10）			
	力矩式自整角机的转矩特性测试结果正确与否（10）			
	控制式自整角机的输出特性测试方法正确与否（10）			
	控制式自整角机的输出特性测试结果正确与否（10）			
	自整角机的选用方法是否掌握（10）			
	力矩式自整角机的应用系统原理掌握与否（10）			
	控制式自整角机的应用系统原理掌握与否（10）			
协作能力	与同组成员交流讨论解决了一些问题（10分）			
总评	好（85～100），较好（70～85），一般（少于70）			

9.2.6　复习思考

（1）自整角机的功能是什么？单独一台自整角机有无实用价值？

（2）简述力矩式自整角机的用途及其工作原理。

（3）简述控制式自整角机的用途及其工作原理。

（4）旋转变压器与普通变压器有哪些主要区别？

（5）旋转变压器在数控机床中的主要功能是什么？

任务 9.3　直线电动机控制技术

9.3.1　任务目标

（1）了解直线电动机的分类、结构和原理。

（2）了解直线电动机的控制方式。

（3）了解直线电动机的应用。

9.3.2　任务内容

（1）掌握直线电动机的结构、分类和工作原理。
（2）了解直线电动机作为轨道交通运输工具的应用。
（3）了解直线电动机作为机械手的应用。
（4）了解直线电动机作为自动门和升降电梯的应用。

9.3.3　必备知识

9.3.3.1　概述

如图 9-32 所示，直线电动机凭借高速度、高加速、高精度及行程不受限制等特性在物流系统、工业加工与装配系统、信息及自动化系统、交通与民用以及军事等领域发挥着十分重要的作用。

图 9-32　直线电动机

直线电动机可在几秒钟内把一架几千公斤重的直升机拉到每小时几百公里的速度，它在真空中运行时，时速可达几千或上万公里。在军事上，人们利用它制成各种电磁炮，并试图将它用于导弹、火箭的发射；在工业领域，直线电动机被用于生产输送线，以及各种横向或垂直运动的一些机械设备中；直线电动机除具有高速、大推力的特点以外，还具有低速、精细的另一特点，如步进直线电动机，它可以做到步距为 1 μm 的精度。因此，直线电动机又被应用到许多精密的仪器设备中，例如计算机的磁头驱动装置、照相机的快门、自动绘图仪、医疗仪器、航天航空仪器、各种自动化仪器设备等。除此之外，直线电动机还被用于各种各样的民用装置中，如电动门、电动窗、电动桌椅的移动，门锁及电动窗帘的开、闭等，尤其在交通运输业中，人们利用直线电动机制成了时速达 500 km 以上的磁悬浮列车。

直线电动机是将电能转变成直线运动的机械能输出的装置。它可分为直线直流电动机、直线异步电动机、直线同步电动机和其他直线电动机（如直线步进电动机等），其中应用最广泛的是直线异步电动机，因为它的次级（相应于旋转异步电动机的转子）可以由整块的金属材料组成，因而适宜做得较长，而且成本较低。图 9-33 所示就是利用直线异步电动机拖动的 ZYDM 系列直线电动门外形图。直线同步电动机虽然成本较高，但由于它的效率高，故适宜于做高速水平或垂直运输的推进装置，如高速磁悬浮列车的动力装置。而直线直流电动机主要适合应用在行程较短和速度较低的场合，如计算机读存磁头驱动器和记录仪、绘图仪等。下面简单介绍直线异步电动机。

9.3.3.2　直线异步电动机的工作原理

可以设想一个极数很多、定子直径相当大的三相异步电动机，其定子与转子的某一段就

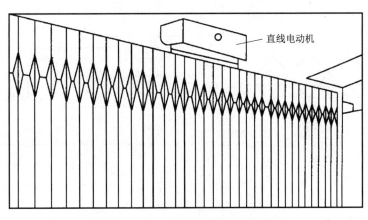

图 9-33　ZYDM 系列直线电动门外形

可以近似认为是直线，那么这一段便是一台直线异步电动机；当然也可以看成是将一台普通的旋转异步电动机沿径向剖开，并将定子、转子圆周展开成直线，也就成为一台直线异步电动机了，如图 9-34 所示。由定子转变而来的一边称为初级，由转子转变而来的一边为次级或称为"滑子"，它是直线电动机中做直线运动的部件。

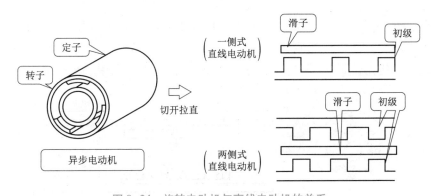

图 9-34　旋转电动机与直线电动机的关系

向直线异步电动机初级三相绕组中通入三相交流电后，也将产生一个气隙磁场，并且磁场的分布情况与旋转电动机相似，沿直线方向呈正弦分布且将按 U、V、W 的相序直线移动。由于该磁场不是旋转的而是平移的，因此称为行波磁场，如图 9-35 所示。行波磁场的移动速度与旋转磁场在定子内圆表面上的线速度是一样的，用 v_0 表示，称为同步速度，它与电源的频率及磁极的距离有关。该行波磁场在移动时将切割次级导体，从而在导体中产生感应电动势及电流。该电流与气隙中的行波磁场相互作用，产生电磁力使次级沿行波磁场移动的方向做直线运动，运动速度为 v，且次级移动的速度小于行波磁场移动的速度，即 $v<v_0$。直线异步电动机的运动方向与通入初级三相绕组的三相交流电流的相序有关。与旋转电动机一样，改变任意两相绕组与电源的接线顺序即可改变直线异步电动机的运动方向。

9.3.3.3　直线异步电动机的基本结构

直线异步电动机主要有平板型和管型两种结构型式。前面叙述的都是平板型结构。要使初级做直线运动后，初级和次级之间的相互作用力仍能保持不变，就必须把初级和次级做成

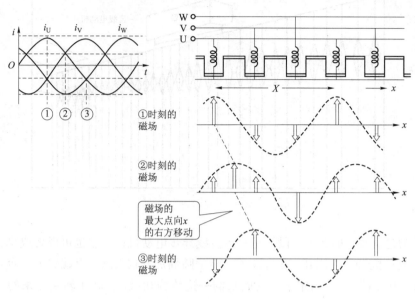

图 9-35　直线异步电动机工作原理

长度不等的结构。根据初级和次级之间相对长度的不同，平板型电动机又可分为"短初级"和"短滑子"两类，如图 9-36 所示。图 9-33 所示的直线电动门即为"短初级"结构。由于"短初级"结构比较简单，制造和运行成本较低，故一般均采用"短初级"结构。

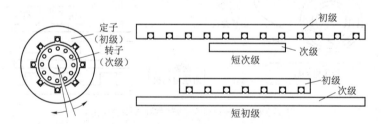

图 9-36　平板型直线电动机

　　根据实际需要，直线电动机可以制成初级固定、次级移动（见图 9-33）；也可制成次级固定、初级（绕组部分）移动，如图 9-37 所示，此时绕组部分需通过电刷供电。

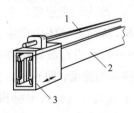

图 9-37　平板型直线异步电动机

1—导杆；2—导轨；3—直线电动机

　　平板型直线异步电动机一般由三大部分组成，即初级、次级和气隙。初级铁芯也是由硅钢片叠成的，表面开有槽，槽内嵌放三相绕组。次级形式较多，有类似笼型转子的结构，即在钢板（或铁心叠片）上开槽，槽中放入铜条或铝条，然后用铜带或铝带在两侧端部短接。另一种结构型式是用整块的钢板或铜板制成，也可用各种型钢构成闭合回路。

　　前面所述的都是只在滑子的一边具有初级，这种结构型式称为一侧式直线电动机。如果在滑子的两侧都装上初级，就成为两侧式直线电动机。从工作性能上看，两侧式结构优于一侧式。

如果把平板型直线电动机的初级和次级沿图 9-38 所示箭头方向卷曲，就形成了管形直线电动机。管形直线电动机可应用于电动门、电动窗和机械手等。

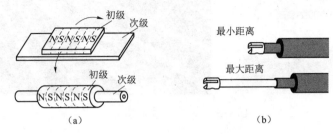

图 9-38 管形直线异步电动机

（a）形成原理图；（b）外形图

9.3.4 任务实施

1993 年，德国和美国相继推出由直线电动机驱动的工作台高速加工中心。1996 年，日本研制成功采用直线电动机的卧式加工中心、高速机床、超高速小型加工中心、超精密镜面加工机床、高速成形机床等。我国浙江大学研制出一种由直线电动机驱动的冲压机，浙江大学生产工程研究所设计出了用圆筒型直线电动机驱动的并联机构坐标测量机。2001 年南京四开公司推出自行开发的采用直线电动机直接驱动的数控直线电动机车床。2003 年中国国际机床展会上，展出了北京电院高技术股份公司推出的直线电动机加工中心。

直线电动机主要用于要求机械做直线运动的场合。主要应用场合：一是应用于自动控制系统，这类应用场合比较多；其次是作为长期连续运行的驱动电动机；三是应用在需要短时间、短距离内提供巨大的直线运动能的装置中。如工业自动控制装置中的执行元件、自动生产线上的传送带、机械手、各种自动门、自动阀、数控绘图仪、记录仪、数控制图仪、数控裁剪机、精密定位机构、轨道交通运输机械，等等。

下面介绍几个方面的应用。

1. 轨道交通运输工具

当今世界各国的轨道交通运输工具，如铁路干线、城郊轻轨、城市地铁等，基本上都采用旋转电动机驱动。如能采用直线电动机驱动，则可以省去体积大、价格贵的齿轮传动装置，并可进一步提高运输工具的速度。

用直线电动机驱动的电动机车上所使用的电动机主要有两类：一类是直线同步电动机，它的初级绕组固定在轨道上，通以交流电，产生沿轨道运动的行波磁场，次级装在运动的电动机车上，电动机的速度用装在轨道上的初级绕组中电流的频率来控制（变频调速）；另一类是直线异步电动机，它的初级绕组固定在电动机车上，而次级则固定在地面上，如图 9-39 所示，电动机的速度也靠改变初级绕组中电流的频率来控制。我国上海的磁悬浮列车采用的是前一种控制方式，而广州的部分地铁车辆采用的是后一类控制方式。

使用直线电动机驱动的电动机车有靠车轮行驶的，也有用磁悬浮方式行驶的，因此分别称为车轮式直线电动机车和磁悬浮直线电动机车。

图 9-39　车轮式直线电动机车

图 9-39 所示为车轮式直线电动机车。它的直线电动机初级绕组装在车体的下部，次级绕组则置于地面上两条钢轨的中间，车轮只是支持车体，不产生驱动力，因而车轮可以采用汽车那样的转向装置，磨损小、噪声低，整个机车高度可以降低，从而降低了隧道高度，节省投资。

图 9-40 所示为磁悬浮直线电动机车。它是利用磁悬浮原理将整个机车与列车悬浮在轨道上面，这样就可以取消车轮和钢轨，列车运行平稳、噪声小，速度可以高达 500 km/h 左右，整个列车靠直线电动机驱动。

图 9-40　磁悬浮直线电动机车

磁悬浮的原理分吸引式和感应推斥式两种。吸引式线性电动机车的工作原理如图 9-41 所示。车身下部装有悬浮磁铁，轨道对应的上方装有钢板。当给悬浮磁铁励磁时，就会产生吸力，使机车上移，而机车本身的重量使机车往下运动，用传感器测定机车与轨道的间隔，并控制悬浮磁铁中的励磁电流，使机车与轨道之间保持一定的间隔，通常为 1 cm 左右，机车用直线电动机推进。而感应推斥式则是利用相同极性的磁铁间产生推斥力，使机车悬浮于轨道之上。如果能使悬浮磁铁的励磁绕组和直线电动机初级绕组在超导状态下工作，则可以大大提高机车的效率，降低电能的损耗，目前许多国家都在大力进行研究。

2. 机械手

冲床送料和取出冲片，用机械手代替人手工操作，具有速度快、精确、安全可靠等优点。通常机械手可用直线异步电动机驱动。当冲床连续运动的每一个行程发出信号后，装在机械手上的直线异步电动机接通电源，脱开定位，使手臂向前运动到上、下模中间，接住从上模落下的冲片，立即返回原始位置，待第二个行程信号发出后，再次接料，如此不断循环。

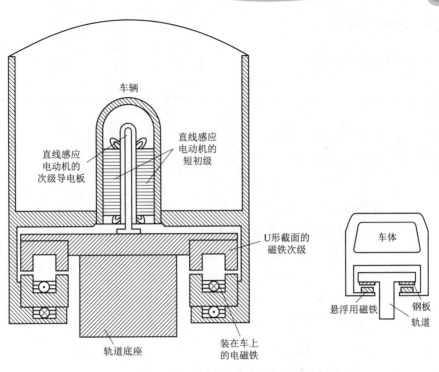

图 9-41 吸引式悬浮直线电动机车原理示意图

3. 自动门

在宾馆、商场等处广泛采用的自动门，也是采用直线电动机驱动。它与用旋转电动机驱动相比较，具有结构简单、维修方便、噪声小、成本低、节能等优点，因此已逐步得到广泛使用。除自动门外，直线电动机在类似于自动门功能的自动阀、自动闸门、铁道道口拉门、电动窗、传送带等装置中也在逐步被利用。

4. 升降电梯

图 9-42 所示为直线电动机升降梯。

世界上第一台使用直线电动机驱动的电梯在 1990 年 4 月安装于日本东京都丰岛区万世大楼，该电梯载重 600 kg，速度为 105 m/min，提升高度为 22.9 m。由于直线电动机驱动的电梯没有曳引机组，因而建筑物顶的机房可省略。如果建筑物的高度增至 1 000 m 左右，就必须使用无钢丝绳电梯，这种电梯采用高温超导技术的直线电动机驱动，线圈装在井道中，轿厢外装有高性能永磁材料，就如磁悬浮列车一样，采用无线电波或光控技术控制。

图 9-42 直线电动机升降梯

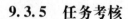
9.3.5 任务考核

本任务考核按表9-11进行。

表9-11 任务考核评价

评价项目	评价内容	自评	互评	师评
学习态度	能否认真听讲、答题是否全面（10）			
安全意识	是否按照安全规范操作并服从教学安排（10）			
完成任务情况（70分）	掌握直线电动机的结构与否（10）			
	掌握直线电动机的分类与否（10）			
	掌握直线电动机的工作原理与否（10）			
	了解直线电动机作为轨道交通运输工具的应用与否（10）			
	了解直线电动机作为机械手的应用与否（10）			
	了解直线电动机作为自动门的应用与否（10）			
	了解直线电动机作为升降电梯的应用与否（10）			
协作能力	与同组成员交流讨论解决了一些问题（10分）			
总评	好（85～100），较好（70～85），一般（少于70）			

9.3.6 复习思考

（1）直线异步电动机与旋转异步电动机的主要差别是什么？
（2）直线异步电动机有哪几种结构形式？
（3）简述直线异步电动机的工作原理。
（4）简述直线电动机的应用场合。

 阅读拓展

数字化让电动机控制与保护更具智慧

中国上海，在数字化转型进程中，信息技术人才的短缺、大规模的定制和个性化需求等问题的涌现驱动着机器制造商重新定义他们打造产品的思维。而作为制造"引擎"的电动机，也正在依托数字化力量，变得更智能、更高效和更具成本效益。近日，全球能效管理与自动化领域数字化转型的专家施耐德电气于中国国际工业博览会期间，全面展示了其以TeSys island 接触器为核心的数字化电动机控制与保护系统，在确保电动机安全、稳定运行的同时，为运营者带来更高效、更安全、更智能的操作及控制体验。

引入创新科技和自动化技术，打造更"懂"流程、工艺需要的电动机，正在成为行业进一步实现提质增效的新风向。以流程复杂的食品饮料、包装、物流行业为例，如何用更具智慧的方法确保安全、稳定的电动机运行，如何通过更灵活的部署、更便捷的操作，提升整

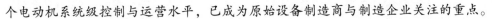

个电动机系统级控制与运营水平，已成为原始设备制造商与制造企业关注的重点。

作为自动化控制系统中的重要元件之一，数字化时代下的接触器，不再仅仅承载远距离频繁地安全接通和切断电路的功能，已成为激活电动机更强性能的"原石"。施耐德电气数字化电动机控制与保护系统 TeSys island，传承了 TeSys 系列安全、可靠、高效、绿色的优秀"基因"，兼具互联互通特性，并在此基础上将设计融合化、控制通信化、产品模块化与接触器智能化融会贯通，赋能运营与管理的更多数字化收益：

● 设计融合化：大胆创新，利用启动器模块将接触器与热继合二为一，增强系统部署的灵活性

● 控制通信化：由 PLC 经现场总线控制接触器系统，让其更具互联互通性

● 产品模块化：基于多种产品模块及适用于不同工业应用的 Avatar 功能块，可实现对 80 安培以下负载的控制、保护与能耗监测，更可帮助用户节省设计、布线和调试时间

● 接触器智能化：依托数字化技术，实现定速电机全电参数测量与接触器寿命报警、过载保护及相序故障的智能诊断和全面保护值得一提的是，TeSys island 采用了创新的面向工业实际应用的 TeSys Avatar 功能块，其"数字化双胞胎"的功能属性，能够帮助用户实现更高效的设备集成。与传统解决方案相比，TeSys island 消除了控制回路布线的需求，更好地满足用户整体设计的需求，解决用户多维护调试的困难，使设备集成速度提高约40%，并将安装成本降低了约30%。同时，可提供可靠的预防性维护数据和预警报，当检测到异常的电气负载行为时，可避免机器停机，通过智能维护和服务，可以将设备维修时间缩短约50%。

此外，基于 TeSys island，施耐德电气还能够为最终用户提供一个全面、完整的数字化生态系统，通过 EcoStruxure 架构为机器制造商扩大新技术的收益，与 Modicon M262、EcoStruxure 机器专家配置调试软件，以及 EcoStruxure 选型工具配合，在竞争日益激烈的环境中，利用工业物联网、移动通信、云计算和大数据分析为原始设备制造商创造了新的商业机会。

施耐德电气能效管理低压业务电动机控制与保护业务负责人耿玉彪表示："目前，已有超过 4 亿只施耐德电气 TeSys 系列接触器在各行各业中使用，这是对施耐德电气的极大肯定。随着全新 TeSys island 的逐步落地，施耐德电气将持续利用自身的数字化技术优势，赋能接触器的功能升级，为用户提供更全面、更智慧的电动机控制与保护数字化方案。同时依托 EcoStruxure 架构，携手更多合作伙伴，帮助客户进一步加强市场竞争力，以数字化为武器迈向智能化时代。"

思考：未来电动机控制的发展趋势？

 多媒体链接

新能源汽车的强大"内心"

新微型电机助力医学

开启"6 MW 时代"